Aufbaukurs Mathematik

Herausgegeben von

Martin Aigner
Peter Gritzmann
Volker Mehrmann
Gisbert Wüstholz

In der Reihe „Aufbaukurs Mathematik" werden Lehrbücher zu klassischen und modernen Teilgebieten der Mathematik passend zu den Standardvorlesungen des Mathematikstudiums ab dem zweiten Studienjahr veröffentlicht. Die Lehrwerke sind didaktisch gut aufbereitet und führen umfassend und systematisch in das mathematische Gebiet ein. Sie stellen die mathematischen Grundlagen bereit und enthalten viele Beispiele und Übungsaufgaben. Zielgruppe sind Studierende der Mathematik aller Studiengänge, sowie Studierende der Informatik, Naturwissenschaften und Technik. Auch für Studierende, die sich im Laufe des Studiums in dem Gebiet weiter vertiefen und spezialisieren möchten, sind die Bücher gut geeignet. Die Reihe existiert seit 1980 und enthält viele erfolgreiche Klassiker in aktualisierter Neuauflage.

Klaus Hulek

Elementare
Algebraische Geometrie

Grundlegende Begriffe und Techniken
mit zahlreichen Beispielen
und Anwendungen

2., überarbeitete Auflage

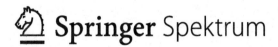 Springer Spektrum

Klaus Hulek
Institut für Algebraische Geometrie
Leibnitz Universität Hannover
Deutschland

ISBN 978-3-8348-1964-2   ISBN 978-3-8348-2348-9 (eBook)
DOI 10.1007/978-3-8348-2348-9

Die Deutsche Nationalbibliothek verzeichnet diese Publikation in der Deutschen Nationalbibliografie;
detaillierte bibliografische Daten sind im Internet über http://dnb.d-nb.de abrufbar.

Springer Spektrum
© Vieweg+Teubner Verlag | Springer Fachmedien Wiesbaden 2000, 2012

Planung und Lektorat: Ulrike Schmickler-Hirzebruch | Barbara Gerlach

Gedruckt auf säurefreiem und chlorfrei gebleichtem Papier

Springer Spektrum ist eine Marke von Springer DE.
Springer DE ist Teil der Fachverlagsgruppe Springer Science+Business Media
www.springer-spektrum.de

Vorwort zur zweiten Auflage

Es hat mich gefreut, dass mich der Verlag Springer Spektrum ermuntert hat, eine Neuauflage des Buches Elementare Algebraische Geometrie zu erarbeiten. Der Text dieser Ausgabe folgt in weiten Teilen der ersten Auflage, es sind jedoch auch eine Reihe von Änderungen und Ergänzungen vorgenommen worden. Zunächst war es mir ein Anliegen, die, leider allzu zahlreichen, Irrtümer der ersten Auflage zu beseitigen. Darüber hinaus wurde der Text an einigen Stellen überarbeitet in der Hoffnung ihn so lesbarer zu machen und die Motivationen für bestimmte Definitionen und Konzepte klarer darzustellen. Die Zeichnungen in der zweiten Auflage wurden weitgehend aus der inzwischen erfolgten amerikanischen Ausgabe übernommen.

Neu an dieser Auflage ist auch, dass für die Übungsaufgaben, von denen mehrere neu aufgenommen wurden, Lösungshinweise gegeben werden. Das Literaturverzeichnis wurde ebenfalls aktualisiert.

An dieser Stelle möchte ich auch auf die interaktive Ausstellung Imaginary verweisen, welche in den letzten Jahren vom Mathematischen Forschungsinstitut Oberwolfach entwickelt wurde. Dort können die Leserinnen und Leser dieses Buchs viele Bilder finden, die ihnen die Konzepte, welche in diesem Buch dargestellt werden, anschaulich näher bringen.

Mein besonderer Dank gilt an dieser Stelle Herrn Malek Joumaah. Er hat mich bei der Überarbeitung des Werkes in wertvoller Weise unterstützt. Dies betrifft nicht nur Verbesserungen bei Layout und Zeichnungen, sondern vor allem auch die Unterstützung bei der Erstellung der Lösungshinweise, welche teilweise von ihm erarbeitet wurden.

Des weiteren gilt mein Dank folgenden Kolleginnen und Kollegen in Hannover: W. Ebeling, A. Frühbis-Krüger, S. Krug, D. Ploog, F. Schulze, O. Tommasi und M. Wandel. Sie alle haben Teile des Manuskripts Korrektur gelesen. Es ist müßig zu betonen, dass sämtliche verbleibenden Fehler in meiner Verantwortung liegen.

Hannover, im Mai 2012   Klaus Hulek

Vorwort

Bei dem vorliegenden Buch handelt es sich um die Ausarbeitung einer Vorlesung über Algebraische Geometrie, die ich mehrfach an der Universität Hannover gehalten habe. Die Vorlesung richtet sich an Studierende, die die einführenden Vorlesungen über Algebra und Funktionentheorie gehört haben. Darüber hinausgehende Vorkenntnisse sind nicht notwendig. Besonders wichtig war es mir, in diesem Buch das Wechselspiel zwischen allgemeiner Theorie einerseits und konkreten Beispielen und Anwendungen andererseits darzustellen. Der Umfang entspricht dem Stoff einer 1-semestrigen 4-stündigen Vorlesung. Auf Garben- und Kohomologietheorie wurde in diesem Buch verzichtet. Die vorliegende Einführung soll aber die Studierenden darauf vorbereiten, sich fortgeschrittenere Texte zu erarbeiten.

Von den im Literaturverzeichnis angegebenen Büchern habe ich mich insbesondere auf das Buch *Undergraduate Algebraic Geometry* von M. Reid gestützt. Vor allem das Kapitel V, in dem ein elementarer Beweis für die Existenz der 27 Geraden auf einer glatten kubischen Fläche gegeben wird, beruht auf diesem Buch.

Ich danke Herrn S. Schröder und Frau S. Guttner sehr herzlich für die sorgfältige Erstellung des TEX-Skriptums und für die Anfertigung der Zeichnungen. Herrn Dr. A. Gathmann und Herrn Dr. J. Spandaw danke ich für Hilfe beim Korrekturlesen. Ebenso danke ich einigen Hörerinnen und Hörern meiner Vorlesung für Hinweise auf Druckfehler.

Hannover, im Juli 2000   Klaus Hulek

Inhaltsverzeichnis

Abbildungsverzeichnis

Kapitel 0

Einleitung

In der *linearen Algebra* studiert man Lösungsmengen linearer Gleichungssysteme:

$$
\begin{array}{ccccccc}
a_{11}x_1 & + & \ldots & + & a_{1n}x_n & = & b_1 \\
\vdots & & & & \vdots & & \vdots \\
a_{m1}x_1 & + & \ldots & + & a_{mn}x_n & = & b_m,
\end{array}
$$

wobei a_{ij}, b_l Elemente eines Körpers k sind. Für solche Gleichungssysteme wird eine vollständige Theorie entwickelt, die genaue Aussagen über die Existenz von Lösungen und die Struktur der Lösungsmenge macht. Mit Hilfe symmetrischer Matrizen klassifiziert man außerdem affine und projektive quadratische Hyperflächen

$$
\sum_{i,j=1}^{n} a_{ij}x_i x_j + \sum_{i=1}^{n} b_i x_i + c = 0,
$$

wobei a_{ij} die Koeffizienten einer symmetrischen Matrix sind. Während in der Theorie der linearen Gleichungssysteme die Eigenschaften des Grundkörpers k keine wesentliche Rolle spielen, ist bereits die Klassifikation der Quadriken stark abhängig davon, ob man über $\mathbb{R}$ oder $\mathbb{C}$ arbeitet.

In der *Algebra* studiert man die Lösbarkeit von Polynomgleichungen beliebigen Grades:

$$
f(x) = a_n x^n + a_{n-1}x^{n-1} + \ldots + a_1 x + a_0 = 0 \qquad (a_i \in k).
$$

Die Frage nach der Lösbarkeit hängt nun stark von dem Grundkörper k ab. Will man erreichen, dass eine Gleichung obigen Typs stets eine Lösung hat, so muss man voraussetzen, dass k algebraisch abgeschlossen ist.

Die *algebraische Geometrie* befasst sich nun mit Lösungen beliebiger Gleichungssysteme von Polynomgleichungen in mehreren Variablen, also Gleichungssyste-
men der Art:

$$
\begin{aligned}
f_1(x_1, \ldots, x_n) &= 0 \\
\vdots \qquad \vdots &\qquad \vdots \\
f_m(x_1, \ldots, x_n) &= 0,
\end{aligned}
$$

wobei die $f_i(x_1, \ldots, x_n)$ Polynome sind.

Wir definieren nun zunächst formell den Begriff der *algebraischen Menge*. Hierzu
halten wir einen Grundkörper k fest, der im Moment noch beliebig sein kann.
Der *affine Raum* der Dimension n über k ist

$$
\mathbb{A}^n := \mathbb{A}^n_k := k^n = \{(a_1, \ldots, a_n); \ a_i \in k\}.
$$

Man beachte, dass die Räume k^n und $\mathbb{A}^n_k$ als Mengen gleich sind. Während jedoch
k^n die Struktur eines Vektorraums trägt, betrachten wir $\mathbb{A}^n_k$ als affinen Raum,
d. h. es gibt keine Addition und keine speziellen Punkte. Insbesondere ist der
Ursprung nicht ausgezeichnet. Auf der anderen Seite werden wir $\mathbb{A}^n_k$ weiter unten
die Struktur eines topologischen Raums geben.

Jedes Polynom $f \in k[x_1, \ldots, x_n]$ definiert eine Abbildung

$$
\begin{aligned}
f : \qquad \mathbb{A}^n &\longrightarrow k \\
(a_1, \ldots, a_n) &\longmapsto f(a_1, \ldots, a_n).
\end{aligned}
$$

(Man beachte, dass die durch f definierte Abbildung nur dann das Polynom
f eindeutig bestimmt, wenn k unendlich viele Elemente besitzt. Dies ist z. B.
dann der Fall, wenn wir k als algebraisch abgeschlossen voraussetzen). Ein Punkt
$P = (a_1, \ldots, a_n) \in \mathbb{A}^n$ heißt eine *Nullstelle* von f, falls $f(P) = 0$ ist. Das *Nullstellengebilde* von f ist die Menge

$$
V(f) := \{P \in \mathbb{A}^n; \ f(P) = 0\}.
$$

Es sei nun $T \subset k[x_1, \ldots, x_n]$ eine Teilmenge des Polynomrings.

Definition. Das *Nullstellengebilde* von T ist die Menge

$$
V(T) := \{P \in \mathbb{A}^n; \ f(P) = 0 \text{ für alle } f \in T\}.
$$

Dies führt uns sofort auf den Begriff der algebraischen Menge.

Definition. Eine Teilmenge $Y \subset \mathbb{A}^n$ heißt eine *(affine) algebraische Menge* (oder eine *abgeschlossene* bzw. *Zariski-abgeschlossene Menge*) in $\mathbb{A}^n$, falls es eine Teilmenge $T \subset k[x_1, \ldots, x_n]$ gibt, mit

$$Y = V(T).$$

Wir bemerken zunächst, dass es nicht notwendig ist, beliebige Teilmengen T von $k[x_1, \ldots, x_n]$ zu betrachten. Zu jeder Teilmenge T können wir nämlich das durch T erzeugte *Ideal*

$$J := (T) \subset k[x_1, \ldots, x_n]$$

betrachten. Da $k[x_1, \ldots, x_n]$ ein noetherscher Ring ist, gibt es endlich viele Polynome $f_1, \ldots, f_m \in k[x_1, \ldots, x_n]$ mit

$$J = (f_1, \ldots, f_m).$$

Lemma 0.1. *Es gilt*

$$V(T) = V(J) = V(f_1, \ldots, f_m).$$

Beweis. Offensichtlich gilt $V(J) \subset V(T)$. Es sei nun $g \in J$. Dann gibt es Polynome $h_1, \ldots, h_l \in T$ sowie $q_1, \ldots, q_l \in k[x_1, \ldots, x_n]$ mit

$$g = h_1 q_1 + \ldots + h_l q_l.$$

Ist $P \in V(T)$, so gilt $h_1(P) = \ldots = h_l(P) = 0$ und damit auch $g(P) = 0$. Dies zeigt die Umkehrung $V(T) \subset V(J)$. Die Gleichheit $V(J) = V(f_1, \ldots, f_m)$ folgt analog. $\qquad\square$

Dieses Lemma zeigt also, dass es keine Einschränkung darstellt, sich auf endliche Gleichungssysteme von Polynomgleichungen zu beschränken.

Bevor wir nun daran gehen, algebraische Mengen systematisch zu untersuchen, wollen wir einige Beispiele diskutieren.

Beispiel 0.2. Die einfachsten algebraischen Teilmengen von $\mathbb{A}^n$ sind solche, die durch lineare Gleichungen beschrieben werden. Eine solche algebraische Menge heißt ein *affiner Unterraum* und ist selbst isomorph zu einem affinen Raum.

Beispiel 0.3. Bekannte Beispiele sind die *Kegelschnitte*

$$f(x, y) = a_1 x^2 + a_2 y^2 + a_3 xy + a_4 x + a_5 y + a_6 = 0 \qquad (a_i \in \mathbb{R}).$$

Spezialfälle hiervon sind etwa

$$f(x,y) = x^2 + y^2 - 1 = 0 \qquad \text{(Kreis)}$$

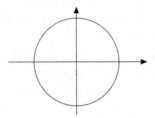

Bild 1: Kreis

$$f(x,y) = y - x^2 = 0 \qquad \text{(Parabel)}$$

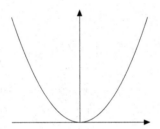

Bild 2: Parabel

oder

$$f(x,y) = xy - 1 = 0 \qquad \text{(Hyperbel)}.$$

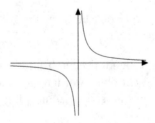

Bild 3: Hyperbel

Darunter fallen aber auch Geradenpaare wie etwa in Abbildung 4.

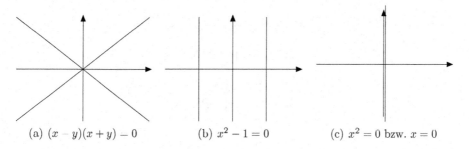

(a) $(x - y)(x + y) - 0$ (b) $x^2 - 1 = 0$ (c) $x^2 = 0$ bzw. $x = 0$

Bild 4: Entartete Kegelschnitte

Wir sehen hier bereits, dass die Menge $V(T)$ die sie bestimmenden Gleichungen nicht eindeutig definiert.

Beispiel 0.4. Beispiele für ebene Kurven höheren Grades, d. h., dass die definie-rende Gleichung höheren Grad hat, sind etwa:

$$C : \ y^2 = x^3 + x^2.$$

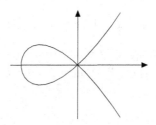

Bild 5: Kubik mit Doppelpunkt

Die Kurve C lässt sich wie folgt „*parametrisieren*":

$$\varphi : \quad \mathbb{R} \ \longrightarrow \ \mathbb{R}^2$$
$$t \ \longmapsto \ (t^2 - 1, t^3 - t),$$

d. h. es gilt $\varphi(\mathbb{R}) = C$. Diese Abbildung ist injektiv mit Ausnahme von $\varphi(1) = \varphi(-1) = 0$. Dies erklärt den „Doppelpunkt" von C.

Ein anderes Beispiel ist die sogenannte *Neilsche Parabel*. Diese ist durch die folgende Gleichung gegeben:

$$C : y^2 = x^3.$$

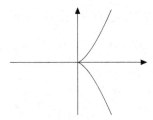

Bild 6: Neilsche Parabel

Auch diese Kurve lässt sich parametrisieren, nämlich durch

$$\varphi : \quad \begin{array}{rcl} \mathbb{R} & \longrightarrow & \mathbb{R}^2 \\ t & \longmapsto & (t^2, t^3). \end{array}$$

In diesem Fall ist die Abbildung φ bijektiv auf ihr Bild C, jedoch verschwindet das Differential von φ im Ursprung. Dies erklärt die „Spitze" von C.

Wir sehen hier schon, dass die Kurven C „glatte" („reguläre") und „singuläre" Punkte haben, ein Begriff, den wir später präzisieren werden.

Beispiel 0.5. Wir betrachten nun folgende *Familie* ebener Kubiken

$$C_\lambda : y^2 = x(x-1)(x-\lambda) \qquad (\lambda \in \mathbb{R}).$$

Für $\lambda = 0, 1$ haben wir eine Kurve mit Doppelpunkt (wenigstens im Komplexen), ansonsten ist C_λ glatt. Für spezielle Werte λ sieht C_λ wie in Bild 7 gezeichnet aus:

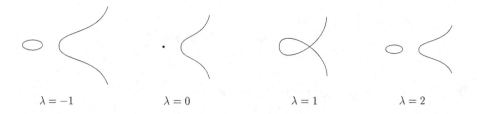

$\lambda = -1$ $\qquad\qquad$ $\lambda = 0$ $\qquad\qquad$ $\lambda = 1$ $\qquad\qquad$ $\lambda = 2$

Bild 7: Deformationen der Kurven C_λ

Die Kurve C_1 kann über $\mathbb{R}$ rational parametrisiert werden. Über $\mathbb{C}$ können C_0 und C_1 rational parametrisiert werden. Dagegen können die glatten Kurven C_λ weder über $\mathbb{R}$ noch über $\mathbb{C}$ rational parametrisiert werden und verhalten sich damit sehr verschieden von den Kurven C_0, C_1.

Satz 0.6. *Es sei $k \in \{\mathbb{R}, \mathbb{C}\}$. Ferner seien $f, g \in k(t)$ rationale Funktionen, die eine Gleichung der Form*

$$(0.1) \qquad g^2 = f(f-1)(f-\lambda) \qquad (\lambda \neq 0, 1)$$

erfüllen. Dann sind f, g konstant, d. h. $f, g \in k$.

Korollar 0.7. *Es gibt für $\lambda \neq 0, 1$ keine nicht-konstante rationale Abbildung*

$$(f, g) : k \longrightarrow C_\lambda \qquad (f, g \in k(t)).$$

Insbesondere lässt sich C_λ für $\lambda \neq 0, 1$ nicht rational parametrisieren.

Beweis von Satz 0.6. Wir schreiben

$$f = \frac{p}{q}, \quad g = \frac{r}{s}$$

mit $p, q \in k[t]$ und $r, s \in k[t]$ jeweils teilerfremd. Nach Wegmultiplizieren der Nenner wird Gleichung (0.1) zu

$$(0.2) \qquad r^2 q^3 = s^2 p(p-q)(q-\lambda q).$$

Also gilt $s^2 | q^3$ und, da p und q teilerfremd sind, gilt auch $q^3 | s^2$, also $s^2 = aq^3$ für ein $a \in k$. Damit ist

$$aq = (s/q)^2 \in k[t]$$

ein Quadrat. Multipliziert man Gleichung (0.2) mit a und kürzt mit s^2, so erhält man

$$r^2 = ap(p-q)(p-\lambda q).$$

Da p, q teilerfremd sind, folgt, dass es reelle Zahlen b, c, d gibt, so dass

$$bp, \ c(p-q), \ d(p-\lambda q)$$

Quadrate in $k[t]$ sind. Das folgende Lemma wird uns zeigen, dass dann $p, q \in k$, also $f \in k$ folgt. Nach Gleichung (0.1) ist dann aber auch $g \in k$. $\qquad \square$

Lemma 0.8. *Es seien $p, q \in \mathbb{C}[t]$ teilerfremd. Falls es vier verschiedene Verhältnisse $\lambda/\mu \in \mathbb{C} \cup \{\infty\}$ gibt, so dass $\lambda p + \mu q$ ein Quadrat in $\mathbb{C}[t]$ ist, dann folgt, dass $p, q \in \mathbb{C}$.*

Beweis. Weder die Voraussetzung noch die Behauptung ändert sich unter linearen Transformationen

$$(0.3) \qquad p' = \alpha p + \beta q, \quad q' = \gamma p + \delta q$$

mit $\left(\begin{smallmatrix} \alpha & \beta \\ \gamma & \delta \end{smallmatrix}\right) \in \mathrm{Gl}(2, \mathbb{C})$. Wir verwenden nun Fermats Methode des unendlichen Abstiegs. Wir nehmen an, dass die Aussage des Lemmas falsch ist und wählen ein Gegenbeispiel p, q so, dass $\max\{\deg p, \deg q\}$ minimal ist. Nach Anwendung einer Transformation (0.3) können wir annehmen, dass

$$p, q, p - q, p - \lambda q \in \mathbb{C}[t]$$

Quadrate sind. Also gilt $p = u^2, q = v^2$ mit u, v teilerfremd.

Es gilt

$$\max\{\deg u, \deg v\} < \max\{\deg p, \deg q\}.$$

Wegen

$$
\begin{aligned}
p - q &= u^2 - v^2 &= (u - v)(u + v) \\
p - \lambda q &= u^2 - \lambda v^2 &= (u - \mu v)(u + \mu v)
\end{aligned}
$$

mit $\mu^2 = \lambda$ folgt, dass auch $u - v, u + v, u - \mu v, u + \mu v$ Quadrate sind. Wir haben also ein weiteres Gegenbeispiel zu dem Lemma gefunden, und damit die Minimalität von $\{p, q\}$ zu einem Widerspruch geführt. $\qquad\square$

Die obigen Überlegungen zeigen, dass man C_λ für $\lambda \neq 0, 1$ nicht durch rationale Funktionen parametrisieren kann. Dennoch gibt es über $\mathbb{C}$ eine explizite Parametrisierung mit Hilfe meromorpher Funktionen. Hierzu müssen wir etwas ausholen und betrachten die komplexe Kurve

$$C_\lambda^{\mathbb{C}} = \{(x, y) \in \mathbb{C}^2; \ y^2 = x(x - 1)(x - \lambda)\} \subset \mathbb{C}^2$$

bzw.

$$\bar{C}_\lambda^{\mathbb{C}} = C_\lambda^{\mathbb{C}} \cup \{\infty\} \subset \mathbb{C}^2 \cup \{\infty\} \subset \mathbb{P}_{\mathbb{C}}^2.$$

Die projektive Ebene $\mathbb{P}_{\mathbb{C}}^2$ wird in Abschnitt 2.2.1 formal eingeführt werden. Dabei entspricht der Punkt ∞ hier dem Punkt $(0 : 1 : 0)$, vgl. hierzu Beispiel (2.14) (wobei allerdings auf Grund anderer Koordinatenwahl $(0 : 0 : 1)$ der Punkt im Unendlichen ist). Die komplexe Kurve $\bar{C}_\lambda^{\mathbb{C}}$ kann auch als Riemannsche Fläche betrachtet werden (siehe Abschnitt 3.1.2). Als Riemannsche Fläche ist $\bar{C}_\lambda^{\mathbb{C}}$ homöomorph zu einem Torus (siehe Bild 8).

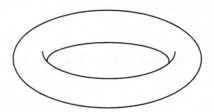

Bild 8: Torus

Um dies zu sehen, betrachten wir die Projektion

$$\pi: \quad \begin{aligned} \bar{C}_\lambda^{\mathbb{C}} &\longrightarrow \mathbb{C} \cup \{\infty\} = S^2 \\ (x,y) &\longmapsto x \\ \infty &\longmapsto \infty. \end{aligned}$$

Dies definiert eine 2:1-Abbildung, die der Projektion des Graphen von

$$y = \pm\sqrt{x(x-1)(x-\lambda)}$$

auf die x-Achse entspricht. Über jedem Punkt von $\mathbb{C} \cup \{\infty\}$ haben wir zwei Urbilder mit der Ausnahme von $0, 1, \lambda$ und ∞. Schneiden wir also die Sphäre S^2 auf entlang von Wegen, wie sie in Bild 9 eingezeichnet sind,

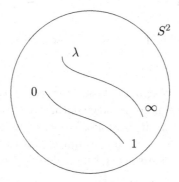

Bild 9: Aufgeschnittene Sphäre

so zerfällt das Urbild unter π von S^2 ohne die beiden Wege in zwei disjunkte Blätter. Jedes dieser Blätter ist homöomorph zu einem „halben Torus" wie in Bild 11, wobei die Schlitze geöffnet werden und die offenen Enden der Halbtori bilden. Der Rand jeder der Komponenten ist homöomorph zu zwei Kopien des Kreises S^1, von denen jede das Urbild von einem der Wege auf S^2 ist. Für jeden dieser Wege entspricht die Inklusion des Urbildes in beide Komponenten dem Verkleben der Randkreise wie in Bild 11. Das Ergebnis ist ein Torus.

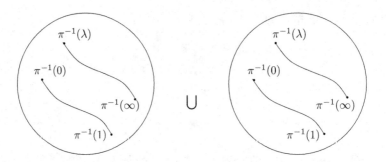

Bild 10: Verklebung zweier aufgeschnittener Sphären

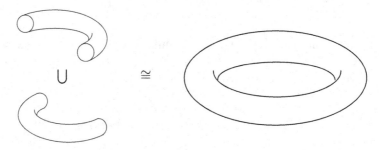

Bild 11: Entstehung eines Torus

Aus der Funktionentheorie weiß man, dass man einen Torus auch auf andere Weise konstruieren kann. Ein Vorteil der funktionentheoretischen Konstruktion ist, dass die Gruppenstruktur leichter zu sehen ist. Wir werden diese Gruppenstruktur in Abschnitt 4.4.4 untersuchen. Wir starten mit einem Punkt $\tau \in \mathbb{C}$ in der oberen Halbebene, d. h. Im $\tau > 0$. Ein solcher Punkt definiert ein Gitter (siehe Bild 12)

$$\Lambda_\tau = \mathbb{Z} + \mathbb{Z}\tau = \{m + n\tau; \ m, n \in \mathbb{Z}\}.$$

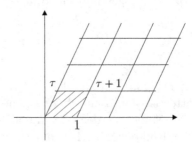

Bild 12: Das Gitter Λ_τ mit Fundamentalgebiet

Der Quotient

$$E_\tau = \mathbb{C}/\Lambda_\tau$$

ist zum einen eine abelsche Gruppe, andererseits ist E_τ (versehen mit der Quotiententopologie) in natürlicher Weise ein topologischer Raum, der zusätzlich die Struktur einer kompakten Riemannschen Fläche trägt. Topologisch ist dies ein Torus (siehe Bild 13).

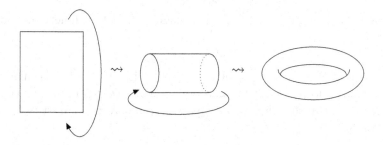

Bild 13: Torus

Die Weierstraßsche $\wp$-Funktion

$$\wp(z) := \frac{1}{z^2} + \sum_{(m,n)\neq(0,0)} \left(\frac{1}{(z-(m\tau+n))^2} - \frac{1}{(m\tau+n)^2} \right)$$

ist eine meromorphe Funktion auf $\mathbb{C}$, die genau in den Gitterpunkten Λ_τ Pole der Ordnung 2 besitzt. Zudem ist $\wp$ periodisch bezüglich Λ_τ, d.h.

$$\wp(z+w) = \wp(z) \qquad (w \in \Lambda_\tau).$$

Bekanntlich erfüllt die Weierstraßsche $\wp$-Funktion die folgende Differentialgleichung

$$(\wp')^2 = 4\wp^3 - g_2\wp - g_3,$$

wobei

$$g_2 = 60 \sum_{(m,n)\neq(0,0)} \frac{1}{(m\tau+n)^4}, \qquad g_3 = 140 \sum_{(m,n)\neq(0,0)} \frac{1}{(m\tau+n)^6}$$

komplexe Zahlen sind. Nun betrachten wir die ebene kubische Kurve

$$C^{\mathbb{C}}_{g_2,g_3} = \{(x,y) \in \mathbb{C}^2;\ y^2 = 4x^3 - g_2 x - g_3\}$$

bzw. die (projektive) Kurve

$$\bar{C}^{\mathbb{C}}_{g_2,g_3} = \{(x,y) \in \mathbb{C}^2;\ y^2 = 4x^3 - g_2 x - g_3\} \cup \{\infty\} \subset \mathbb{P}^2_{\mathbb{C}}.$$

(Hierbei entspricht ∞ wieder dem Punkt $(0:0:1) \in \mathbb{P}^2_{\mathbb{C}}$.) Wir erhalten nun eine Abbildung

$$\varphi = (\wp, \wp') : \quad \mathbb{C} \setminus \Lambda_\tau \quad \longrightarrow \quad C^{\mathbb{C}}_{g_2, g_3}$$
$$z \quad \longmapsto \quad (\wp(z), \wp'(z)).$$

Bildet man das Gitter Λ_τ auf den Punkt ∞ ab, so kann man φ fortsetzen zu einer Abbildung

$$\bar\varphi = (\wp, \wp') : \mathbb{C} \longrightarrow \bar C^{\mathbb{C}}_{g_2, g_3}.$$

Da $\wp$, und damit auch $\wp'$, periodisch bezüglich Λ_τ ist, definiert dies nun eine Abbildung

$$\tilde\varphi : E_\tau \longrightarrow \bar C^{\mathbb{C}}_{g_2, g_3}.$$

Von dieser Abbildung kann man zeigen, dass sie bijektiv ist. Mittels einer linearen Koordinatentransformation kann man nun die Kurve $\bar C^{\mathbb{C}}_{g_2, g_3}$ in eine Kurve $\bar C^{\mathbb{C}}_\lambda$ für ein passendes λ transformieren. Jede Kurve $\bar C^{\mathbb{C}}_\lambda$ mit $\lambda \neq 0, 1$ lässt sich auf diese Weise erhalten.

Wir kehren nun wieder zu unserer Liste von Beispielen algebraischer Mengen zurück.

Beispiel 0.9. Um Beispiele in höheren Dimensionen zu erhalten, können wir etwa quadratische Hyperflächen in $\mathbb{R}^3$ betrachten, wie z.B.

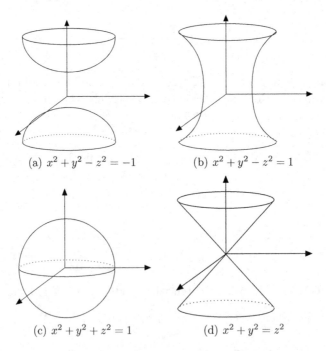

(a) $x^2 + y^2 - z^2 = -1$ (b) $x^2 + y^2 - z^2 = 1$

(c) $x^2 + y^2 + z^2 = 1$ (d) $x^2 + y^2 = z^2$

Bild 14: Zweischaliges Hyperboloid, einschaliges Hyperboloid, Kugel und Kegel

Beispiel 0.10. Wir betrachten das Bild C der Abbildung

$$\varphi: \quad \mathbb{A}^1 \quad \longrightarrow \quad \mathbb{A}^3$$
$$t \quad \longmapsto \quad (t, t^2, t^3).$$

Die Bildmenge $C = \varphi(\mathbb{A}^1)$ ist eine algebraische Menge, da

$$C = Q_1 \cap Q_2$$

wobei

$$Q_1: \quad x_1^2 - x_2 \;=\; 0$$
$$Q_2: \quad x_1 x_2 - x_3 \;=\; 0.$$

Man kann also C als Durchschnitt zweier quadratischer Hyperflächen beschreiben. Man überlegt sich auch leicht, dass C als *determinantielle Varietät* beschrieben werden kann:

$$C = \left\{ (x_1, x_2, x_3) \in \mathbb{R}^3; \; \text{Rang} \begin{pmatrix} 1 & x_1 & x_2 \\ x_1 & x_2 & x_3 \end{pmatrix} < 2 \right\}.$$

Beispiel 0.11. Ein anderes Beispiel für eine algebraische Menge ist die allgemeine lineare Gruppe

$$\text{Gl}(n, k) := \{ A \in \text{Mat}(n \times n, k); \; \det A \neq 0 \}.$$

Um zu sehen, dass $\text{Gl}(n, k)$ eine algebraische Menge ist, betrachten wir den affinen Raum $\mathbb{A}^{n^2+1}$ mit Koordinaten $(x_{ij})_{1 \leq i,j \leq n}$ und t. Die Menge

$$V := \{ (x_{ij}, t) \in \mathbb{A}^{n^2+1}; \; \det(x_{ij}) t - 1 = 0 \}$$

ist eine algebraische Menge. Die Abbildung

$$\varphi: \quad \text{Gl}(n, k) \quad \longrightarrow \quad V$$
$$A = (a_{ij}) \quad \longmapsto \quad \left((a_{ij}), \tfrac{1}{\det A} \right)$$

definiert eine Bijektion von $\text{Gl}(n, k)$ mit V. Man beachte, dass die Multiplikationsabbildung

$$\mu: \quad \text{Gl}(n, k) \times \text{Gl}(n, k) \quad \longrightarrow \quad \text{Gl}(n, k)$$
$$(A, B) \quad \longmapsto \quad AB$$

sowie die Bildung des Inversen

$$i: \quad \text{Gl}(n, k) \quad \longrightarrow \quad \text{Gl}(n, k)$$
$$A \quad \longmapsto \quad A^{-1}$$

durch Polynome, bzw. rationale Abbildungen in den Matrixeinträgen beschrieben wird. Damit wird $\text{Gl}(n, k)$ zu einer *algebraischen Gruppe*. Allgemeiner ist eine algebraische Gruppe eine algebraische Menge, die zugleich eine Gruppe ist, so dass die Gruppenmultiplikation, bzw. die Inversenbildung durch überall definierte rationale Funktionen beschrieben werden. Weitere Beispiele sind die spezielle lineare Gruppe $\mathrm{Sl}(n, k)$, die orthogonale Gruppe $\mathrm{O}(n, k)$ oder die symplektische Gruppe $\mathrm{Sp}(2n, k)$, aber auch der Torus E_τ.

Beispiel 0.12. Ein besonders berühmtes Beispiel ist die *Fermatkurve*, d. h. das Nullstellengebilde

$$F_n^{\mathbb{Q}} := \{(x, y, z) \in \mathbb{Q}^3;\ x^n + y^n = z^n\}.$$

Einige Punkte dieser Kurve sieht man sofort, wie zum Beispiel $(1, 0, 1)$ und $(0, 1, 1)$ bzw. $(1, -1, 0)$ falls n ungerade ist, sowie die rationalen Vielfachen hiervon. Das *Fermatsche Problem* fragt danach, ob dies alle Punkte dieser Kurve (über $\mathbb{Q}$) sind. Die endgültige Lösung dieses Problems wurde 1995 durch Andrew Wiles gegeben.

Theorem 0.13. *(Wiles, 1995) Es gibt keine Lösung* $(x, y, z) \in F_n^{\mathbb{Q}}$ *mit* $xyz \neq 0$ *für* $n \geq 3$.

Dies ist ein typisches Beispiel für ein *diophantisches Problem*. Für $n = 2$ gibt es unendlich viele nicht-triviale ganzzahlige Tripel (x, y, z) mit $x^2 + y^2 = z^2$ (pythagoräische Zahlentripel). Der Unterschied zwischen $n = 2$ und $n \geq 3$ liegt darin, dass $F_2^{\mathbb{C}}$ rational parametrisierbar ist, während dies für $F_n^{\mathbb{C}}$, $n \geq 3$ nicht der Fall ist.

Die Frage nach den Lösungen von Systemen von Polynomgleichungen hängt wiederum stark vom Grundkörper ab. Etwa hat die Gleichung $x^2 + y^2 + 1 = 0$ über $\mathbb{R}$ keine Lösung. Über $\mathbb{C}$ bzw. über einem algebraisch abgeschlossenen Körper definiert hingegen jedes nicht-konstante Polynom eine nicht-leere algebraische Menge. Deswegen macht man in der algebraischen Geometrie meist die

Generalvoraussetzung. Der Grundkörper k sei algebraisch abgeschlossen, d. h. $k = \bar{k}$.

Der Leser kann sich in erster Annäherung zunächst auf den Fall $k = \mathbb{C}$ beschränken. Dennoch spielen Grundkörper positiver Charakteristik oft eine wichtige Rolle.

Übungsaufgaben zu Kapitel 0

0.1   Sind die folgenden Mengen algebraische Varietäten?

  (a) $M_1 := \{(\cos t, \sin t);\ t \in [0, 2\pi]\} \subset \mathbb{R}^2$,

  (b) $M_2 := \{(t, \sin t);\ t \in \mathbb{R}\} \subset \mathbb{R}^2$.

0.2 Zeigen Sie, dass die folgenden Mengen algebraische Varietäten sind:

(a) Die *spezielle lineare Gruppe*

$$\text{Sl}(n, \mathbb{C}) = \{A \in \text{Mat}(n \times n, \mathbb{C}); \ \det A = 1\},$$

(b) die *reelle orthogonale Gruppe*

$$\text{O}(n, \mathbb{R}) = \{A \in \text{Mat}(n \times n, \mathbb{R}); \ {}^t\!AA = \mathbf{1}_n\}.$$

0.3 Es sei $f \in \mathbb{R}[x, y]$ ein irreduzibles kubisches Polynom. Die Menge

$$C = \{(x, y) \in \mathbb{A}_\mathbb{R}^2; \ f(x, y) = 0\}$$

heißt eine *reelle ebene affine Kubik*. Finden Sie möglichst viele Polynome, die zu qualitativ verschiedenen Nullstellengebilden führen und skizzieren Sie diese. (Hinweis: Es gibt insgesamt fünf qualitativ verschiedene Bilder. Diese können alle durch einen Ansatz der Form $f(x, y) = y^2 - g(x)$, wobei g Grad 3 hat, gefunden werden.)

0.4 Zeichnen Sie die folgenden reellen *verallgemeinerten Parabeln*

$$x^2 - y^3 = 0, \ x^3 - y^4 = 0, \ x^3 - y^5 = 0.$$

(Diese Fälle ergeben qualitativ alle verschiedenen Bilder von Kurven $x^p - y^q = 0$ mit p, q teilerfremd.)

0.5* Beweisen Sie, dass die Gleichung $x^4 + y^4 = 1$ nur die rationalen Lösungen $(\pm 1, 0), (0, \pm 1)$ besitzt. (Hinweis: Man betrachte die Gleichung $x^4 + y^4 = z^2$ und verwende ein Abstiegsargument ähnlich wie im Beweis von Lemma (0.8).)

Kapitel 1

Affine Varietäten

In diesem Kapitel wird die Beziehung zwischen Idealen im Koordinatenring $k[x_1, \ldots, x_n]$ und affinen algebraischen Mengen in $\mathbb{A}_k^n$ diskutiert. Das zentrale Ergebnis ist der Hilbertsche Nullstellensatz. Dies wird erweitert zu einer Beziehung zwischen polynomialen Abbildungen und k-Algebrahomomorphismen, welche in der Sprache der Kategorientheorie interpretiert wird. Schließlich werden Funktionen auf algebraischen Mengen ausführlicher behandelt. Der Grundkörper k wird als algebraisch abgeschlossen vorausgesetzt.

1.1 Der Nullstellensatz

Es sei $A := k[x_1, \ldots, x_n]$ der Polynomring in n Veränderlichen über k. Bereits in der Einleitung hatten wir zu einem Ideal $J \subset A$ die Nullstellenmenge

$$V(J) = \{P \in \mathbb{A}_k^n; \ f(P) = 0 \text{ für alle } f \in J\}$$

definiert. Wir erhalten damit eine surjektive Abbildung

$$V : \{\text{Ideale in } A\} \ \longrightarrow \ \{\text{algebraische Mengen in } \mathbb{A}_k^n\}$$
$$J \ \longmapsto \ V(J).$$

Umgekehrt können wir zu jeder Teilmenge $X \subset \mathbb{A}_k^n$ wie folgt ein Ideal definieren:

$$I(X) = \{f \in A; \ f(P) = 0 \text{ für alle } P \in X\}.$$

Damit erhalten wir eine Abbildung

$$I : \{\text{Teilmengen von } \mathbb{A}_k^n\} \ \longrightarrow \ \{\text{Ideale in } A\}$$
$$X \ \longmapsto \ I(X).$$

Beispiele wie etwa $V(x_1, \ldots, x_n) = V(x_1^k, \ldots, x_n^k)$ für alle $k \geq 1$ zeigen, dass die Abbildung V nicht injektiv ist. Die Abbildung I ist weder injektiv noch surjektiv. So gilt etwa in $\mathbb{A}_k^1$, dass $I(\mathbb{Z}) = I(\mathbb{A}_k^1) = (0)$, während Ideale der Form (x^n) für $n \geq 2$ nicht im Bild von I liegen. Wir werden allerdings sehen, dass V und I zu zueinander inversen Bijektionen werden, wenn wir uns auf geeignete Klassen von Idealen bzw. algebraischen Mengen beschränken. Wir stellen zunächst einige Eigenschaften dieser Abbildungen fest.

Lemma 1.1. *Es gilt:*

(i) $V(0) = \mathbb{A}_k^n$, $V(A) = \emptyset$

(ii) $I \subset J \Rightarrow V(J) \subset V(I)$

(iii) $V(J_1 \cap J_2) = V(J_1) \cup V(J_2)$

(iv) $V(\sum_{\lambda \in \Lambda} J_\lambda) = \bigcap_{\lambda \in \Lambda} V(J_\lambda)$.

Beweis. Die einzige nicht-triviale Aussage ist (iii).

„$\supset$": Es sei $P \in V(J_1) \cup V(J_2)$. Wir können annehmen, dass $P \in V(J_1)$. Ferner sei $g \in J_1 \cap J_2$. Dann ist $g(P) = 0$, also $P \in V(J_1 \cap J_2)$.

„$\subset$": Es sei $P \notin V(J_1) \cup V(J_2)$. Dann gibt es $f \in J_1$ und $g \in J_2$ mit $f(P) \neq 0$ und $g(P) \neq 0$. Also ist $fg(P) \neq 0$. Andererseits ist $fg \in J_1 \cap J_2$ und daher $P \notin V(J_1 \cap J_2)$. $\qquad\square$

Lemma 1.2. *Es gilt:*

(i) $X \subset Y \Rightarrow I(Y) \subset I(X)$

(ii) *Für jede Teilmenge* $X \subset \mathbb{A}_k^n$ *gilt* $X \subset V(I(X))$. *Gleichheit gilt genau dann, wenn* X *algebraisch ist.*

(iii) *Ist* $J \subset A$ *ein Ideal, so gilt* $J \subset I(V(J))$.

Beweis. (i) und (iii) sind offensichtlich. Ebenso ist die Beziehung $X \subset V(I(X))$ evident. Gilt $X = V(I(X))$, so ist X algebraisch. Ist andererseits X algebraisch, so gilt $X = V(J_0)$ für ein Ideal J_0. Insbesondere gilt $J_0 \subset I(X)$ und daher $V(I(X)) \subset V(J_0) = X$. $\qquad\square$

Im Allgemeinen ist $J \subset I(V(J))$ eine echte Inklusion, wie das Beispiel $J = (x_1^k, \ldots, x_n^k), k \geq 2$, zeigt, da $I(V(J)) = (x_1, \ldots, x_n)$.

Definition. Ist J ein Ideal in einem Ring R, so ist das *Radikal* von J definiert durch

$$\sqrt{J} = \{r; \text{ es gibt ein } k \geq 1 \text{ mit } r^k \in J\}.$$

Ein Ideal heißt *Radikalideal*, falls $J = \sqrt{J}$ gilt.

Bemerkung 1.3. Aus dem binomischen Lehrsatz folgt schnell, dass $\sqrt{J}$ ein Ideal ist. Offensichtlich gilt stets $J \subset \sqrt{J}$. Radikalideale spielen in der Beziehung zwischen Idealen und Varietäten eine große Rolle, da jedes Ideal der Form $I(X)$ automatisch ein Radikalideal ist. Weitere Beispiele für Radikalideale sind Primideale.

1.1.1 Die Zariski-Topologie.

Wir hatten bereits algebraische Mengen als *Zariski-abgeschlossen* bezeichnet. Diese Bezeichnung erfährt durch obiges Lemma ihre Berechtigung, da die algebraischen Mengen die Axiome für die abgeschlossenen Mengen einer Topologie erfüllen. Die zugehörige Topologie heißt die *Zariski-Topologie* auf $\mathbb{A}_k^n$. Eine Teilmenge von $\mathbb{A}_k^n$ heißt *Zariski-offen*, wenn ihr Komplement Zariski-abgeschlossen ist. Es muss jedoch darauf hingewiesen werden, dass die Zariski-Topologie sich sehr verschieden von den in der Analysis üblichen Topologien verhält. Insbesondere ist sie weit davon entfernt, Hausdorffsch zu sein.

Beispiel 1.4. Wir betrachten die Zariski-Topologie auf $\mathbb{A}_k^1$. Die leere Menge und $\mathbb{A}_k^1$ sind zugleich offen und abgeschlossen. Jedes echte Ideal $J \subset k[x]$ ist ein Hauptideal und von der Form

$$J = ((x - a_1) \cdot \ldots \cdot (x - a_n))$$

(beachte, dass wir k als algebraisch abgeschlossen vorausgesetzt haben). Eine von $\emptyset$ und $\mathbb{A}_k^1$ verschiedene Teilmenge des $\mathbb{A}_k^1$ ist also genau dann Zariski-abgeschlossen, wenn es eine endliche Teilmenge ist. Jede nicht-leere Zariski-offene Menge ist dicht.

Definition. Eine algebraische Teilmenge X heißt *irreduzibel*, wenn es keine Zerlegung

$$X = X_1 \cup X_2 \qquad (X_1, X_2 \subsetneqq X)$$

in echte algebraische Teilmengen X_1, X_2 gibt. Ansonsten heißt X *reduzibel*.

Beispiel 1.5. Die Teilmenge $V(x_1 x_2) \subset \mathbb{A}_k^2$ ist reduzibel, da $V(x_1 x_2) = V(x_1) \cup V(x_2)$.

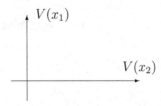

Bild 1: Achsenkreuz als Beispiel einer reduziblen Varietät

Satz 1.6. *Es sei $X \neq \emptyset$ eine algebraische Menge mit zugehörigem Ideal $I(X)$. Dann gilt:*

$$X \text{ ist irreduzibel} \Leftrightarrow I(X) \text{ ist ein Primideal.}$$

Beweis. (i) X sei reduzibel, d. h. $X = X_1 \cup X_2$ mit $X_1, X_2 \subsetneqq X$ und X_1, X_2 algebraisch. Die Inklusion $X_1 \subsetneqq X$ bedeutet, dass es ein Element $f \in I(X_1)\backslash I(X)$ gibt. Analog folgt aus $X_2 \subsetneqq X$ die Existenz eines Elements $g \in I(X_2)\backslash I(X)$. Da fg auf $X_1 \cup X_2 = X$ verschwindet gilt $fg \in I(X)$ und $I(X)$ ist kein Primideal.

(ii) Es sei nun vorausgesetzt, dass $I(X)$ kein Primideal ist. D. h. es gibt $f, g \in A$ mit $fg \in I(X)$, aber $f, g \notin I(X)$. Es sei $J_1 := (I(X), f)$ und $J_2 := (I(X), g)$. Für $X_1 = V(J_1)$ und $X_2 = V(J_2)$ gilt $X_1, X_2 \subsetneqq X$. Andererseits gilt $X \subset X_1 \cup X_2$. Ist nämlich $P \in X$, so ist $fg(P) = 0$, also $f(P) = 0$ oder $g(P) = 0$. Dann folgt $P \in X_1$ oder $P \in X_2$. $\qquad \square$

Wir haben bereits benutzt, dass $A = k[x_1, \ldots, x_n]$ ein noetherscher Ring ist. Dies ist u. a. dazu äquivalent, dass die Bedingung acc (ascending chain condition) gilt, d. h., dass jede aufsteigende Kette

$$I_1 \subset I_2 \subset I_3 \subset \ldots I_n \subset \ldots$$

von Idealen stationär wird, d. h. $I_{n_0+k} = I_{n_0}$ für ein n_0 und alle $k \geq 0$. Ist nun

$$X_1 \supset X_2 \supset \ldots \supset X_n \supset \ldots$$

eine absteigende Kette von algebraischen Mengen, so ist

$$I(X_1) \subset I(X_2) \subset \ldots \subset I(X_n) \subset \ldots$$

eine aufsteigende Kette von Idealen. Ist $X_n \supsetneqq X_{n+1}$ eine echte Inklusion, so gilt dies auch für $I(X_n) \subsetneqq I(X_{n+1})$ (dies folgt aus Lemma (1.2) (ii)). Damit folgt, dass jede absteigende Folge von algebraischen Mengen stationär wird. Ein topologischer Raum mit dieser Eigenschaft heißt ein *noetherscher topologischer Raum*. Aus dem Auswahlaxiom folgt dann, dass jedes nicht-leere System Σ von algebraischen Mengen in $\mathbb{A}_k^n$ ein minimales Element besitzt. (Ein Element $X \in \Sigma$ heißt *minimal*, wenn es kein Element $Y \in \Sigma$ mit $Y \subsetneqq X$ gibt.)

Satz 1.7. *Jede algebraische Menge $X \subset \mathbb{A}_k^n$ besitzt eine (bis auf die Reihenfolge) eindeutige Darstellung*

$$X = X_1 \cup \ldots \cup X_r,$$

wobei die X_i irreduzibel sind und $X_i \not\subset X_j$ für $i \neq j$.

Definition. Die X_i heißen die *irreduziblen Komponenten* von X.

Beweis von Satz 1.7. Wir führen einen Beweis durch Widerspruch. Es sei Σ die Menge aller algebraischen Mengen, die keine solche Darstellung besitzen. Wir

nehmen $\Sigma \neq \emptyset$ an. Dann besitzt Σ ein minimales Element X. Die algebraische
Menge X ist reduzibel, da ansonsten $X \notin \Sigma$. Wir betrachten also eine Zerlegung
$X = X_1 \cup X_2$ mit $X_1, X_2 \subsetneq X$. Auf Grund der Minimalität von X folgt $X_1, X_2 \notin$
Σ. D. h. X_1, X_2 besitzen eine Zerlegung in irreduzible Komponenten und damit
auch X.

Es bleibt noch zu zeigen, dass eine solche Zerlegung eindeutig ist. Dazu betrachten
wir eine weitere Zerlegung
$$X = Y_1 \cup \ldots \cup Y_l$$
mit Y_i irreduzibel und $Y_i \not\subset Y_j$ für $j \neq i$. Dann ist

$$X_i = X_i \cap X = \bigcup_{m=1}^{l} (X_i \cap Y_m).$$

Da X_i irreduzibel ist, gilt $X_i \cap Y_m = X_i$ für ein m. Also gilt insbesondere $Y_m \supset X_i$.
Vertauscht man die Rollen der beiden Zerlegungen, so kann man analog schließen,
dass es ein j gibt mit $X_j \supset Y_m \supset X_i$. Also gilt $i = j$ und $X_i = Y_m$. □

Man sieht sofort, dass die Aussage des obigen Satzes sowie der Beweis für alle
noetherschen topologischen Räume gilt.

Wir halten hier eine weitere nützliche Tatsache über irreduzible Teilmengen fest,
die in jeder Topologie gilt.

Lemma 1.8. *Für eine abgeschlossene Menge $V \subset \mathbb{A}^n_k$ sind die folgenden Aussagen äquivalent:*

(i) *V ist irreduzibel.*

(ii) *Für je zwei offene Mengen $\emptyset \neq U_1, U_2$ von V gilt $U_1 \cap U_2 \neq \emptyset$.*

(iii) *Jede offene Menge $\emptyset \neq U \subset V$ liegt dicht in V.*

Beweis. Die Äquivalenz von (i) und (ii) folgt aus

$$U_1 \cap U_2 = \emptyset \Leftrightarrow (V \setminus U_1) \cup (V \setminus U_2) = V.$$

Andererseits ist eine Teilmenge U eines topologischen Raumes V genau dann
dicht, wenn sie jede offene nicht-leere Teilmenge von V trifft. Dies ergibt die
Äquivalenz von (ii) und (iii). □

1.1.2 Affine Varietäten. Nachdem wir die topologischen Eigenschaften von
$\mathbb{A}^n_k$, mit der Zariski-Topologie, betrachtet haben, wenden wir uns jetzt der algebraischen Sichtweise zu. Wir werden weitere algebraische Hilfsmittel benötigen,
um Hilberts Nullstellensatz und verwandte Konzepte zu diskutieren.

Definition. Eine *affine Varietät* (über k) ist eine affine algebraische Menge.

Das Wort *Varietät* besitzt in der Literatur verschiedene Bedeutungen. Manche Autoren bezeichnen nur irreduzible algebraische Mengen als Varietäten. Mitunter wird unter Varietät eine abstrakte Varietät verstanden; dies ist ein Objekt, das durch affine Varietäten überdeckt wird.

Wir wollen nun den Hilbertschen Nullstellensatz beweisen. Im Folgenden seien Ringe stets als kommutativ mit 1 vorausgesetzt.

Definition. Es sei B ein Teilring von A.

(i) A heißt *endlich erzeugt* über B (oder *endlich erzeugt als B-Algebra*), falls es endlich viele Elemente $a_1, \ldots, a_n$ gibt mit $A = B[a_1, \ldots, a_n]$.

(ii) A heißt eine *endliche B-Algebra*, falls es endlich viele Elemente $a_1, \ldots, a_n$ gibt mit $A = Ba_1 + \ldots + Ba_n$.

Beispiel 1.9. Der Polynomring $k[x_1, \ldots, x_n]$ ist eine endlich erzeugte k-Algebra, aber keine endliche k-Algebra.

Der Nullstellensatz kann auf die folgende algebraische Aussage zurückgeführt werden:

Theorem 1.10. *Es sei k ein Körper mit unendlich vielen Elementen. Ferner sei der Ring $A = k[a_1, \ldots, a_n]$ eine endlich erzeugte k-Algebra. Falls A ein Körper ist, so ist A algebraisch über k.*

Wir werden diesen Satz als einfache Konsequenz der Noether-Normalisierung (1.18), welche von unabhängigem geometrischen Interesse ist, ableiten. In der Tat gilt die Aussage für alle Körper k. Die Beweisidee ist die folgende: angenommen $t \in A$ sei ein transzendentes Element. Dann hat $k[t]$ unendlich viele verschiedene Primelemente (Euklids Argument). Damit kann $k(t)$ über k nicht durch endlich viele Elemente der Form $r_i = p_i/q_i$ erzeugt werden, da man auf diese Weise nur endlich viele verschiedene Primfaktoren im Nenner erhält.

Theorem 1.11. (Hilbertscher Nullstellensatz): *Es sei k ein algebraisch abgeschlossener Körper. Dann gilt:*

(i) *Jedes maximale Ideal $m \subset A = k[x_1, \ldots, x_n]$ ist von der Form*

$$m = (x_1 - a_1, \ldots, x_n - a_n) = I(P)$$

für einen Punkt $P = (a_1, \ldots, a_n) \in \mathbb{A}_k^n$.

(ii) *Ist $J \subsetneq A$ ein echtes Ideal, so gilt $V(J) \neq \emptyset$.*

(iii) *Für jedes Ideal $J \subset A$ gilt:*

$$I(V(J)) = \sqrt{J}.$$

Die entscheidende Aussage ist (ii), die besagt, dass jedes nicht-triviale Ideal mindestens eine Nullstelle besitzt. Dies erklärt auch den Namen des Satzes. Offensichtlich ist die Aussage dieses Satzes für nicht-algebraisch abgeschlossene Körper falsch, wie etwa das Ideal $(x^2 + 1) \subset \mathbb{R}[x]$ zeigt.

Korollar 1.12. *Die Abbildungen*

$$\{Ideale\ in\ A\} \xleftrightarrow{V,I} \{Teilmengen\ in\ \mathbb{A}_k^n\}$$

definieren Bijektionen

$$\{Radikalideale\ in\ A\} \xleftrightarrow{1:1} \{Varietäten\ in\ \mathbb{A}_k^n\}$$
$$\cup \qquad\qquad\qquad\qquad \cup$$
$$\{Primideale\ in\ A\} \xleftrightarrow{1:1} \{irreduzible\ Varietäten\ in\ \mathbb{A}_k^n\}$$
$$\cup \qquad\qquad\qquad\qquad \cup$$
$$\{maximale\ Ideale\ in\ A\} \xleftrightarrow{1:1} \{Punkte\ in\ \mathbb{A}_k^n\}.$$

Beweis. Für jede algebraische Menge $X \subset \mathbb{A}_k^n$ gilt $V(I(X)) = X$ und nach dem Hilbertschen Nullstellensatz (iii) gilt für jedes Ideal J, dass $I(V(J)) = \sqrt{J}$. Die zweite Bijektion folgt aus Satz (1.6).   □

Beweis des Nullstellensatzes.

(i) Wir stellen zunächst fest, dass $(x_1 - a_1, \ldots, x_n - a_n)$ ein maximales Ideal ist. Dies folgt, da die Auswertungsabbildung

$$k[x_1, \ldots, x_n] \longrightarrow k$$
$$f \longmapsto f(P)$$

einen Isomorphismus $k[x_1, \ldots, x_n]/(x_1 - a_1, \ldots, x_n - a_n) \cong k$ definiert. Es sei nun $m \subset k[x_1, \ldots, x_n]$ ein maximales Ideal, dann ist

$$K := k[x_1, \ldots, x_n]/m$$

ein Körper. Außerdem ist K eine endlich erzeugte k-Algebra (als Erzeugende können die Restklassen x_i mod m gewählt werden). Nach Theorem (1.10) ist K algebraisch über k. Da k algebraisch abgeschlossen ist, ist die natürliche Abbildung

$$\varphi: \quad k \subset k[x_1, \ldots, x_n] \xrightarrow{\pi} k[x_1, \ldots, x_n]/m = K$$

ein Isomorphismus. Es sei $b_i := x_i$ mod $m \in K$ und $a_i = \varphi^{-1}(b_i)$. Dann ist

$$x_i - a_i \in \ker \pi = m.$$

Also ist

$$(x_1 - a_1, \ldots, x_n - a_n) \subset m,$$

und da $(x_1 - a_1, \ldots, x_n - a_n)$ bereits ein maximales Ideal ist, gilt sogar die Gleichheit $(x_1 - a_1, \ldots, x_n - a_n) = m$.

(i)$\Rightarrow$(ii) Es sei $J \not\subset A = k[x_1, \ldots, x_n]$. Dann gibt es, da $k[x_1, \ldots, x_n]$ ein noetherscher Ring ist, ein maximales Ideal m mit $J \subset m$. Nach (i) ist $m = I(P)$ für einen Punkt $P \in \mathbb{A}_k^n$ und damit $P = V(I(P)) \subset V(J)$.

(ii)$\Rightarrow$(iii) Diesen Schritt beweist man meist mit dem „Trick" von Rabinowitsch. Wir starten mit einem Ideal $J \subset k[x_1, \ldots, x_n]$ und einem Element $f \in I(V(J))$. Wir müssen zeigen, dass es ein N gibt mit $f^N \in J$. Dazu führen wir eine neue Variable t ein und betrachten das Ideal

$$J_f := (J, ft - 1) \subset k[x_1, \ldots, x_n, t].$$

Dies macht Sinn für jedes Polynom $f \in k[x_1, \ldots, x_n]$. Dann gilt

$$V(J_f) = \{Q = (a_1, \ldots, a_n, b) = (P, b) \in \mathbb{A}_k^{n+1};\ P \in V(J),\ bf(P) = 1\}.$$

Dies folgt unmittelbar aus der Definition von J_f. Projektion auf die ersten n Koordinaten identifiziert $V(J_f)$ also mit jener Teilmenge von $V(J)$ für die $f(P) \neq 0$ gilt. Da $f \in I(V(J))$ gewählt war, ist $V(J_f) = \emptyset$ und nach (ii) folgt, dass $J_f = k[x_1, \ldots, x_n, t]$ ist, insbesondere ist $1 \in J_f$, d. h. es gibt eine Relation

(1.1) $$1 = \sum g_i f_i + g_0(ft - 1) \in k[x_1, \ldots, x_n, t]$$

mit $g_i, g_0 \in k[x_1, \ldots, x_n, t]$, $f_i \in J$. Es sei t^N die höchste Potenz von t, die in den Polynomen g_i, g_0 vorkommt. Durch Multiplizieren mit f^N wird (1.1) zu

(1.2) $$f^N = \sum G_i(x_1, \ldots, x_n, ft) f_i + G_0(x_1, \ldots, x_n, ft)(ft - 1),$$

wobei $G_i = f^N g_i$ als Polynom in $x_1, \ldots, x_n, ft$ geschrieben wird. Obige Gleichung gilt in $k[x_1, \ldots, x_n, t]$. Wir betrachten nun diese Gleichung modulo $(ft - 1)$ und erhalten

$$f^N = \sum h_i(x_1, \ldots, x_n) f_i \in k[x_1, \ldots, x_n, t]/(ft - 1).$$

Da die natürliche Abbildung

$$k[x_1, \ldots, x_n] \longrightarrow k[x_1, \ldots, x_n, t]/(ft - 1)$$

injektiv ist, folgt dass bereits im Polynomring $k[x_1, \ldots, x_n]$ gilt:

$$f^N = \sum h_i(x_1, \ldots, x_n) f_i \in J.$$

$\square$

Beispiel 1.13. Eine *affine Hyperfläche* in $\mathbb{A}_k^n$ ist eine algebraische Teilmenge, die durch eine Gleichung gegeben ist:

$$V(f) = \{P \in \mathbb{A}_k^n;\ f(P) = 0\} \qquad (f \in k[x_1, \ldots, x_n] \setminus k).$$

Ist die Primzerlegung von f gegeben durch $f = f_1^{r_1} \cdots f_m^{r_m}$, so ist $\sqrt{(f)} = (f_1 \cdots f_m)$. Das Ideal (f) ist genau dann prim, wenn f irreduzibel ist, also $m = 1, r_1 = 1$ gilt. Wir erhalten also folgende Bijektion:

$$\{\text{irreduzible Hyperflächen in } \mathbb{A}_k^n\} \overset{1:1}{\longleftrightarrow} \{f \in k[x_1, \ldots, x_n];\ f \text{ irreduzibel}\}/k^*.$$

1.1.3   Ergebnisse der kommutativen Algebra.   Bevor wir Theorem (1.10) beweisen können, benötigen wir noch einige algebraische Vorarbeiten. Dabei werden wir gleichzeitig den Noetherschen Normalisierungssatz beweisen, den wir später geometrisch deuten werden.

Lemma 1.14. *Es seien $C \subset B \subset A$ Ringe.*

(i) *Ist B eine endliche C-Algebra und A eine endliche B-Algebra, so ist A auch eine endliche C-Algebra.*

(ii) *Ist A eine endliche B-Algebra, so ist A ganz über B, d. h. jedes Element $x \in A$ erfüllt eine Gleichung der Form*

$$x^n + b_{n-1}x^{n-1} + \ldots + b_1 x + b_0 \qquad (b_i \in B).$$

(iii) *Erfüllt umgekehrt $x \in A$ eine Gleichung der obigen Form, so ist $B[x]$ eine endliche B-Algebra.*

Beweis.

(i) Ist $B = Cb_1 + \ldots + Cb_m$ und $A = Ba_1 + \ldots + Ba_n$, so ist $A = Ca_1 b_1 + \ldots + Ca_n b_m$.

(iii) Es gilt, dass $B[x] = B + Bx + \ldots + Bx^{n-1}$.

(ii) Dies beweist man mit einem „Determinantentrick". Es sei

(1.3) $$A = Ba_1 + \ldots + Ba_n.$$

Ist $x \in A$, so ist auch $xa_i \in A$; $i = 1, \ldots, n$. Also gibt es $b_{ij} \in B$ mit

$$xa_i = \sum_{j=1}^{n} b_{ij}a_j.$$

Dies kann man auch in der Form

(1.4) $$\sum_{j=1}^{n} (x\delta_{ij} - b_{ij})a_j = 0$$

schreiben. Wir betrachten die Matrix

$$M := (x\delta_{ij} - b_{ij})_{i,j}$$

sowie die Determinante

$$\Delta := \det M \in A.$$

Für den Vektor ${}^t a = (a_1, \ldots, a_n)$ besagt (1.4) gerade

(1.5) $$Ma = 0.$$

Ist M^{adj} die Adjunkte zur Matrix M, so folgt aus (1.5) die Beziehung

$$0 = M^{\mathrm{adj}} M a = \det M \cdot a.$$

Also ist $\det M \cdot a_i = 0$ für $i = 1, \ldots, n$ und wegen (1.3) gilt insbesondere

$$\det M = \det M \cdot 1 = 0.$$

Nun ist

$$\det M = x^n + b_{n-1} x^{n-1} + \ldots + b_1 x + b_0$$

für geeignete $b_i \in B$ und wir haben die gewünschte Gleichung hergeleitet.

$\square$

Wir werden das folgende Lemma verwenden um die Noether-Normalisierung geometrisch zu deuten.

Lemma 1.15. (Nakayama-Lemma): *Es sei $A \neq 0$ eine endliche B-Algebra. Dann gilt für jedes maximale Ideal m von B, dass $mA \neq A$.*

Beweis. Wir nehmen an, dass $mA = A$. Ferner sei $A = Ba_1 + \ldots + Ba_n$. Nach unserer Annahme $mA = A$ haben wir Darstellungen

$$a_i = \sum_j b_{ij} a_j, \quad b_{ij} \in m.$$

Wie vorhin schließen wir dann, dass

$$\Delta = \det(\delta_{ij} - b_{ij}) = 0.$$

Entwickeln der Determinante zeigt dann aber, dass $1 \in m$, ein Widerspruch. $\square$

Für den Beweis von Theorem (1.10) benötigen wir das folgende Lemma.

Lemma 1.16. *Es sei A ein Körper und $B \subset A$ ein Unterring, so dass A eine endliche B-Algebra ist. Dann ist auch B ein Körper.*

Beweis. Es sei $0 \neq b \in B$. Da A ein Körper ist, existiert $b^{-1} \in A$. Wir müssen zeigen, dass b^{-1} bereits in B liegt. Nach Lemma (1.14) (ii) gibt es eine Relation

$$b^{-n} + b_{n-1} b^{-(n-1)} + \ldots + b_1 b^{-1} + b_0 = 0 \qquad \text{mit } b_i \in B.$$

Multiplizieren mit b^{n-1} gibt

$$b^{-1} = -(b_{n-1} + b_{n-2} b + \ldots + b_0 b^{n-1}) \in B.$$

$\square$

Für den Beweis der Noether-Normalisierung benötigen wir ein weiteres Lemma.

Lemma 1.17. *Es sei $f \neq 0$ ein Element aus $k[x_1, \ldots, x_n]$ mit $d = \deg f$. Dann enthält für geeignete $\alpha_1, \ldots, \alpha_{n-1} \in k$ das Polynom $f(x'_1 + \alpha_1 x_n, \ldots, x'_{n-1} + \alpha_{n-1} x_n, x_n)$ einen Term der Form $c x_n^d$ mit $d = \deg f$ und $c \neq 0$.*

Beweis. Es sei $d = \deg f$ der Grad von f. Dann haben wir eine Zerlegung

$$f = F_d + G,$$

wobei F_d homogen ist vom Grad d und $\deg G \leq d - 1$. Dann gilt

$$f(x'_1 + \alpha_1 x_n, \ldots, x'_{n-1} + \alpha_{n-1} x_n, x_n) = F_d(\alpha_1, \ldots, \alpha_{n-1}, 1) x_n^d$$
$$+ \text{ Terme niederer Ordnung in } x_n.$$

Nun ist $F_d(\alpha_1, \ldots, \alpha_{n-1}, 1)$ ein von 0 verschiedenes Polynom in $\alpha_1, \ldots, \alpha_{n-1}$ und hat damit eine von $\mathbb{A}_k^{n-1}$ verschiedene Nullstellenmenge. (Dies folgt da k unendliche viele Elemente besitzt.) Es genügt nun $\alpha_1, \ldots, \alpha_{n-1} \in k$ so zu wählen, dass $F_d(\alpha_1, \ldots \alpha_{n-1}, 1) \neq 0$ ist. $\square$

Wir kommen nun zur Noether-Normalisierung, die, wie wir später sehen werden, von unabhängigem geometrischen Interesse ist. Insbesondere zeigt die geometrische Interpretation der Noether-Normalisierung (siehe 1.1.4), wie die geometrische Idee von Dimension mit der algebraischen Struktur des *Koordinatenrings* einer Varietät zusammenhängt (siehe Bemerkung 1.23).

Theorem 1.18. (Noether-Normalisierung): *Es sei k ein unendlicher Körper und $A = k[a_1, \ldots, a_n]$ eine endlich erzeugte k-Algebra. Dann gibt es ein $m \leq n$ sowie $y_1, \ldots, y_m \in A$, so dass:*

(i) $y_1, \ldots, y_m$ sind algebraisch unabhängig über k, d.h. sie erfüllen keine Polynomgleichung mit Koeffizienten in k,

(ii) A ist eine endliche $k[y_1, \ldots, y_m]$-Algebra.

Bemerkung 1.19. Dass $y_1, \ldots, y_m$ algebraisch unabhängig sind, ist äquivalent dazu, dass die Abbildung des Polynomrings $k[t_1, \ldots, t_m]$ in m Variablen über k nach $k[y_1, \ldots, y_m]$, die durch $t_i \mapsto y_i$ gegeben wird, ein Isomorphismus ist.

Beweis. Wir führen den Beweis durch Induktion nach n. Es sei $k[x_1, \ldots, x_n]$ der Polynomring über k in n Variablen. Ferner sei

$$I := \ker(k[x_1, \ldots, x_n] \longrightarrow k[a_1, \ldots, a_n] = A)$$

der Kern des durch $x_i \mapsto a_i$ gegebenen Homomorphismus. Ist $I = 0$, können wir $y_1 = a_1, \ldots, y_n = a_n$ und $m = n$ wählen. Sei nun $0 \neq f \in I$. Wir wählen $\alpha_1, \ldots, \alpha_{n-1} \in k$ wie in Lemma 1.17 und setzen $a'_i := a_i - \alpha_i a_n$ und $A' := k[a'_1, \ldots, a'_{n-1}] \subset A$. Dann ist für eine Konstante $0 \neq c \in k$ das Polynom

$$F(x_n) := \frac{1}{c} f(a'_1 + \alpha_1 x_n, \ldots, a'_{n-1} + \alpha_{n-1} x_n, x_n)$$

ein monisches Polynom in $A'[x_n]$ mit $F(a_n) = 0$, d. h. a_n ist ganz über A'.

Nach Induktionsannahme gibt es $y_1, \ldots, y_m \in A'$ mit folgenden Eigenschaften:

(i) $y_1, \ldots, y_m$ sind algebraisch unabhängig über k,

(ii) A' ist eine endliche $k[y_1, \ldots, y_m]$-Algebra.

Nach Lemma (1.14) (iii) ist $A = A'[a_n]$ eine endliche A'-Algebra und nach Lemma (1.14) (i) ist A dann auch eine endliche $k[y_1, \ldots, y_m]$-Algebra. □

Bemerkung 1.20. Analysiert man den Beweis, so sieht man, dass man für $y_1, \ldots, y_m$ „allgemeine" Linearformen in $a_1, \ldots, a_n$ wählen kann, da die Koordinatenwechsel aus Lemma 1.17 „allgemein" gewählt werden können. Hiemit ist das Folgende gemeint: Die m-Tupel von Linearformen in $a_1, \ldots, a_n$ bilden ebenfalls einen affinen Raum $\mathbb{A}_k^{nm}$. Wenn man sagt, ein *allgemeines* Tupel von Linearformen erfüllt die Eigenschaft, bedeutet dies, dass alle Linearformen außerhalb einer echten Zariski-abgeschlossenen Teilmenge dieses Raumes die Eigenschaft erfüllen. Sie wird also von einer dichten Menge von Linearformen erfüllt. Das Konzept von „allgemeinen" Objekten, also Objekten, die von Punkten einer offenen dichten Teilmenge einer Varietät parametrisiert werden, tritt in der algebraischen Geometrie häufig auf.

Beweis von Theorem 1.10. Es sei nun $A = k[a_1, \ldots, a_n]$ eine endlich erzeugte k-Algebra, von der wir voraussetzen, dass A ein Körper ist. Wir wählen $y_1, \ldots, y_m$ wie im Normalisierungssatz und schreiben $B = k[y_1, \ldots, y_m]$. Dann ist $B = k[y_1, \ldots, y_m] \subset A$ und A ist eine endliche B-Algebra. Nach Lemma (1.16) ist B ein Körper. Dies geht aber nur, wenn $m = 0$ gilt. Damit ist A eine endliche Körpererweiterung von k, also algebraisch über k. □

1.1.4 Geometrische Deutung der Noether-Normalisierung. Es sei $X \subset \mathbb{A}_k^n$ eine (der Einfachheit halber) irreduzible Varietät, d. h. das Ideal $I = I(X) \subset k[x_1, \ldots, x_n]$ ist ein Primideal. Wir betrachten dann

$$A = k[x_1, \ldots, x_n]/I = k[a_1, \ldots, a_n] \qquad (a_i = x_i \bmod I).$$

(Wir werden später A als den *Koordinatenring* von X bezeichnen.) Dann seien $y_1, \ldots, y_m$ allgemeine Linearformen in $a_1, \ldots a_n$ im Sinne der obigen Bemerkung. Fasst man die $y_1, \ldots, y_m$ als Linearformen in $x_1, \ldots, x_n$ auf, so definieren diese eine lineare Projektion

$$\pi = (y_1, \ldots, y_m) : \quad \mathbb{A}_k^n \longrightarrow \mathbb{A}_k^m.$$

Wir setzen

$$p = \pi|_X : \quad X \longrightarrow \mathbb{A}_k^m.$$

Diese Abbildung ist durch $y_1, \ldots, y_m$ festgelegt.

Satz 1.21. *Für jeden Punkt* $P \in \mathbb{A}_k^m$ *ist* $p^{-1}(P)$ *eine nicht-leere endliche Menge.*

Beweis. Wir zeigen zunächst die Endlichkeitsaussage. Für $i = 1, \ldots, n$ haben wir eine Relation

$$a_i^N + f_{N-1}^i(y_1, \ldots, y_m)a_i^{N-1} + \ldots + f_0^i(y_1, \ldots, y_m) = 0$$

mit Polynomen $f_k^i(y_1, \ldots, y_m)$, $k = 0, \ldots, N-1$. Dies bedeutet, dass

$$x_i^N + f_{N-1}^i(y_1, \ldots, y_m)x_i^{N-1} + \ldots + f_0^i(y_1, \ldots, y_m) = 0 \mod I,$$

d. h. bei gegebenen Werten $(y_1, \ldots, y_m)$, haben wir nur endlich viele Lösungen $(x_1^0, \ldots, x_n^0) \in X$.

Um zu zeigen, dass $p^{-1}(P)$ stets nicht-leer ist, genügt es zu zeigen, dass für jeden Punkt $P = (b_1, \ldots, b_m)$

$$(1.6) \qquad\qquad I_P := I + (y_1 - b_1, \ldots, y_m - b_m) \neq k[x_1, \ldots, x_n]$$

gilt. Die Behauptung folgt dann aus dem Hilbertschen Nullstellensatz, da $\pi^{-1}(P) = V(I_P) \neq \emptyset$. Die Aussage (1.6) ist äquivalent dazu, dass im Ring $A = k[a_1, \ldots, a_n]$ gilt, dass $(y_1 - b_1, \ldots y_m - b_m) \neq A$. Nun ist $(y_1 - b_1, \ldots, y_m - b_m)$ in $k[y_1, \ldots, y_m]$ ein maximales Ideal (vgl. den Hilbertschen Nullstellensatz). Damit können wir Lemma (1.15) anwenden, wobei $A = k[y_1, \ldots, y_m]$ und $B = k[a_1, \ldots, a_n]$ ist.   □

Geometrisch ergibt sich folgendes Bild:

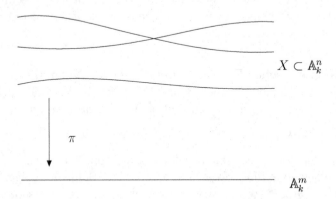

Bild 2: Geometrische Deutung der Noether-Normalisierung

Beispiel 1.22. Es sei $f = x_1x_2 + x_2x_3 + x_3x_1 \in k[x_1, x_2, x_3]$. Für die quadratische Hyperfläche $S := V(f) \subset \mathbb{A}_k^3$ haben wir $A = k[x_1, x_2, x_3]/(f)$ und wie oben sei $a_i = x_i \mod (f)$ für $i = 1, 2, 3$. Da f keinen Term der Form x_i^m enthält, müssen wir einen Koordinatenwechsel durchführen. Zum Beispiel sei $z = x_2 + x_1$. Dann ist $f = z(x_1 + x_3) - x_1^2$. Nun ist A endlich über $k[a_1 + a_2, a_3]$ und die zugehörige Abbildung p ist gegeben durch

$$p : \quad S \longrightarrow \mathbb{A}_k^2$$
$$(x_1, z, x_3) \longmapsto (z, x_3).$$

Die Faser $p^{-1}(a, b) = \{(x, a, b);\ x^2 - ax - ab = 0\}$ besteht aus höchstens zwei Punkten.

Man beachte, dass S die Koordinatenachsen enthält, so dass für alle $1 \le i < j \le 3$ die Projektion auf die x_i-x_j-Ebene

$$S \longrightarrow \mathbb{A}_k^2$$
$$(x_1, x_2, x_3) \longmapsto (x_i, x_j)$$

eine unendliche Faser über $(0, 0)$ besitzt. Ist allgemeiner $(a, b, c) \in S$, so enthält S die Gerade $L := \{(\lambda a, \lambda b, \lambda c);\ \lambda \in k\}$ und die Projektion $(x_1, x_2, x_3) \mapsto (bx_1 - ax_2, cx_1 - ax_3)$ bildet L auf $(0, 0)$ ab. Es gibt jedoch eine dichte Menge von Ebenen, so dass die entsprechende Projektion endliche Fasern hat.

Bemerkung 1.23. Die Zahl m in der Noether-Normalisierung ist der *Transzendenzgrad* des Funktionenkörpers der k-Algebra A. (Dies wird in Kapitel 3 genauer besprochen) Ist $A = k[x_1, \ldots, x_n]/I$ der Koordinatenring einer affinen Varietät X, so gibt es nach Satz (1.21) eine surjektive Abbildung auf $\mathbb{A}_k^m$ mit endlichen Fasern. Da $\mathbb{A}_k^m$ Dimension m hat, ist es sinnvoll zu erwarten, dass auch X Dimension m hat. In Kapitel 3 werden wir eine rigorose Definition von Dimension geben und sehen, dass die hier diskutierte intuitive Idee Sinn macht. Wir werden allgemeiner zeigen, dass die Dimension einer affinen Varietät gleich dem Transzendenzgrad ihres Funktionenkörpers ist (Theorem 3.11).

1.1.5 Körper positiver Charakteristik.

Für spätere Anwendungen verschärfen wir noch die Aussage von Theorem (1.11). Das Folgende spielt vor allem im Falle positiver Charakteristik eine Rolle. Die *Charakteristik* eines Körpers k ist bekanntlich die eindeutig bestimmte Primzahl p, für die

$$p \cdot 1 = \underbrace{1 + \ldots + 1}_{p-\text{mal}} = 0$$

gilt, bzw. 0, falls $p \cdot 1 \ne 0$ stets. Beispiele für Körper positiver Charakteristik sind die Körper $\mathbb{F}_p = \mathbb{Z}/p\mathbb{Z}$, bzw. deren algebraische Abschlüsse. Der Körper $\mathbb{C}$ hat die Charakteristik 0.

Definition. Ein nicht konstantes irreduzibles Polynom

$$f = a_n x^n + \ldots + a_1 x + a_0 \in k[x]$$

heißt *separabel*, falls die formale Ableitung

$$f' = na_n x^{n-1} + \ldots + a_1 \neq 0.$$

Ansonsten heißt f *inseparabel*. Ein beliebiges Polynom f heißt separabel, wenn jeder irreduzible Faktor von f separabel ist. Ein irreduzibles Polynom $f \in k[x_1, \ldots, x_n]$ heißt separabel bezüglich x_i, falls die formale Ableitung nach x_i nicht 0 ist.

Über einem Körper der Charakteristik 0 ist jedes Polynom separabel. Ein Beispiel für ein irreduzibles inseparables Polynom ist durch $f(x) = x^p - t \in \mathbb{F}_q(t)[x]$ gegeben. Ein irreduzibles Polynom ist in Charakteristik p genau dann inseparabel über k, wenn es von der Form $f(x) = g(x^p)$ ist. Ist k algebraisch abgeschlossen, so können wir dann $f(x) = g(x^p) = h(x)^p$ schreiben, wobei $h(x)$ aus $g(x)$ entsteht, in dem wir jeden Koeffizienten durch eine p-te Wurzel ersetzen. Die Behauptung folgt dann aus der in Charakteristik p gültigen Frobenius-Identität $a^p + b^p = (a + b)^p$.

Definition. Ist K/k eine Körpererweiterung und $x \in K$ algebraisch, so heißt x *separabel* (bzw. *inseparabel*) über k, falls das Minimalpolynom von x über k separabel (bzw. inseparabel) ist. Eine algebraische Körpererweiterung K/k heißt *separabel*, falls jedes Element separabel über k ist.

Wir können nun den Satz über die Noether-Normalisierung etwas verschärfen. Hierzu setzen wir voraus, dass der Ring $A = k[a_1, \ldots, a_n]$ ein *Integritätsring* ist. Dies ist äquivalent dazu, dass das Ideal

$$I = \ker(\pi : k[x_1, \ldots, x_n] \longrightarrow k[a_1, \ldots, a_n])$$

wobei π durch $\pi(x_i) = a_i$ definiert ist, ein Primideal ist. Dies impliziert insbesondere, dass I zumindest ein irreduzibles Element $f \neq 0$ enthält, sofern nicht $I = 0$.

Satz 1.24. *Es sei k ein algebraisch abgeschlossener Körper. Ferner sei $A = k[a_1, \ldots, a_n]$ ein Integritätsring. Dann gibt es $y_1, \ldots, y_m \in A$, so dass die Aussagen (i) und (ii) von Theorem (1.18) gelten, und dass zusätzlich für den Quotientenkörper K von A gilt:*

(iii) *$K/k(y_1, \ldots, y_m)$ ist eine separable Körpererweiterung.*

Beweis. Da in Charakteristik 0 jede algebraische Körpererweiterung separabel ist, können wir annehmen, dass die Charakteristik p von K positiv ist. Ist $I = 0$, so ist nichts zu beweisen. Ansonsten wählen wir ein irreduzibles Element $f \in I$. Dann behaupten wir, dass f bezüglich wenigstens einer Variablen x_i separabel ist. Ansonsten ist $f \in k[x_1, \ldots, x_i^p, \ldots, x_n]$ für alle i, also

$$f = g(x_1^p, \ldots, x_n^p) = h(x_1, \ldots, x_n)^p$$

für geeignete Polynome g, h. Dies widerspricht aber der Irreduzibilität von f.

Wir können also annehmen, dass f etwa bezüglich x_n separabel ist. Genau wie zuvor liefert dann

$$f(a'_1 + \alpha_1 a_n, \ldots, a'_{n-1} + \alpha_{n-1} a_n, a_n) = 0$$

eine monomiale, separable Gleichung für a_n über $A' = k[a'_1, \ldots, a'_{n-1}]$ für allgemeine Wahl von $\alpha_1, \ldots, \alpha_{n-1}$. Dann kann man wieder induktiv argumentieren, wobei man noch verwenden muss, dass die Zusammensetzung separabler Körpererweiterungen wieder eine separable Körpererweiterung ist. □

1.1.6 Reduktion auf den Fall einer Hyperfläche. Wir schließen den Abschnitt mit einer weiteren Folgerung der Noether-Normalisierung ab, die auf dem folgenden Resultat basiert.

Theorem 1.25. (Satz vom primitiven Element): *Es sei K ein Körper mit unendlich vielen Elementen, und $L \supset K$ sei eine endliche separable Körpererweiterung. Dann gibt es ein Element $x \in L$ mit $L = K(x)$. Gilt zudem, dass L über K durch Elemente $z_1, \ldots, z_n$ erzeugt wird, so kann man x als Linearkombination $x = \sum \alpha_i z_i$ wählen.*

Beweis. Es sei $K \subset M$ der normale Abschluss von L über K. Dann ist $K \subset M$ eine endliche Galois-Erweiterung. Nach dem Fundamentalsatz der Galoistheorie existieren dann nur endlich viele Zwischenkörper zwischen K und M. Die Zwischenkörper $\{K_j\}$ zwischen K und L bilden endlich viele K-Untervektorräume von L. Falls K unendlich viele Elemente hat, gibt es ein $x \in L$, das nicht in der Vereinigung der K_i liegt. Dann gilt $L = K(x)$. Sind nun $z_1, \ldots, z_n$ gegeben, so dass diese nicht alle zu einem K_i gehören (d. h. sie erzeugen L), so kann man $x = \sum \alpha_i z_i$ wählen. □

Korollar 1.26. *Die Voraussetzungen seien wie in Satz (1.24). Dann kann man Elemente $y_1, \ldots, y_{m+1}$ so wählen, dass $y_1, \ldots, y_m$ die Eigenschaften (i)-(iii) erfüllen und dass der Quotientenkörper K von A durch $y_1, \ldots, y_{m+1}$ erzeugt wird.*

Beweis. Nach Satz (1.24) können wir annehmen, dass K eine separable Körpererweiterung von $k(y_1, \ldots, y_m)$ ist. Ist $A = k[a_1, \ldots, a_n]$, so erzeugen die a_i den Körper K als Körpererweiterung über $k(y_1, \ldots, y_m)$. Wir können dann y_{m+1} als Linearkombination der a_i mit Koeffizienten in $k(y_1, \ldots, y_m)$ wählen. Nach Multiplizieren mit dem Hauptnenner kann man y_{m+1} als Linearkombination der a_i mit Koeffizienten in $k[y_1, \ldots, y_m]$, also als Element in A wählen. □

Wir haben also gesehen, dass wir die Körpererweiterung $K \supset k$ wie folgt zerlegen können

$$k \subset K_0 = k(y_1, \ldots, y_m) \subset K = K_0(y_{m+1}).$$

Dabei ist die erste Körpererweiterung rein transzendent, während die zweite Körpererweiterung primitiv, d. h. durch ein Element erzeugt, ist. Also ist $K = k(y_1, \ldots, y_{m+1})$, wobei es nur eine algebraische Relation zwischen den y_i gibt. Wir werden später sehen, dass dies die folgende geometrische Bedeutung hat: Jede irreduzible Varietät ist „fast" zu einer Hyperfläche isomorph (siehe Satz 2.25).

1.2   Polynomiale Funktionen und Abbildungen

1.2.1   Der Koordinatenring einer Varietät. In diesem gesamten Abschnitt bezeichnet V eine affine Varietät in $\mathbb{A}^n_k$.

Definition. Eine *Polynomfunktion* auf V ist eine Abbildung $f : V \to k$, so dass es ein Polynom $F \in k[x_1, \ldots, x_n]$ gibt mit $f(P) = F(P)$ für alle $P \in V$.

Das Polynom F ist nicht eindeutig bestimmt, ist nämlich G ein weiteres Polynom mit $F - G \in I(V)$, so ist $F|_V = G|_V$. Andererseits impliziert $F|_V = G|_V$, dass $F - G \in I(V)$. Dies führt auf die folgende Definition.

Definition. Der *Koordinatenring* von V ist definiert durch

$$k[V] := k[x_1, \ldots, x_n]/I(V).$$

Wir haben dann die folgende Identifikation:

$$k[V] = \{f; \ f : V \longrightarrow k \text{ ist eine Polynomfunktion}\}.$$

Die Bezeichnung Koordinatenring kommt daher, dass die Koordinatenfunktionen $x_1, \ldots, x_n$ den Ring $k[V]$ erzeugen. Aus Satz (1.6) ergibt sich sofort

$$V \text{ ist irreduzibel} \Leftrightarrow k[V] \text{ ist ein Integritätsring.}$$

Ist $V = \mathbb{A}^n_k$, so ist $k[V] = k[x_1, \ldots, x_n]$. Der Ring $k[V]$ spielt für V dieselbe Rolle wie der Polynomring $k[x_1, \ldots x_n]$ für $\mathbb{A}^n_k$. Insbesondere kann man die abgeschlossenen Mengen W, die in V enthalten sind, mit den Idealen in $k[V]$ in Verbindung bringen. Die Projektion $\pi : k[x_1, \ldots, x_n] \to k[V] = k[x_1, \ldots, x_n]/I(V)$ definiert durch $J \mapsto J/I(V)$ eine Bijektion:

$$\{\text{Ideale } J \subset k[x_1, \ldots, x_n]; \ J \supset I(V)\} \overset{1:1}{\longleftrightarrow} \{\text{Ideale } J' \subset k[V]\}.$$

(Die Umkehrabbildung ist durch $J' \mapsto \pi^{-1}(J')$ gegeben.) Bei dieser Korrespondenz entsprechen Radikalideale, Primideale und maximale Ideale einander. Wir erhalten damit wie in Korollar (1.12) die folgenden Korrespondenzen

$$\{\text{Radikalideale } J' \subset k[V]\} \quad \overset{1:1}{\longleftrightarrow} \quad \{\text{abgeschlossene Mengen } W \subset V\}$$
$$\cup \qquad\qquad\qquad\qquad\qquad \cup$$
$$\{\text{Primideale } J' \subset k[V]\} \quad \overset{1:1}{\longleftrightarrow} \quad \{\text{irreduzible Mengen } W \subset V\}$$
$$\cup \qquad\qquad\qquad\qquad\qquad \cup$$
$$\{\text{maximale Ideale } J' \subset k[V]\} \quad \overset{1:1}{\longleftrightarrow} \qquad\qquad \{\text{Punkte } P \in V\}.$$

Die abgeschlossenen Teilmengen in V definieren eine Topologie auf V. Dies ist genau die von der Zariski-Topologie auf $\mathbb{A}_k^n$ induzierte Topologie.

Wir besprechen nun eine weitere wichtige Eigenschaft von Koordinatenringen.

Definition. Eine Algebra A heißt *reduziert*, falls A keine nilpotenten Elemente enthält, d.h., wenn $x^n = 0$ für ein $x \in A$ und ein $n \geq 1$, dann ist bereits $x = 0$.

Die Algebra $k[x_1, \ldots, x_n]/I$ ist genau dann reduziert, wenn I ein Radikalideal ist. Da für eine Varietät V das Ideal von V stets ein Radikalideal ist, ist der Koordinatenring reduziert. Nach Konstruktion ist der Koordinatenring $k[V]$ einer affinen Varietät eine endlich erzeugte k-Algebra. Diese Eigenschaften charakterisieren Koordinatenringe in dem Sinn, dass man für eine gegebene endlich erzeugte reduzierte k-Algebra A wie folgt eine zugehörige algebraische Varietät konstruieren kann. Wenn wir Erzeugende $a_1, \ldots, a_n$ wählen, so können wir $A = k[a_1, \ldots, a_n]$ schreiben, und wir haben einen surjektiven Homomorphismus

$$\pi: \quad k[x_1, \ldots, k_n] \quad \longrightarrow \quad A = k[a_1, \ldots, a_n]$$
$$x_i \quad \longmapsto \quad a_i.$$

Es sei $I = \ker(\pi)$. Dann ist $V = V(I)$ eine Varietät, die genau dann irreduzibel ist, wenn A ein Integritätsring ist (Satz 1.6). Da A reduziert ist, ist I ein Radikalideal, also $I(V) = I$ und damit nach Konstruktion $A = k[V]$.

Beispiel 1.27. Wir betrachten nun zwei Beispiele für Koordinatenringe, auf die wir später zurückkommen werden. Für die gewöhnliche *Parabel*

$$C_0 = \{(x, y) \in \mathbb{A}_k^2;\ y - x^2 = 0\}$$

gilt

$$k[C_0] = k[x, y]/(y - x^2) \cong k[x] \cong k[\mathbb{A}_k^1].$$

Für die *Neilsche Parabel* erhalten wir

$$C_1 = \{(x, y) \in \mathbb{A}_k^2;\ y^2 - x^3 = 0\}$$

und damit

$$k[C_1] = k[x, y]/(y^2 - x^3).$$

Man beachte, dass $k[C_1]$ kein ZPE-Ring ist. Als Mengen sind C_0 und C_1 bijektiv zu $\mathbb{A}_k^1$, da man beide Kurven rational ein-eindeutig parametrisieren kann (durch $t \mapsto (t, t^2)$ bzw. $t \mapsto (t^2, t^3)$), als algebraische Mengen verhalten sie sich jedoch unterschiedlich.

1.2.2 Polynomiale Abbildungen. Wir betrachten nun Abbildungen zwischen algebraischen Mengen. Es seien $V \subset \mathbb{A}_k^n, W \subset \mathbb{A}_k^m$ abgeschlossene Mengen und x_i für $1 \le i \le n$ und y_j für $1 \le j \le m$ die Koordinatenfunktionen von $\mathbb{A}_k^n$ bzw. $\mathbb{A}_k^m$.

Definition. Eine Abbildung $f : V \to W$ heißt eine *polynomiale Abbildung*, falls es Polynome $F_1, \dots, F_m \in k[x_1, \dots, x_n]$ gibt, so dass

$$f(P) = (F_1(P), \dots, F_m(P)) \in W \subset \mathbb{A}_k^m$$

für alle Punkte $P \in V$.

Lemma 1.28. *Eine Abbildung $f : V \to W$ ist genau dann eine polynomiale Abbildung, wenn für alle $j = 1, \dots, m$ gilt, dass $f_j := y_j \circ f \in k[V]$.*

Beweis. Die Hintereinanderschaltung von f mit y_j liefert uns die Projektion auf die j-te Koordinate:

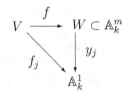

Ist f polynomial, so gilt für $f_j = y_j \circ f$, dass $f_j(P) = F_j(P)$ mit $F_j \in k[x_1, \dots, x_n]$. Damit ist f_j polynomial, also $f_j \in k[V]$.

Ist andererseits $f_j = y_j \circ f$ polynomial für jedes j, so gibt es Polynome $F_1, \dots, F_m$ mit $f(P) = (F_1(P), \dots, F_m(P))$ für alle $P \in V$. $\qquad\square$

Wir können also jede polynomiale Abbildung $f : V \to W$ in der Form $f = (f_1, \dots, f_m)$ mit $f_1, \dots, f_m \in k[V]$ schreiben.

Lemma 1.29. *Eine polynomiale Abbildung $f : V \to W$ ist stetig in der Zariski-Topologie.*

Beweis. Wir müssen Folgendes zeigen: Ist $Z \subset W$ abgeschlossen, dann auch $f^{-1}(Z)$. Ist $Z = \{h_1 = \dots = h_r = 0\}$, so ist $f^{-1}(Z) = \{h_1 \circ f = \dots = h_r \circ f = 0\}$, also ebenfalls abgeschlossen. $\qquad\square$

Beispiel 1.30. Die Abbildung von $\mathbb{A}_k^1$ in die Parabel

$$f : \quad \mathbb{A}_k^1 \longrightarrow C_0$$
$$t \longmapsto (t, t^2)$$

ist eine polynomiale Abbildung. Die Abbildung ist bijektiv. Ebenso ist die Abbildung

$$g : \quad \mathbb{A}_k^1 \longrightarrow C_1$$
$$t \longmapsto (t^2, t^3)$$

polynomial und bijektiv.

Beispiel 1.31. Polynomiale Abbildungen spielten schon bei der Noether-Normalisierung eine Rolle. Für jede Wahl von Linearformen $y_1, \ldots, y_m$ in den Variablen $x_1, \ldots, x_n$ ist

$$f = (y_1, \ldots, y_m): \quad \mathbb{A}_k^n \longrightarrow \mathbb{A}_k^m$$

eine polynomiale Abbildung. Wir hatten gesehen, dass es für jede irreduzible Varietät V ein m gibt, so dass für allgemeine Wahl von $y_1, \ldots, y_m$ die Abbildung $p = f|_V$ surjektiv ist und endliche Fasern besitzt.

Sind $V \subset \mathbb{A}_k^n, W \subset \mathbb{A}_k^m$ und $X \subset \mathbb{A}_k^l$ algebraische Mengen, und sind $f : V \to W, g : W \to X$ polynomiale Abbildungen, dann ist auch $g \circ f : V \to X$ eine polynomiale Abbildung. Dies folgt sofort daraus, dass das Einsetzen von Polynomen in Polynome wieder Polynome ergibt.

Es sei nun $f : V \to W$ eine polynomiale Abbildung. Für $g \in k[W]$ setzen wir $f^*(g) = g \circ f$. Da g eine polynomiale Funktion ist, ist auch $g \circ f$ eine polynomiale Funktion. Dies zeigt, dass wir eine Abbildung

$$\begin{aligned} f^*: \quad k[W] \quad &\longrightarrow \quad k[V] \\ g \quad &\longmapsto \quad f^*(g) = g \circ f \end{aligned}$$

haben. Die Abbildung f^* ist ein *Ringhomomorphismus*, da

$$\begin{aligned} f^*(g_1 + g_2) &= (g_1 + g_2) \circ f = g_1 \circ f + g_2 \circ f = f^*(g_1) + f^*(g_2), \\ f^*(g_1 \cdot g_2) &= (g_1 \cdot g_2) \circ f = (g_1 \circ f) \cdot (g_2 \circ f) = f^*(g_1) \cdot f^*(g_2) \end{aligned}$$

gilt. Für jede Konstante $c \in k$ ist $f^*(c) = c$. Die Abbildung f^* ist also auch ein *k-Algebrahomomorphismus*.

Sind nun $f : V \to W$, $g : W \to X$ polynomiale Abbildungen, so gilt

$$(g \circ f)^* = f^* \circ g^*: \quad k[X] \longrightarrow k[V].$$

Dies folgt unmittelbar, da für $h \in k[X]$ gilt

$$(g \circ f)^*(h) = h \circ (g \circ f) = (h \circ g) \circ f = g^*(h) \circ f = f^*(g^*(h)).$$

Wir haben nun insbesondere gesehen, dass jede polynomiale Abbildung $f : V \to W$ einen k-Algebrahomomorphismus $f^* : k[W] \to k[V]$ definiert. Der nächste Satz besagt, dass auch die Umkehrung gilt.

Satz 1.32. *Ist $\varphi : k[W] \to k[V]$ ein Homomorphismus von k-Algebren, so gibt es genau eine polynomiale Abbildung $f : V \to W$ mit $\varphi = f^*$.*

Beweis. Es sei $W \subset \mathbb{A}_k^m$ und $y_1, \ldots, y_m$ seien die Koordinatenfunktionen. Dann ist

$$k[W] = k[y_1, \ldots, y_m]/I(W) = k[\bar{y}_1, \ldots, \bar{y}_m].$$

Wir setzen $f_i := \varphi(\bar{y}_i) \in k[V]$ für $i = 1, \ldots, m$. Dann ist

$$f = (f_1, \ldots, f_m) : \ V \longrightarrow \mathbb{A}_k^m$$

eine polynomiale Abbildung (vgl. Lemma (1.28)). Wir behaupten zunächst, dass $f(V) \subset W$. Sei dazu $G = G(y_1, \ldots y_m) \in I(W)$. Also ist $G(\bar{y}_1, \ldots, \bar{y}_m) = 0$. Damit folgt, dass

$$k[V] \ni 0 = \varphi G(\bar{y}_1, \ldots, \bar{y}_m) = G(\varphi(\bar{y}_1), \ldots, \varphi(\bar{y}_m)) = G(f_1, \ldots, f_m).$$

Dies zeigt die Behauptung. Als nächstes müssen wir zeigen, dass $\varphi = f^*$ gilt. Die Elemente $\bar{y}_1, \ldots, \bar{y}_m$ erzeugen die k-Algebra $k[W]$. Also genügt es zu zeigen, dass $\varphi(\bar{y}_i) = f^*(\bar{y}_i) = f_i$ gilt. Aber dies ist genau die Definition der f_i. Gleichzeitig liefert dieses Argument die Eindeutigkeit von $f = (f_1, \ldots, f_m)$.   □

Damit erhalten wir sofort das

Korollar 1.33. *Es gibt eine Bijektion*

$$\{f; f : V \to W \text{ pol. Abb.}\} \ \overset{1:1}{\longleftrightarrow} \ \{\varphi; \ \varphi : k[W] \longrightarrow k[V] \ k\text{-Alg.homom.}\}$$
$$f \ \longmapsto \ f^*.$$

Definition. Eine polynomiale Abbildung $f : V \to W$ ist ein *Isomorphismus*, falls es eine polynomiale Abbildung $g : W \to V$ gibt mit $f \circ g = \mathrm{id}_W, \ g \circ f = \mathrm{id}_V$.

Korollar 1.34. *Eine polynomiale Abbildung $f : V \to W$ ist genau dann ein Isomorphismus von Varietäten, wenn $f^* : k[W] \to k[V]$ ein Isomorphismus von k-Algebren ist.*

Beispiel 1.35. Es sei $A = (\alpha_{ij})$ eine invertierbare $(n \times n)$-Matrix. Dann definieren die Linearformen

$$y_i = \sum_{j=1}^{n} \alpha_{ij} x_j$$

einen Isomorphismus

$$f = (y_1, \ldots, y_n) : \ \mathbb{A}_k^n \longrightarrow \mathbb{A}_k^n.$$

Beispiel 1.36. Wir betrachten die Parabel $C_0 = \{y - x^2 = 0\}$ in $\mathbb{A}_k^2$ und die Parametrisierung

$$\begin{array}{rcl} f : & \mathbb{A}_k^1 & \longrightarrow \ C_0 \\ & f(t) & \longmapsto \ (t, t^2). \end{array}$$

Die Projektion $p : \mathbb{A}_k^2 \to \mathbb{A}_k^1$ auf die erste Koordinate liefert durch Einschränkung auf C_0 eine Umkehrabbildung

$$g : \quad C_0 \longrightarrow \mathbb{A}_k^1$$
$$(x, y) \longmapsto x.$$

Also ist f ein Isomorphismus. Wir können dies auch an der Abbildung $f^* : k[C_0] \to k[\mathbb{A}_k^1]$ feststellen, da

$$f^* : \quad k[C_0] \cong k[x] \longrightarrow k[\mathbb{A}_k^1] = k[t]$$
$$x \longmapsto t$$

ein Isomorphismus ist.

Beispiel 1.37. Anders verhält es sich mit der Neilschen Parabel $C_1 = \{(x, y); \ y^2 = x^3\}$. Zwar ist die Abbildung

$$f : \quad \mathbb{A}_k^1 \longrightarrow C_1$$
$$t \longmapsto (t^2, t^3)$$

bijektiv. Das Bild $f^*(k[C_1]) \subset k[\mathbb{A}_k^1] = k[t]$ wird durch $f^*(x) = t^2$ und $f^*(y) = t^3$ erzeugt. Also ist $f^*(k[C_1]) \subsetneqq k[t]$ und damit kann f kein Isomorphismus sein. Die Umkehrabbildung

$$g : \quad C_1 \to \mathbb{A}_k^1$$
$$g(x, y) = \begin{cases} y/x & \text{falls } (x, y) \neq (0, 0) \\ 0 & \text{falls } (x, y) = (0, 0) \end{cases}$$

ist keine polynomiale Abbildung.

1.2.3 Grundlagen der Kategorientheorie. Wir wollen nun die oben diskutierten Zusammenhänge in der Sprache der Kategorien formulieren. Für eine ausführlichere Einführung in die Kategorientheorie verweisen wir auf [B].

Definition. Eine *Kategorie* $\mathcal{C}$ besteht aus

(1) einer Klasse von *Objekten* $A, B, \ldots \in \mathrm{Ob}\,\mathcal{C}$,

(2) einer Familie von Mengen $\mathrm{Mor}_{\mathcal{C}}(A, B)$ für je zwei Objekte $A, B \in \mathrm{Ob}\,\mathcal{C}$. Die Elemente dieser Menge werden *Morphismen* genannt.

(3) Abbildungen

$$\mathrm{Mor}_{\mathcal{C}}(A, B) \times \mathrm{Mor}_{\mathcal{C}}(B, C) \longrightarrow \mathrm{Mor}_{\mathcal{C}}(A, C)$$
$$(f, g) \longmapsto g \circ f,$$

so dass Folgendes gilt:

(a) $\circ$ ist assoziativ, d. h. $(g \circ f) \circ h = g \circ (f \circ h)$,

(b) für jedes Objekt $A \in \mathrm{Ob}\, \mathcal{C}$ gibt es einen Morphismus $\mathrm{id}_A \in \mathrm{Mor}_{\mathcal{C}}(A, A)$, genannt die *Identität* auf A, mit

$$f \circ \mathrm{id}_A = f, \quad \mathrm{id}_A \circ g = g \quad (f \in \mathrm{Mor}_{\mathcal{C}}(A, B),\ g \in \mathrm{Mor}_{\mathcal{C}}(B, A)).$$

Beispiele.

(1) Die Kategorie der Mengen und Abbildungen.

(2) Die Kategorie der topologischen Räume und stetigen Abbildungen.

(3) Die Kategorie der Gruppen und Gruppenhomomorphismen.

Definition. Es seien $\mathcal{C}, \mathcal{D}$ Kategorien. Ein *kovarianter (kontravarianter) Funktor* $F : \mathcal{C} \to \mathcal{D}$ besteht aus:

(1) einer Abbildung $F : \mathrm{Ob}\, \mathcal{C} \to \mathrm{Ob}\, \mathcal{D}$

(2) Abbildungen

$$\mathrm{Mor}_{\mathcal{C}}(A, B) \longrightarrow \mathrm{Mor}_{\mathcal{D}}(F(A), F(B)) \quad (\text{bzw. } \mathrm{Mor}_{\mathcal{D}}(F(B), F(A)))$$

mit folgenden Eigenschaften

(a) $F(\mathrm{id}_A) = \mathrm{id}_{F(A)}$

(b) $F(f \circ g) = F(f) \circ F(g) \quad (\text{bzw. } F(f \circ g) = F(g) \circ F(f))$.

Beispiel 1.38. Auf jeder Kategorie $\mathcal{C}$ existiert der Funktor $\mathrm{id}_{\mathcal{C}}$, der jeweils durch die Identität gegeben wird.

Beispiel 1.39. Man hat „vergessliche" Funktoren wie

$$F : \{\text{Gruppen, Homomorphismen}\} \longrightarrow \{\text{Mengen, Abbildungen}\}.$$

Beispiel 1.40. Wir haben oben den folgenden Funktor diskutiert

$$F : \{\text{Varietäten, polynomiale Abb.}\} \longrightarrow \left\{ \begin{array}{c} \text{endlich erzeugte} \\ \text{reduzierte } k\text{-Algebren,} \\ \text{Homomorphismen von} \\ k\text{-Algebren} \end{array} \right\}$$

$$\begin{array}{rcl} V & \longmapsto & k[V] \\ (f : V \to W) & \longmapsto & (f^* : k[W] \to k[V]). \end{array}$$

Dies ist ein kontravarianter Funktor.

Um eine genauere Beschreibung der Eigenschaften dieses Funktors anzugeben, führen wir weitere Begriffe ein.

Definition.

(i) Sind $F, G : \mathcal{C} \to \mathcal{D}$ zwei kovariante (bzw. kontravariante) Funktoren, so ist ein *funktorieller Morphismus* $\varphi : F \to G$ eine Familie von Morphismen $\{\varphi(A) : F(A) \to G(A)\}$ für alle Objekte $A \in \mathrm{Ob}\,\mathcal{C}$, so dass für alle Morphismen $f : A \to B$ mit $A, B \in \mathrm{Ob}\,\mathcal{C}$ gilt, dass im kovarianten Fall das Diagramm

$$
\begin{array}{ccc}
F(A) & \xrightarrow{\varphi(A)} & G(A) \\
{\scriptstyle F(f)}\downarrow & & \downarrow{\scriptstyle G(f)} \\
F(B) & \xrightarrow{\varphi(B)} & G(B)
\end{array}
$$

kommutiert, während im kontravarianten Fall das Diagramm

$$
\begin{array}{ccc}
F(B) & \xrightarrow{\varphi(B)} & G(B) \\
{\scriptstyle F(f)}\downarrow & & \downarrow{\scriptstyle G(f)} \\
F(A) & \xrightarrow{\varphi(A)} & G(A)
\end{array}
$$

kommutiert.

(ii) Der funktorielle Morphismus φ definiert einen *funktoriellen Isomorphismus* $\varphi : F \cong G$, falls es einen funktoriellen Morphismus $\psi : G \to F$ gibt mit $\psi \circ \varphi = \mathrm{id}_F$ und $\varphi \circ \psi = \mathrm{id}_G$.

Definition. Man sagt, dass ein Funktor $F : \mathcal{C} \to \mathcal{D}$ eine *Äquivalenz von Kategorien* definiert, falls es einen Funktor $G : \mathcal{D} \to \mathcal{C}$ gibt, mit $G \circ F \cong \mathrm{id}_{\mathcal{C}}$ und $F \circ G \cong \mathrm{id}_{\mathcal{D}}$.

Satz 1.41. *Die Zuordnung* $V \mapsto k[V]$, $(f : V \to W) \mapsto (f^* : k[W] \to k[V])$ *definiert eine kontravariante Äquivalenz von Kategorien:*

$$
\{\text{Kategorie der affinen Varietäten}\} \longleftrightarrow \left\{\begin{array}{c} \text{Kategorie der endlich} \\ \text{erzeugten reduzierten} \\ k\text{-Algebren} \end{array}\right\}
$$

bzw.

$$
\left\{\begin{array}{c} \text{Kategorie der affinen} \\ \text{irreduziblen Varietäten} \end{array}\right\} \longleftrightarrow \left\{\begin{array}{c} \text{Kategorie der endlich} \\ \text{erzeugten } k\text{-Algebren,} \\ \text{die Integritätsringe sind} \end{array}\right\}.
$$

Beweis. Man erhält einen Funktor G in die andere Richtung wie folgt. ist A eine endlich erzeugte k-Algebra, so wähle man Erzeugende $a_1, \ldots, a_n$ von A und betrachte den Homomorphismus

$$
\pi : k[x_1, \ldots, x_n] \to A = k[a_1, \ldots, a_n],
$$

der durch $\pi(x_i) = a_i$ gegeben wird. Das Ideal $I = \ker \pi$ definiert eine Varietät V. Diese Varietät ist genau dann irreduzibel, wenn $I(V)$ ein Primideal ist, d. h. wenn A ein Integritätsring ist. Jeder Homomorphismus $\varphi : A \to B$ liefert nach Satz (1.32) einen Morphismus $f : W \to V$. Aus unseren obigen Aussagen folgt, dass die beschriebenen Funktoren eine Äquivalenz von Kategorien liefern. $\square$

1.2.4 Produkte zweier Varietäten. Ein *kategorisches Produkt* ist ausschließlich durch die Existenz bestimmter Morphismen in der betrachteten Kategorie definiert. Wenn man im Fall der Kategorie der affinen Varietäten sagt, dass $V \times W$ das kategorische Produkt der Varietäten V und W ist, so bedeutet dies das folgende: $V \times W$ ist eine affine Varietät und es gibt polynomiale Abbildungen $p_V : V \times W \to V$ und $p_W : V \times W \to W$ (die *Projektionsabbildungen*), so dass für jede affine Varietät Z und alle polynomialen Abbildungen $f : Z \to V$ und $g : Z \to W$ eine eindeutige polynomiale Abbildung $h : Z \to V \times W$ existiert, so dass das folgende Diagramm kommutiert:

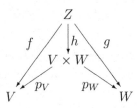

Tatsächlich ist für affine Varietäten V, W das kategorische Produkt von V und W durch das mengentheoretische Produkt $V \times W$ gegeben: Im obigen Diagramm seien $V \times W$ das mengentheoretische Produkt, p_V, p_W die Einschränkungen der Projektionen der jeweiligen affinen Räume und $h = (f, g)$. Es bleibt lediglich zu zeigen, dass das mengentheoretische Produkt $V \times W$ wirklich eine affine Varietät ist.

Satz 1.42. *Sind $V \subset \mathbb{A}_k^n$ und $W \subset \mathbb{A}_k^m$ Varietäten, so gilt:*

(i) $V \times W \subset \mathbb{A}_k^n \times \mathbb{A}_k^m = \mathbb{A}_k^{n+m}$ *ist eine Varietät,*

(ii) *sind V und W irreduzibel, dann ist auch $V \times W$ irreduzibel.*

Beweis.

(i) Sind $f_1, \ldots, f_l \in k[x_1, \ldots, x_n]$ und $g_1, \ldots, g_r \in k[y_1, \ldots, y_m]$ Polynome mit $V = \{f_1 = \ldots = f_l = 0\}$ und $W = \{g_1 = \ldots = g_r = 0\}$, so ist $V \times W = \{f_1 = \ldots f_l = g_1 = \ldots = g_r = 0\}$.

(ii) Zunächst stellen wir fest, dass für jedes $w \in W$ die Projektion auf den ersten Faktor einen Isomorphismus von $V \times \{w\}$ mit V definiert. Ebenso ist $\{v\} \times W$ isomorph zu W. Wir betrachten nun eine Zerlegung $V \times W = Z_1 \cup Z_2$. Dies induziert eine Zerlegung $V \times \{w\} = (V \times \{w\} \cap Z_1) \cup (V \times \{w\} \cap Z_2)$. Da $V \times \{w\}$ isomorph zu V und damit irreduzibel ist, gilt entweder $V \times \{w\} \cap Z_1 = V \times \{w\}$ oder $V \times \{w\} \cap Z_2 = V \times \{w\}$, d.h. $V \times \{w\} \subset Z_1$ oder $V \times \{w\} \subset Z_2$. Wir definieren nun

$$W_i := \{w \in W; \ V \times \{w\} \subset Z_i\} \qquad (i = 1, 2).$$

Dann ist $W_1 \cup W_2 = W$. Falls wir zeigen können, dass die W_i abgeschlossen sind, folgt aus der Irreduzibilität von W, dass $W_1 = W$ oder $W_2 = W$. Im ersten Fall ist $V \times W = Z_1$, im zweiten Fall ist $V \times W = Z_2$. Für jeden Punkt $v \in V$ betrachten wir nun die Mengen

$$W_i^v := \{w \in W; \ (v, w) \in Z_i\} \qquad (i = 1, 2).$$

Dann ist W_i^v abgeschlossen, da $\{v\} \times W_i^v = (\{v\} \times W) \cap Z_i$. Da $W_i = \bigcap_{v \in V} W_i^v$ gilt, sind auch die Mengen W_i abgeschlossen.

$\square$

Bemerkung 1.43. Man beachte, dass die Zariski-Topologie auf $V \times W$ nicht die Produkttopologie ist.

1.3 Rationale Funktionen und Abbildungen

Wir nehmen nun an, dass V eine irreduzible Varietät ist. Dann ist der Koordinatenring $k[V]$ ein Integritätsring und besitzt also einen Quotientenkörper.

Definition. Der *Funktionenkörper* von V ist der Quotientenkörper $k(V) = \mathrm{Quot}(k[V])$. Die Elemente $f \in k(V)$ heißen *rationale Funktionen* auf V.

Jede rationale Funktion besitzt also eine Darstellung $f = g/h$ mit $g, h \in k[V]$. Da im Allgemeinen $k[V]$ kein ZPE-Ring ist, ist eine solche Darstellung nicht eindeutig. Wir können f nur dann als Funktion mit wohldefiniertem Funktionswert in einem Punkt P auffassen, wenn es eine Darstellung $f = g/h$ mit $h(P) \neq 0$ gibt.

Definition. Es sei $f \in k(V)$ und $P \in V$. Die rationale Funktion f heißt *regulär* im Punkt P, bzw. man sagt, dass P *im Definitionsbereich von f liegt*, falls es eine Darstellung $f = g/h$ gibt mit $h(P) \neq 0$. Der *Definitionsbereich* von f ist die Menge

$$\mathrm{dom}(f) := \{P \in V; \ f \text{ ist regulär in } P\}.$$

(Die Notation dom(f) kommt dabei von dem Wort „domain".)

Definition. Für jede polynomiale Funktion $h \in k[V]$ setzen wir

$$V_h := \{P \in V;\ h(P) \neq 0\}.$$

Offensichtlich ist V_h eine offene Teilmenge von V.

Theorem 1.44. *Für jede rationale Funktion $f \in k(V)$ gilt:*

(i) dom(f) *ist offen und dicht in V*

(ii) dom(f) $= V \Leftrightarrow f \in k[V]$

(iii) dom(f) $\supset V_h \Leftrightarrow f \in k[V][h^{-1}]$.

Beweis.

(i) Für $f \in k(V)$ definieren wir

$$D_f := \{h \in k[V];\ fh \in k[V]\} \subset k[V].$$

Dann ist D_f ein Ideal, das *Ideal der Nenner* von f. Nach der Definition von D_f gilt

$$D_f = \{h \in k[V];\ \text{es gibt eine Darstellung } f = g/h\} \cup \{0\}.$$

Dann ist

$$V \setminus \text{dom}(f) = \{P \in V;\ h(P) = 0 \text{ für alle } h \in D_f\} = V(D_f).$$

Also ist dom(f) offen. Da dom(f) offensichtlich nicht-leer ist, ist dom(f) auch dicht in V (Lemma (1.8) (iii)).

(ii) Es ist dom(f) $= V$ genau dann, wenn $V(D_f) = \emptyset$. Nach dem Hilbertschen Nullstellensatz ist dies äquivalent dazu, dass $1 \in D_f$, d. h. also $f \in k[V]$ ist.

(iii) Es gilt dom(f) $\supset V_h$ genau dann, wenn h auf $V(D_f)$ verschwindet. Wiederum nach dem Hilbertschen Nullstellensatz ist dies äquivalent dazu, dass $h^n \in D_f$ für ein $n \geq 1$, also dazu, dass $f = g/h^n \in k[V][h^{-1}]$.

$\square$

Das obige Theorem besagt also insbesondere, dass die polynomialen Funktionen genau die rationalen Funktionen sind, die überall regulär sind. Wir werden daher in Zukunft auch von den *regulären Funktionen* sprechen.

Definition. Der *lokale Ring* von V im Punkt P ist der Ring

$$\mathcal{O}_{V,P} := \{f \in k(V);\ f \text{ ist regulär in } P\}.$$

Dann ist $\mathcal{O}_{V,P} \subset k(V)$ und wir haben die Beschreibung

$$\mathcal{O}_{V,P} = k[V]\{h^{-1};\ h(P) \neq 0\}.$$

Der Ring $\mathcal{O}_{V,P}$ ist tatsächlich ein lokaler Ring, d. h. besitzt genau ein maximales Ideal, nämlich

$$m_P := \left\{ \frac{f}{g} \in k(V);\ f, g \in k[V],\ f(P) = 0,\ g(P) \neq 0 \right\}.$$

1.3.1 Lokalisierung von Ringen.

Nachdem wir den lokalen Ring $\mathcal{O}_{V,P}$ definiert haben, der im Folgenden eine wichtige Rolle spielen wird, ist es an dieser Stelle sinnvoll, den Begriff der *Lokalisierung* einzuführen. Dies ist eine Methode, aus beliebigen Ringe lokale Ringe zu erzeugen. Wie stets sei R ein kommutativer Ring mit 1.

Definition. Ein *multiplikativ abgeschlossenes System* in R ist eine Teilmenge $S \subset R^* = R\backslash\{0\}$ mit folgenden Eigenschaften:

(i) $a, b \in S \Rightarrow ab \in S$

(ii) $1 \in S$.

Beispiel 1.45. Ein Ring R ist genau dann ein Integritätsring, wenn $R^* = R\backslash\{0\}$ multiplikativ abgeschlossen ist.

Beispiel 1.46. Ein Ideal $\mathfrak{p} \neq R$ ist genau dann ein Primideal, wenn $R\backslash\mathfrak{p}$ ein multiplikativ abgeschlossenes System ist.

Wir wollen nun in dem Ring R Elemente aus S „im Nenner zulassen". Dies verallgemeinert die Konstruktion des Quotientenkörpers eines Integritätsrings. Auf dem Produkt $R \times S$ führen wir die folgende Äquivalenzrelation ein:

$$(r', s') \sim (r'', s'') :\Leftrightarrow \text{es gibt ein } s \in S \text{ mit } s(r's'' - r''s') = 0.$$

Die Menge der Äquivalenzklassen wird mit

$$R_S := R \times S/\sim$$

bezeichnet. Für die durch (r, s) definierte Äquivalenzklasse verwenden wir die Schreibweise r/s.

Auf R_S führen wir wie folgt eine Addition sowie eine Multiplikation ein

$$\frac{r}{s} + \frac{r'}{s'} := \frac{rs' + r's}{ss'}\ ;\qquad \frac{r}{s} \cdot \frac{r'}{s'} := \frac{rr'}{ss'}.$$

Man rechnet sofort nach, dass diese Operationen wohldefiniert sind. Damit wird R_S zu einem kommutativen Ring mit Einselement $1 = \frac{1}{1}$. Die natürliche Abbildung

$$
\begin{aligned}
R &\longrightarrow R_S \\
r &\longmapsto \frac{r}{1}
\end{aligned}
$$

ist ein Ringhomomorphismus.

Definition. Der Ring R_S heißt die *Lokalisierung* von R nach dem multiplikativen System S.

Beispiel 1.47. Es sei R ein Integritätsring und $S = R^* = R\backslash\{0\}$. Dann ist $R_S = \mathrm{Quot}(R)$ und $R \to R_S$ ist eine Inklusion.

Beispiel 1.48. Es sei $\mathfrak{p} \subset R$ ein Primideal, $S = R\backslash\mathfrak{p}$. Man schreibt oft

$$
R_\mathfrak{p} := R_S
$$

und bezeichnet $R_\mathfrak{p}$ als die *Lokalisierung von R nach $\mathfrak{p}$*. In der Tat ist $R_\mathfrak{p}$ ein lokaler Ring, besitzt also genau ein maximales Ideal. Dies ist

$$
m_\mathfrak{p} := \left\{\frac{p}{s};\ p \in \mathfrak{p}, s \in S\right\} \subset R_\mathfrak{p}.
$$

Dann ist $m_\mathfrak{p} \subsetneqq R_\mathfrak{p}$ ein Ideal. Jedes Element, welches nicht in $m_\mathfrak{p}$ ist, ist von der Form $\frac{s'}{s}$ mit $s' \in S$, besitzt also ein Inverses $\frac{s}{s'}$ und ist damit eine Einheit.

Beispiel 1.49. Es sei R ein Integritätsring, $0 \neq f \in R$ und $S = \{f^n;\ n \geq 0\}$. Man schreibt

$$
R_f := R_S.
$$

Da R ein Integritätsring ist, ist die Abbildung $R \to R_f, r \mapsto \frac{r}{1}$ eine Inklusion und man erhält

$$
R_f = R[f^{-1}] \subset \mathrm{Quot}(R).
$$

An dieser Stelle sei daran erinnert, dass die Notationen R_f und $R_{(f)}$ verschiedene Bedeutungen besitzen.

1.3.2 Die Strukturgarbe einer Varietät.
Der zuvor eingeführte lokale Ring $\mathcal{O}_{V,P}$ ist ein Ring, der durch Lokalisieren entsteht. Ist nämlich

$$
\bar{M}_P = \{f \in k[V];\ f(P) = 0\}
$$

das zu dem Punkt P gehörige maximale Ideal, so gilt

$$
\mathcal{O}_{V,P} = k[V]_{\bar{M}_P},
$$

d. h. $\mathcal{O}_{V,P}$ entsteht aus dem Koordinatenring durch Lokalisieren nach $\bar{M}_P$. Das maximale Ideal von $\mathcal{O}_{V,P}$ ist dann gegeben durch $m_P = \{f \in \mathcal{O}_{V,P}; \ f(P) = 0\}$.

Für jede offene Menge $\emptyset \neq U \subset V$ definieren wir

$$\mathcal{O}(U) := \mathcal{O}_V(U) := \{f \in k(V); \ f \text{ ist regulär auf } U\}.$$

Dann ist $\mathcal{O}_V(U)$ ein Ring, bzw. eine k-Algebra. Die Menge der Ringe $\mathcal{O}_V(U)$ (wir setzen $\mathcal{O}_V(\emptyset) := \{0\}$) bilden zusammen mit den natürlichen Einschränkungshomomorphismen die *Strukturgarbe* $\mathcal{O}_V$. Der lokale Ring $\mathcal{O}_{V,P}$ ist der *Halm* der Strukturgarbe im Punkt P, die Elemente heißen auch *Funktionskeime*. Nun kann man Theorem (1.44) auch wie folgt formulieren:

$$\mathcal{O}_V(V) = k[V] \qquad \text{(Theorem (1.44) (ii))}$$

und

$$\mathcal{O}_V(V_h) = k[V][h^{-1}] = k[V]_h \qquad \text{(Theorem (1.44) (iii))},$$

wobei der Ring $k[V]_h$ die Lokalisierung des Koordinatenrings $k[V]$ nach dem multiplikativen System $\{h^n; \ n \geq 0\}$ ist.

In diesem Buch verzichten wir auf eine systematische Darstellung von Garben. Andererseits ist die Garbentheorie für jede tiefergehende Beschäftigung mit der algebraischen Geometrie ein unverzichtbares Hilfsmittel. Für eine Darstellung der Garbentheorie sei etwa auf das Buch von Hartshorne [Ha] verwiesen.

1.3.3 Rationale Abbildungen.

V sei wiederum eine irreduzible affine Varietät. Es wird oft notwendig sein, Abbildungen zu betrachten, die nicht überall definiert sind, daher führen wir das folgende Konzept ein.

Definition.

(i) Eine *rationale Abbildung* $f : V \dashrightarrow \mathbb{A}_k^n$ ist ein n-Tupel $f = (f_1, \ldots, f_n)$ rationaler Funktionen $f_1, \ldots, f_n \in k(V)$. Die Abbildung f heißt *regulär* im Punkt P, falls alle f_i in P regulär sind. Der *Definitionsbereich* $\mathrm{dom}(f)$ ist die Menge aller regulären Punkte von f, d. h. $\mathrm{dom}(f) = \bigcap_{i=1}^n \mathrm{dom}(f_i)$.

(ii) Ist $W \subset \mathbb{A}_k^n$ eine affine Varietät, so ist eine rationale Abbildung $f : V \dashrightarrow W$ eine rationale Abbildung $f : V \dashrightarrow \mathbb{A}_k^n$, so dass $f(P) \in W$ für alle regulären Punkte $P \in \mathrm{dom}(f)$ gilt.

Der Definitionsbereich einer rationalen Abbildung ist eine nicht-leere offene Teilmenge von V.

Sind $f : V \dashrightarrow W$ und $g : W \dashrightarrow X$ rationale Abbildungen, so ist es nicht immer möglich, sinnvoll die Komposition $g \circ f$ zu erklären. Dies sieht man schon an folgendem einfachen

Beispiel 1.50.

$$f: \quad \begin{aligned} \mathbb{A}^1_k &\to \mathbb{A}^2_k \\ f(x) &= (x,0) \end{aligned}, \qquad g: \quad \begin{aligned} \mathbb{A}^2_k &\to \mathbb{A}^1_k \\ g(x,y) &= \tfrac{x}{y}. \end{aligned}$$

Das Problem liegt darin, dass $f(\mathbb{A}^1_k) \cap \operatorname{dom}(g) = \emptyset$.

Algebraisch stellt sich das Problem wie folgt dar: Wir versuchen, die Komposition $g \circ f = f^*(g)$ zu definieren, d. h. eine Abbildung

$$f^* : k(W) \longrightarrow k(V).$$

Zunächst können wir in der Tat einen Homomorphismus

$$f^* : k[W] \longrightarrow k(V)$$

definieren: Ist $g \in k[W]$, so ist es von der Form $g = G \mod I(W)$ für ein Polynom $G = G(x_1, \ldots, x_n) \in k[x_1, \ldots, x_n]$. (Wir nehmen an, dass $W \subset \mathbb{A}^n_k$ ist). Dann ist $G(f_1, \ldots, f_n) =: f^*(g) \in k(V)$ wohldefiniert. Andererseits ist es möglich, dass $f^*(h) = 0$ für Elemente $0 \neq h \in k[W]$ gilt. Dann kann man $f^*(g/h)$ nicht durch $f^*(g)/f^*(h)$ erklären.

Man führt deswegen den folgenden neuen Begriff ein.

Definition. Eine rationale Abbildung $f : V \dashrightarrow W$ heißt *dominant*, falls $f(\operatorname{dom}(f))$ in W eine Zariski-dichte Teilmenge ist.

Für eine rationale Abbildung definieren wir für eine Teilmenge U das *Urbild* U bezüglich f durch

$$f^{-1}(U) = \{P \in \operatorname{dom}(f);\ f(P) \in U\}.$$

Ähnlich wie im Beweis von Lemma (1.29) zeigt man, dass für eine offene Menge U auch $f^{-1}(U)$ offen ist. Dies bedeutet Folgendes: Ist $g : W \dashrightarrow \mathbb{A}^1_k$ eine rationale Abbildung, so ist, falls f dominant ist, $f^{-1}(\operatorname{dom}(g)) \subset \operatorname{dom}(f)$ offen und nicht-leer und damit auch dicht. Also ist $g \circ f : V \dashrightarrow \mathbb{A}^1_k$ auf einer offenen und dichten Teilmenge erklärt.

Algebraisch ist die Situation wie folgt: Es seien V, W irreduzibel und $f : V \dashrightarrow W$ eine rationale Abbildung mit zugehörigem Homomorphismus

$$f^* : k[W] \longrightarrow k(V).$$

Für $g \in k[W]$ gilt:

$$f^*(g) = 0 \Leftrightarrow f(\operatorname{dom}(f)) \subset V(g).$$

Insbesondere gilt

$$f^* : k[W] \to k(V) \text{ injektiv } \Leftrightarrow f \text{ ist dominant.}$$

In diesem Fall ist

$$f^* : k(W) \longrightarrow k(V)$$

durch $f^*(g/h) = f^*(g)/f^*(h)$ wohlerklärt. Sind $f : V \dashrightarrow W$ und $g : W \dashrightarrow X$ dominant, dann ist auch $g \circ f : V \dashrightarrow X$ dominant. Wir erhalten dann

Theorem 1.51. *Es gilt*

(i) *Jede dominante rationale Abbildung $f : V \dashrightarrow W$ definiert einen k-linearen Körperhomomorphismus $f^* : k(W) \to k(V)$.*

(ii) *Ist umgekehrt $\varphi : k(W) \to k(V)$ ein k-linearer Körperhomomorphismus, so gibt es genau eine dominante rationale Abbildung $f : V \dashrightarrow W$ mit $\varphi = f^*$.*

(iii) *Sind $f : V \dashrightarrow W$, $g : W \dashrightarrow X$ dominant, so ist auch $g \circ f : V \dashrightarrow X$ dominant und es gilt $(g \circ f)^* = f^* \circ g^*$.*

Beweis. Zu (i) und (iii) ist nichts mehr zu sagen. Der Beweis von (ii) erfolgt genau wie beim Beweis von Satz (1.32). Es sei $W \subset \mathbb{A}_k^m$, dann erzeugen die Koordinaten $y_1, \dots, y_m$ den Körper $k(W)$. Wir setzen $f_i := \varphi(y_i) \in k(V)$ und $f := (f_1, \dots, f_m) : V \dashrightarrow W$. Es bleibt nur zu zeigen, dass f dominant ist, die Aussage $f = \varphi^*$ folgt dann wie früher. In jedem Fall gilt $f^* = \varphi|_{k[W]} :$ $k[W] \to k(V)$. Da φ ein Körperhomomorphismus ist, ist φ injektiv, also auch $f^* : k[W] \to k(V)$. Damit ist f dominant. $\qquad \square$

1.3.4 Quasi-affine Varietäten. Da sich offene Teilmenge affiner Varietäten oft genauso verhalten wie affine Varietäten selbst, führen wir die folgende Bezeichnung ein.

Definition. Eine *quasi-affine Varietät* ist eine offene Teilmenge einer affinen Varietät.

Definition. Es seien nun U_1 und U_2 irreduzible quasi-affine Varietäten, die in affinen Varietäten V bzw. W enthalten sind.

(i) Ein *Morphismus* $f : U_1 \to W$ ist eine rationale Abbildung $f : V \dashrightarrow W$ mit $U_1 \subset \mathrm{dom}(f)$, d. h. f ist regulär in jedem Punkt $P \in U_1$.

(ii) Ein *Morphismus* $f : U_1 \to U_2$ ist ein Morphismus $f : U_1 \to W$ mit $f(U_1) \subset U_2$.

(iii) Ein *Isomorphismus* quasi-affiner Varietäten ist ein Morphismus $f : U_1 \to U_2$, so dass es einen Morphismus $g : U_2 \to U_1$ gibt mit $g \circ f = \mathrm{id}_{U_1}$ und $f \circ g = \mathrm{id}_{U_2}$.

Für zwei beliebige affine Varietäten V, W folgt aus Theorem (1.44), dass die Morphismen zwischen V und W genau die polynomialen Abbildungen sind, d. h. es gilt

$$\{f; \ f : V \to W \text{ ist Morphismus}\} = \{f; \ f : V \to W \text{ ist polynomiale Abbildung}\}.$$

Beispiel 1.52. Für die Neilsche Parabel

$$C_1 = \{(x, y) \in \mathbb{A}_k^2;\ y^2 - x^3 = 0\}$$

hatten wir die Parametrisierung

$$f: \quad \mathbb{A}_k^1 \quad \longrightarrow \quad C_1$$
$$t \quad \longmapsto \quad (t^2, t^3)$$

angegeben. Wir haben in Beispiel (1.37) gesehen, dass $f^*: k[C_1] \to k[\mathbb{A}_k^1]$, und somit auch f, kein Isomorphismus ist. Allerdings ist die Einschränkung $f: \mathbb{A}_k^1 \backslash \{0\} \to C_1 \backslash \{(0, 0)\}$ ein Isomorphismus mit Umkehrabbildung $g(x, y) = y/x$; in der Terminologie des nächsten Kapitels sind $\mathbb{A}_k^1$ und C_1 *birational äquivalent*. Nach Theorem (1.51) gibt es einen Homomorphismus $f^*: k(C_1) \to k(\mathbb{A}_k^1)$ mit $f^*(y/x) = t$. Damit ist f^* surjektiv, und als Körperhomomorphismus ist f^* auch injektiv. Dies zeigt, dass die Funktionenkörper $k(\mathbb{A}_k^1) = k(t)$ und $k(C_1)$ isomorph sind. (In Theorem (2.23) werden wir sehen, dass Funktionenkörper beliebiger birationaler Varietäten isomorph sind und umgekehrt.)

Ist V eine affine Varietät und $f \in k[V]$, so hatten wir bereits

$$V_f := V \backslash V(f) = \{P \in V;\ f(P) \neq 0\}$$

definiert.

Satz 1.53. V_f *ist isomorph zu einer affinen Varietät mit Koordinatenring* $k[V_f] = k[V][f^{-1}] = k[V]_f$.

Beweis. Wir verwenden hier eine Idee, die wir bereits beim Beweis des Null-stellensatzes verwendet haben. Es sei $J := I(V) \subset k[x_1, \ldots, x_n]$ das Ideal der Varietät $V \subset \mathbb{A}_k^n$. Ferner sei $F \in k[x_1, \ldots, x_n]$ ein Polynom mit $F|_V = f$. Wir setzen

$$J_F := (J, tF - 1) \subset k[x_1, \ldots, x_n, t],$$

und betrachten die zugehörige Varietät

$$W = V(J_F) \subset \mathbb{A}_k^{n+1}.$$

Die Abbildungen

$$p: \qquad\qquad W \quad \to \quad V_f$$
$$p(x_1, \ldots, x_n, y) \quad = \quad (x_1, \ldots, x_n)$$

und

$$q: \qquad\qquad V_f \quad \to \quad W$$
$$q(x_1, \ldots, x_n) \quad = \quad (x_1, \ldots, x_n, \tfrac{1}{F(x_1, \ldots, x_n)})$$

sind zueinander inverse Morphismen. $\square$

Bild 3 illustriert den Satz für den Fall $V = \mathbb{A}_k^1$ und $f = x - 1$. in diesem Fall ist p die Projektion auf die x-Achse.

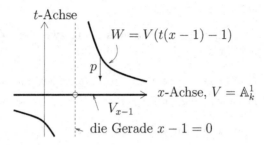

Bild 3: V_f als affine Varietät

Jede offene Menge in V ist eine Vereinigung von Mengen der Form V_f. D. h. die Mengen V_f bilden eine *Basis* der Zariski-Topologie auf V. Aus Satz 1.53 ergibt sich somit folgendes, für viele Anwendungen nützliches

Korollar 1.54. *Die Zariski-Topologie auf V besitzt eine Basis aus affinen Mengen.*

Bemerkung 1.55. Man beachte, dass es quasi-affine Varietäten gibt, die nicht affin sind. Ein einfaches Beispiel ist $\mathbb{A}_k^2 \setminus \{(0,0)\}$ (siehe Kapitel 2, Aufgabe (2.10)).

1.3.5 Abstrakte affine Varietäten. Will man sich bei der Definition von Varietäten von dem umgebenden affinen Raum befreien, und isomorphe Varietäten zugleich identifizieren, kann man mit folgender Definition arbeiten.

Definition. Eine *abstrakte affine Varietät* über einem Körper k ist ein Paar $(V, k[V])$ bestehend aus einer Menge V und einer endlich erzeugten k-Algebra $k[V]$, bestehend aus Funktionen auf V, so dass es Erzeugende $x_1, \ldots, x_n$ von $k[V]$ über k gibt, so dass die Abbildung

$$V \longrightarrow \mathbb{A}_k^n$$
$$P \longmapsto (x_1(P), \ldots, x_n(P))$$

eine Bijektion auf eine Zariski-abgeschlossene Teilmenge von $\mathbb{A}_k^n$ liefert.

Wir werden im Folgenden aber weiter mit unserer ursprünglichen Definition arbeiten.

Übungsaufgaben zu Kapitel 1

1.1 Beweisen Sie, dass das Radikalideal $\sqrt{J}$ eines Ideals J ein Ideal ist.

1.2 Betrachten Sie die algebraische Menge $V = V(I) \subset \mathbb{A}^3_k$, die durch das Ideal $I = (x^2 - yz, xz - x)$ gegeben wird. Zerlegen Sie V in seine irreduziblen Komponenten.

1.3 Untersuchen Sie den Zusammenhang zwischen Idealen und Varietäten am Beispiel der folgenden Ideale in $\mathbb{C}[x, y, z]$:

$$I_1 = (xy + y^2, xz + yz), \qquad I_2 = (xy + y^2, xz + yz + xyz + y^2 z),$$
$$I_3 = (xy^2 + y^3, xz + yz).$$

Untersuchen Sie für $k, l = 1, 2, 3$ und $k < l$:

(a) Ist $I_k = I_l$?

(b) Ist $V(I_k) = V(I_l)$?

Skizzieren Sie die durch obige Ideale gegebenen algebraischen Mengen.

1.4 Gegeben seien die folgenden Varietäten $X, Y \subset \mathbb{C}^4$:

$$X = \{(t, t^2, t^3, 0);\ t \in \mathbb{C}\}, \quad Y = \{(0, u, 0, 1);\ u \in \mathbb{C}\}.$$

Die *Join-Varietät* von X und Y ist die Menge

$$J(X, Y) := \bigcup_{P \in X,\ Q \in Y} \overline{PQ} \subset \mathbb{C}^4,$$

wobei $\overline{PQ}$ die Gerade durch P und Q ist. Beschreiben Sie die Menge $J(X, Y)$. Ist $J(X, Y)$ eine affine (quasi-affine) Varietät?

1.5 Es sei $C \subset \mathbb{C}^2$ die Neilsche Parabel

$$C = \{(x, y) \in \mathbb{A}^2_\mathbb{C};\ y^2 - x^3 = 0\}.$$

Zeigen Sie, dass die Abbildung

$$\varphi : \mathbb{A}^1_\mathbb{C} \ \rightarrow \ \mathbb{C}$$
$$t \ \mapsto \ (t^2, t^3)$$

ein Homöomorphismus bezüglich der Zariski-Topologie ist. (Wir haben bereits gesehen, dass φ kein Isomorphismus von Varietäten ist.) Ist φ ein Homöomorphismus bezüglich der gewöhnlichen (komplexen) Topologie?

1.6 Beweisen Sie, dass die *Hyperbel*

$$C := \{(x, y) \in \mathbb{A}^2_\mathbb{C};\ xy = 1\}$$

nicht isomorph zu $\mathbb{A}^1_\mathbb{C}$ ist.

1.7 Es sei $A = k[x_1, x_2]/(x_2^2 - x_1^3 + x_1)$. Bestimmen Sie über k algebraisch unabhängige Elemente $y_1, \ldots, y_m \in A$, so dass A eine endliche $k[y_1, \ldots, y_m]$-Algebra ist.

1.8 Betrachten Sie die folgenden affinen Varietäten:

$$X = \{(x, y) \in \mathbb{A}_\mathbb{C}^2;\ xy = 0\} \quad \text{(Achsenkreuz)}$$
$$Y = \{(x, y) \in \mathbb{A}_\mathbb{C}^2;\ y^2 - x^3 - x^2 = 0\} \quad \text{(Kubik mit Doppelpunkt)}.$$

(a) Zeigen Sie, dass der lokale Ring von X in einem Punkt $(0, u)$, $u \neq 0$, isomorph ist zu $\mathbb{C}[t]_{(t)}$, d.h. zum lokalen Ring einer Geraden. (D.h. der lokale Ring von X in einem Punkt $(0, u)$, $u \neq 0$ „sieht" die Komponente $y = 0$ nicht.)

(b) Zeigen Sie, dass der lokale Ring von Y im Ursprung ein Integritätsring ist, der lokale Ring von X im Ursprung jedoch nicht. (D.h. der lokale Ring von Y im Ursprung „sieht" noch, dass die beiden im Ursprung zusammen-treffenden Zweige zusammengehören.)

1.9 Geben Sie ein Beispiel dafür an, dass das Bild einer polynomialen Abbildung $f : \mathbb{C}^n \to \mathbb{C}^m$ im Allgemeinen keine algebraische Menge ist.

1.10 Es sei $X = \{y - xz = 0\} \subset \mathbb{A}_k^3$. Zeigen Sie, dass es Geraden $L \subset X$ und $M \subset \mathbb{A}_k^2$ gibt, so dass $X \setminus L$ isomorph ist zu $\mathbb{A}_k^2 \setminus M$. (Hinweis: Betrachten Sie die Projektion $(x, y, z) \mapsto (x, y)$.)

1.11 Es sei $\mathfrak{p}$ ein Primideal in dem Ring R. Zeigen Sie, dass es eine Bijektion gibt zwischen der Menge der Primideale $\mathfrak{p}' \subset \mathfrak{p}$ in R und der Menge der Primideale $\mathfrak{q}$ in der Lokalisierung $R_\mathfrak{p}$.

1.12 Zeigen Sie, dass die Zariski-Topologie auf $\mathbb{A}_k^2 = \mathbb{A}_k^1 \times \mathbb{A}_k^1$ nicht die Produkt-topologie der Zariski-Topologie auf den beiden Faktoren $\mathbb{A}_k^1$ ist.

1.13 Gegeben seien die beiden Ebenen $X = \{x_1 = x_2 = 0\}$ und $Y = \{x_3 = x_4 = 0\}$ in $\mathbb{A}_\mathbb{C}^4$. Zeigen Sie, dass das Ideal von $X \cup Y$ nicht durch zwei Elemente erzeugt werden kann. (Man sagt, dass $X \cup Y$ kein *idealtheoretischer vollständiger Durchschnitt* ist.)

1.14 Es sei $k = \overline{\mathbb{F}}_p$. Die Abbildung

$$
\begin{aligned}
F : \mathbb{A}_k^n &\longrightarrow \mathbb{A}_k^n, \\
(x_1, \ldots, x_n) &\longmapsto (x_1^p, \ldots, x_n^p)
\end{aligned}
$$

heißt *Frobeniusabbildung*.

(a) Zeigen Sie, dass F ein bijektiver Morphismus ist.

(b) Ist F ein Isomorphismus?

Kapitel 2

Projektive Varietäten

In diesem Kapitel werden projektive Varietäten eingeführt und Morphismen zwischen projektiven Varietäten untersucht.

2.1 Projektive Räume

Es sei V ein endlich-dimensionaler Vektorraum über k. Auf $V \setminus \{0\}$ betrachten wir die Äquivalenzrelation:

$$u \sim v :\Leftrightarrow \text{ es gibt } \lambda \in k^* \text{ mit } u = \lambda v.$$

Zwei Vektoren sind also genau dann äquivalent, wenn sie in V dieselbe Gerade aufspannen.

Definition. Der zu V gehörige *projektive Raum* ist definiert durch

$$\mathbb{P}(V) := V \setminus \{0\} / \sim \ .$$

Die *Dimension* von $\mathbb{P}(V)$ wird als $\dim \mathbb{P}(V) = \dim V - 1$ definiert.

Geometrisch ist der projektive Raum also die Menge aller Ursprungsgeraden in V. Für $V = k^{n+1}$ setzen wir insbesondere

$$\mathbb{P}^n := \mathbb{P}^n_k = \mathbb{P}(k^{n+1}).$$

Beispiel 2.1. Die reelle projektive Gerade $\mathbb{P}^1_{\mathbb{R}} = \mathbb{P}(\mathbb{R}^2)$ ist homöomorph zur Kreislinie S^1.

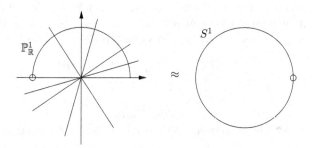

Bild 1: Die reelle projektive Gerade $\mathbb{P}^1_{\mathbb{R}}$

Beispiel 2.2. Die reelle projektive Ebene besitzt eine Zerlegung $\mathbb{P}^2_{\mathbb{R}} = \mathbb{P}(\mathbb{R}^3) = \mathbb{R}^2 \cup \mathbb{P}^1_{\mathbb{R}}$. Bei dieser Zerlegung entspricht $\mathbb{R}^2$ der Menge jener Geraden, die nicht in der (x, y)-Ebene liegen und $\mathbb{P}^1_{\mathbb{R}}$ der Menge der Geraden in der (x, y)-Ebene.

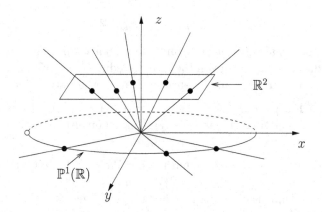

Bild 2: Zerlegung der reellen projektiven Ebene $\mathbb{P}^2_{\mathbb{R}}$

Wir haben die Restklassenabbildung

$$\pi : V \setminus \{0\} \longrightarrow \mathbb{P}(V).$$

Speziell im Fall von $\mathbb{P}^n_k$ führen wir die folgende Bezeichnung ein:

$$(x_0 : \ldots : x_n) := \pi((x_0, \ldots, x_n)).$$

Dann nennt man $(x_0 : \ldots : x_n)$ die *homogenen Koordinaten* des Punktes
$P = \pi((x_0, \ldots, x_n)) \in \mathbb{P}^n_k$. Diese sind nur bis auf einen gemeinsamen Skalar
bestimmt. Dennoch wird sich herausstellen, dass man mit ihnen „rechnen" kann.
Die Zerlegung in einen affinen Raum und einen projektiven Raum kleinerer Dimension, die wir im Fall der reellen projektiven Ebene gesehen haben, existiert
für alle projektiven Räume. Wir betrachten hierzu für ein l, $0 \leq l \leq n$:

$$U_l := \{(x_0 : \ldots : x_n) \in \mathbb{P}^n_k;\ x_l \neq 0\}$$
$$H_l := \{(x_0 : \ldots : x_n) \in \mathbb{P}^n_k;\ x_l - 0\}.$$

Dann kann man H_l mit dem projektiven Raum $\mathbb{P}^{n-1}_k$ identifizieren. Außerdem
kann man U_l mit $\mathbb{A}^n_k$ identifizieren, und zwar über folgende Abbildungen:

$$i_l : \qquad \mathbb{A}^n_k \longrightarrow U_l$$
$$(x_1, \ldots, x_n) \longmapsto (x_1 : \ldots : x_l : 1 : x_{l+1} : \ldots : x_n)$$

beziehungsweise

$$j_l : \qquad U_l \longrightarrow \mathbb{A}^n_k$$
$$(x_0 : x_1 : \ldots : x_n) \longmapsto \left(\frac{x_0}{x_l}, \ldots, \frac{x_{l-1}}{x_l}, \frac{x_{l+1}}{x_l}, \ldots, \frac{x_n}{x_l} \right).$$

Damit erhalten wir eine disjunkte Zerlegung

$$\mathbb{P}^n_k = U_l \cup H_l = \mathbb{A}^n_k \cup \mathbb{P}^{n-1}_k.$$

Man bezeichnet U_l als *affinen Teil* von $\mathbb{P}^n_k$ und H_l als *Hyperebene im Unendlichen*.
Hierbei ist die spezielle Wahl von U_l, bzw. H_l lediglich eine Konvention, man kann
eine beliebige Hyperebene aus $\mathbb{P}^n_k$ entfernen, und erhält stets einen affinen Raum.

Definition. Ein *projektiver Unterraum* von $\mathbb{P}(V)$ ist eine Teilmenge der Form
$\pi(W \setminus \{0\})$, wobei $W \subset V$ ein linearer Unterraum ist. Wir schreiben $\mathbb{P}(W) \subset$
$\mathbb{P}(V)$.

Ein projektiver Unterraum ist in natürlicher Weise selbst ein projektiver Raum.
Ist $\dim W = \dim V - 1$, so heißt $\mathbb{P}(W)$ eine *Hyperebene* von $\mathbb{P}(V)$. Projekti-
ve Räume der Dimension 1, bzw. 2 heißen *projektive Geraden*, bzw. *projektive
Ebenen*.

Lemma 2.3. *Es seien $\mathbb{P}(W_1)$ und $\mathbb{P}(W_2)$ projektive Unterräume des n-dimen-
sionalen projektiven Raums $\mathbb{P}(V)$. Falls $\dim \mathbb{P}(W_1) + \dim \mathbb{P}(W_2) \geq n$, so schneiden
sich $\mathbb{P}(W_1)$ und $\mathbb{P}(W_2)$, d. h. $\mathbb{P}(W_1) \cap \mathbb{P}(W_2) \neq \emptyset$.*

Beweis. Es gilt $\dim W_1 + \dim W_2 \geq n + 2 = \dim V + 1$. Also schneiden sich W_1
und W_2 zumindest in einer Geraden. $\square$

Insbesondere schneiden sich also stets zwei Geraden in einer projektiven Ebene.
Damit entfällt die Fallunterscheidung zwischen parallelen und nicht-parallelen
Geraden, die im Affinen gemacht werden muss.

Der projektive Raum $\mathbb{P}_k^n$ besitzt eine offene Überdeckung

$$\mathbb{P}_k^n = U_0 \cup U_1 \cup \ldots \cup U_n$$

durch affine Räume. Im Fall $k = \mathbb{R}$ oder $k = \mathbb{C}$ kann man diese Überdeckung benutzen, um auf $\mathbb{P}_\mathbb{R}^n$, bzw. $\mathbb{P}_\mathbb{C}^n$ die Struktur einer *n-dimensionalen reellen* bzw. *komplexen Mannigfaltigkeit* einzuführen. Diese ist kompakt, da die Sphäre in $\mathbb{R}^{n+1}$, bzw. $\mathbb{C}^{n+1} \cong \mathbb{R}^{2n+2}$ surjektiv auf $\mathbb{P}_\mathbb{R}^n$, bzw. $\mathbb{P}_\mathbb{C}^n$ abgebildet wird. Die komplexe projektive Gerade ist also eine kompakte Riemannsche Fläche, und man erhält auf diese Weise die Riemannsche Zahlenkugel:

$$\mathbb{P}_\mathbb{C}^1 = \mathbb{C} \cup \{\infty\} \approx S^2,$$

wobei $\approx$ für Homöomorphie steht.

2.2   Projektive Varietäten

Man will auch in projektiven Räumen das Nullstellengebilde von Polynomgleichungen betrachten. Da allerdings die homogenen Koordinaten eines Punktes $P = (x_0 : \ldots : x_n) \in \mathbb{P}_k^n$ nur bis auf einen gemeinsamen Skalar bestimmt sind, muss man sich auf *homogene* Polynome beschränken. Dabei heißt ein Polynom

$$f(x_0, \ldots, x_n) = \sum a_{\nu_0 \cdots \nu_n} x_0^{\nu_0} \cdots x_n^{\nu_n}$$

homogen, wenn alle Monome denselben Grad $d = \nu_0 + \ldots + \nu_n$ haben. Ist f homogen vom Grad d, so gilt

$$f(\lambda x_0, \ldots, \lambda x_n) = \lambda^d f(x_0, \ldots, x_n).$$

Insbesondere ist die *Nullstellenmenge* von f

$$V(f) := \{(x_0 : \ldots : x_n) \in \mathbb{P}_k^n;\ f(x_0, \ldots, x_n) = 0\} \subset \mathbb{P}_k^n$$

wohldefiniert.

Definition. Eine *projektive Varietät* ist eine Teilmenge $V \subset \mathbb{P}_k^n$, so dass es eine Menge homogener Polynome $T \subset k[x_0, \ldots, x_n]$ gibt mit

$$V = \{P \in \mathbb{P}_k^n;\ f(P) = 0 \text{ für alle } f \in T\}.$$

Wie im affinen Fall ist es keine Einschränkung anzunehmen, dass T aus endlich vielen Elementen besteht. Wir geben nun einige Beispiele projektiver Varietäten.

Beispiel 2.4. Die Hyperebene im Unendlichen ist eine projektive Varietät:

$$H_n = \{(x_0 : x_1 : \ldots : x_n);\ x_n = 0\}.$$

Beispiel 2.5. In der Einleitung hatten wir den affinen Teil kubischer Kurven der Form

$$C_1 = \{(x : y : z) \in \mathbb{P}^2_{\mathbb{C}};\ y^2 z = 4x^3 - g_2 x z^2 - g_3 z^3\}$$

bzw.

$$C_2 = \{(x : y : z) \in \mathbb{P}^2_{\mathbb{C}};\ y^2 z = x(x - z)(x - \lambda z)\}$$

diskutiert. Dort wurden die Kurven durch affine Gleichungen in zwei Variablen beschrieben. Aus diesen erhält man durch *Homogenisierung* die projektiven Gleichungen. Dies wird im Beweis von Satz (2.12) und in Beispiel (2.14) genauer behandelt.

Beispiel 2.6. Wir betrachten die Abbildung

$$\varphi : \qquad \mathbb{P}^1_k \quad \longrightarrow \quad \mathbb{P}^3_k$$
$$\varphi(t_0 : t_1) \quad = \quad (t_0^3 : t_0^2 t_1 : t_0 t_1^2 : t_1^3).$$

Dann ist $C = \varphi(\mathbb{P}^1_k)$ eine projektive Varietät, es gilt nämlich

$$C = \left\{(x_0 : x_1 : x_2 : x_3) \in \mathbb{P}^3_k;\ \text{Rang} \begin{pmatrix} x_0 & x_1 & x_2 \\ x_1 & x_2 & x_3 \end{pmatrix} \leq 1\right\}.$$

D. h. die Kurve C ist der Durchschnitt dreier Quadriken

$$C = Q_1 \cap Q_2 \cap Q_3$$

mit

$$Q_1 = \{x_0 x_2 - x_1^2 = 0\},\ Q_2 = \{x_0 x_3 - x_1 x_2 = 0\},\ Q_3 = \{x_1 x_3 - x_2^2 = 0\}.$$

Man kann C nicht durch zwei quadratische Gleichungen beschreiben. Andererseits gilt

$$C = Q_1 \cap F$$

mit

$$F = \{x_0 x_3^2 - 2 x_1 x_2 x_3 + x_2^3 = 0\}.$$

(Die Quadrik Q_1 und die Kubik F berühren sich entlang der Kurve C.) Die Kurve C heißt die (projektive) *rationale Normkurve* vom Grad 3.

Beispiel 2.7. Wir betrachten die Abbildung

$$\varphi : \qquad \mathbb{P}^1_k \times \mathbb{P}^1_k \quad \longrightarrow \quad \mathbb{P}^3_k$$
$$\varphi((x_0 : x_1), (y_0 : y_1)) \quad = \quad (x_0 y_0 : x_0 y_1 : x_1 y_0 : x_1 y_1).$$

Dann ist das Bild $Q = \varphi(\mathbb{P}^1_k \times \mathbb{P}^1_k)$ die Quadrik

$$Q = \{(z_0 : z_1 : z_2 : z_3) \in \mathbb{P}^3_k;\ z_0 z_3 - z_1 z_2 = 0\}.$$

Auf der Quadrik Q gibt es zwei Familien von Geraden, nämlich die Bilder $\varphi(\mathbb{P}_k^1 \times \{P\})$, bzw. $\varphi(\{Q\} \times \mathbb{P}_k^1)$. Diese beiden Familien von Geraden heißen die *Regelscharen* auf der Quadrik Q und man nennt Q daher eine *Regelfläche*.

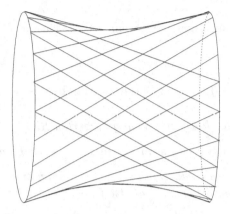

Bild 3: Quadrik in $\mathbb{P}_k^3$ mit Regelscharen

2.2.1 Graduierte Ringe und homogene Ideale.
Um die Beziehung zwischen projektiven Varietäten und Idealen zu untersuchen, benötigen wir einige algebraische Vorbereitungen.

Definition. Ein *graduierter Ring* ist ein kommutativer Ring S zusammen mit einer Zerlegung in abelsche Gruppen

$$S = \bigoplus_{d \geq 0} S_d,$$

so dass für die Multiplikation gilt

$$S_d \cdot S_e \subset S_{d+e}.$$

Die Elemente von $S_d \setminus \{0\}$ heißen die *homogenen Elemente* vom *Grad d*.

Das für uns wichtigste Beispiel ist der Polynomring

$$S = k[x_0, \ldots, x_n] = \bigoplus_{d \geq 0} k^d[x_0, \ldots, x_n],$$

wobei

$$k^d[x_0, \ldots, x_n] = \{f \in k[x_0, \ldots, x_n]; \ f \text{ ist homogen vom Grad } d\} \cup \{0\}.$$

Definition. Ein Ideal I in einem graduierten Ring S heißt ein *homogenes Ideal*, falls

$$I = \bigoplus_{d \geq 0} (I \cap S_d).$$

Ein Ideal ist genau dann homogen, wenn jedes Element $f \in I$ eine eindeutige Zerlegung

$$f = f_0 + \ldots + f_N$$

in homogene Elemente $f_i \in I \cap S_{d_i}$ besitzt. Man beweist nun leicht das folgende

Lemma 2.8. *Für ein Ideal I in einem graduierten Ring S gilt:*

(i) *I ist genau dann homogen, wenn es von homogenen Elementen erzeugt wird.*

(ii) *I sei ein homogenes Ideal. Dann ist I genau dann ein Primideal, falls für je zwei homogene Elemente $f, g \in S$ gilt: Ist $fg \in I$, so ist $f \in I$ oder $g \in I$.*

(iii) *Summen, Produkte, Durchschnitte und Radikale homogener Ideale sind wieder homogene Ideale.*

Wir haben eine projektive Varietät als das Nullstellengebilde eines Systems homogener Gleichungen definiert. Äquivalenterweise hätten wir eine projektive Varietät auch als das Nullstellengebilde eines homogenen Ideals oder von endlich vielen homogenen Polynomen definieren können: Ist T eine Menge homogener Gleichungen und (T) das davon erzeugte homogene Ideal, so gilt:

$$V(T) = V((T)) = V(f_1, \ldots, f_k)$$

für homogene Erzeugende $f_1, \ldots, f_k$ von (T). Wie im affinen Raum beweist man:

Lemma 2.9. (i) *Die Vereinigung endlich vieler projektiver Varietäten ist wieder eine projektive Varietät.*

(ii) *Der Durchschnitt projektiver Varietäten ist wieder eine projektive Varietät.*

(iii) *$\mathbb{P}^n_k$ und die leere Menge sind projektive Varietäten.*

Damit erfüllen die projektiven Varietäten wiederum die Axiome einer Topologie auf $\mathbb{P}^n_k$. Diese heißt die *Zariski-Topologie* auf $\mathbb{P}^n_k$. Genau wie im affinen Fall können wir auch jede projektive Varietät in irreduzible Komponenten zerlegen.

Definition. Eine *quasi-projektive Varietät* ist eine offene Teilmenge einer projektiven Varietät.

Wir wollen nun den Zusammenhang zwischen projektiven Varietäten und homogenen Idealen studieren.

Wir haben Abbildungen

$$\left\{ \begin{array}{c} \text{homogene Ideale} \\ I \subset k[x_0, \dots, x_n] \end{array} \right\} \longrightarrow \left\{ \begin{array}{c} \text{projektive Varietäten} \\ V \subset \mathbb{P}_k^n \end{array} \right\}$$
$$I \longmapsto V(I)$$

bzw.

$$\left\{ \begin{array}{c} \text{projektive Varietäten} \\ V \subset \mathbb{P}_k^n \end{array} \right\} \longrightarrow \left\{ \begin{array}{c} \text{homogene Ideale} \\ I \subset k[x_0, \dots, x_n] \end{array} \right\}$$
$$V \longmapsto I(V)$$

mit

$$V(I) := \{(x_0 : \dots : x_n) \in \mathbb{P}_k^n;\ f(x_0, \dots, x_n) = 0 \text{ für } f \in I,\ f \text{ homogen}\}$$

und

$$I(V) := \text{Ideal erzeugt von den homogenen Polynomen } f \text{ mit } f|_V = 0.$$

Bei der Formulierung des Nullstellensatzes müssen wir auf folgendes achten: Natürlich gilt $V((1)) = \emptyset$. Andererseits ist

$$m = (x_0, \dots, x_n) = \bigoplus_{d \geq 1} k^d[x_0, \dots, x_n]$$

ebenfalls ein homogenes Ideal mit $V(m) = \emptyset$.

Definition. m heißt das *irrelevante Ideal*.

Ist I ein homogenes Ideal, so können wir nicht nur das projektive Nullstellengebilde $V = V(I) \subset \mathbb{P}_k^n$ betrachten, sondern auch das affine Nullstellengebilde $V^a = V(I) \subset \mathbb{A}_k^{n+1}$. Dann gilt, falls $I \neq k[x_1, \dots, x_n]$, dass

$$V^a = \pi^{-1}(V) \cup \{0\},$$

wobei $\pi \colon V \setminus \{0\} \to \mathbb{P}(V)$ die Restklassenabbildung ist. Insbesondere gilt, dass

$$(x_0, \dots, x_n) \in V^a \Leftrightarrow (\lambda x_0, \dots, \lambda x_n) \in V^a \quad \text{für alle } \lambda \in k^*.$$

Definition. V^a heißt der *affine Kegel* über der projektiven Varietät $V(I) \subset \mathbb{P}_k^n$.

Theorem 2.10. (Projektiver Nullstellensatz): *Es sei k ein algebraisch abgeschlossener Körper. Dann gilt für homogene Ideale J das Folgende:*

(i) $V(J) = \emptyset \Leftrightarrow \sqrt{J} \supset (x_0, \dots, x_n)$

(ii) *Ist $V(J) \neq \emptyset$, dann gilt $I(V(J)) = \sqrt{J}$.*

Beweis.

(i) Es gilt

$$V(J) = \emptyset \Leftrightarrow V^a(J) \subset \{0\} \Leftrightarrow \sqrt{J} \supset (x_0, \ldots, x_n).$$

Die zweite Äquivalenz folgt dabei aus dem affinen Nullstellensatz.

(ii) Ist $V(J) \neq \emptyset$, so gilt (für ein passendes $n \geq 1$)

$$f \in I(V(J)) \Leftrightarrow f \in I(V^a(J)) \Leftrightarrow f^n \in J \Leftrightarrow f \in \sqrt{J},$$

wiederum unter Verwendung des Nullstellensatzes.

Man beachte hierbei Folgendes: Ist $f = \sum f_i$ ein Polynom mit seinen homogenen Komponenten f_i, so ist (da der Körper k unendlich viele Elemente enthält) $f(\lambda x_0, \ldots, \lambda x_n) = 0$ für alle λ genau dann, wenn $f_i(x_0, \ldots, x_n) = 0$ für alle i.

$\square$

Korollar 2.11. *Die Abbildungen $J \mapsto V(J)$ und $V \mapsto I(V)$ definieren Bijektionen*

$$\left\{ \begin{array}{c} \text{homogene Radikalideale} \\ J \subsetneq k[x_0, \ldots, x_n] \end{array} \right\} \quad \overset{1:1}{\longleftrightarrow} \quad \left\{ \begin{array}{c} \text{projektive Varietäten} \\ V \subset \mathbb{P}^n_k \end{array} \right\}$$

$$\cup \qquad\qquad\qquad\qquad\qquad \cup$$

$$\left\{ \begin{array}{c} \text{homogene Primideale} \\ J \subsetneq k[x_0, \ldots, x_n] \end{array} \right\} \quad \overset{1:1}{\longleftrightarrow} \quad \left\{ \begin{array}{c} \text{irreduzible projektive} \\ \text{Varietäten } V \subset \mathbb{P}^n_k \end{array} \right\}.$$

Hierbei ordnen wir der leeren Menge das irrelevante Ideal m zu.

Beweis. Es bleibt nur zu zeigen, dass V genau dann irreduzibel ist, wenn $I(V)$ prim ist. Der Beweis verläuft analog zum Beweis von Satz (1.6) unter Verwendung von Lemma (2.9) (ii). $\square$

Wir kehren nun zu der Überdeckung des $\mathbb{P}^n_k$ durch die affinen Mengen $U_i = \{x_i \neq 0\}$ zurück:

$$\mathbb{P}^n_k = U_0 \cup \ldots \cup U_n.$$

Für jede Menge U_i haben wir eine Bijektion

$$j_i: \qquad\qquad U_i \longrightarrow \mathbb{A}^n_k$$
$$(x_0 : \ldots : x_i : \ldots : x_n) \longmapsto \left(\frac{x_0}{x_i}, \ldots, \frac{x_{i-1}}{x_i}, \frac{x_{i+1}}{x_i}, \ldots, \frac{x_n}{x_i} \right).$$

Auf U_i können wir die von der Zariski-Topologie auf $\mathbb{P}^n_k$ induzierte Topologie betrachten, $\mathbb{A}^n_k$ trägt die bereits in Kapitel I eingeführte Zariski-Topologie.

Satz 2.12. j_i *ist ein Homöomorphismus.*

Beweis. Der Einfachheit halber betrachten wir $i = 0$. Es sei

$$S^h := \{f \in k[x_0, \ldots, x_n];\ f \text{ ist homogen}\}$$
$$A := k[x_1, \ldots, x_n].$$

Dann betrachten wir die Abbildung

$$\alpha : \quad S^h \to A$$
$$\alpha(f) := f(1, x_1, \ldots, x_n)$$

sowie die Homogenisierungsabbildung

$$\beta : \quad A \to S^h$$
$$\beta(g) := x_0^{\deg g}\, g\left(\tfrac{x_1}{x_0}, \ldots, \tfrac{x_n}{x_0}\right).$$

Es gilt $\alpha \circ \beta(g) = g$. Es sei nun $X \subset U_0$ abgeschlossen in U_0 und $\bar{X} \subset \mathbb{P}^n_k$ der Abschluss in $\mathbb{P}^n_k$. Also ist $X = \bar{X} \cap U_0$. Da $\bar{X}$ eine projektive Varietät ist, gibt es eine (endliche) Teilmenge $T \subset S^h$ mit $\bar{X} = V(T)$. Es sei $T' = \alpha(T)$. Dann ist $j_0(X) = V(T')$. Das heißt, dass j_0 abgeschlossene Mengen auf abgeschlossene Mengen abbildet, bzw. dass j_0^{-1} stetig ist. Es bleibt noch die Stetigkeit von j_0 zu zeigen. Dies geht analog: Ist $W \subset \mathbb{A}^n_k$ abgeschlossen, so ist $W = V(T')$ für eine (endliche) Teilmenge $T' \subset A$. Es sei $T = \beta(T')$. Dann ist $j_0^{-1}(W) = V(T) \cap U_0$, insbesondere also abgeschlossen. $\qquad\square$

Ist nun $X \subset \mathbb{P}^n_k$ eine projektive Varietät, so haben wir eine Überdeckung

$$X = X_0 \cup \ldots \cup X_n, \quad X_i = X \cap U_i.$$

Identifizieren wir U_i mittels j_i mit $\mathbb{A}^n_k$, so können wir die X_i als affine Varietäten auffassen. Die obige Überdeckung heißt dann auch die *affine Standardüberdeckung* von X. Der Beweis des obigen Satzes liefert dann sofort:

Korollar 2.13. *Die Zuordnung* $X \mapsto X_0 = X \cap U_0$ *definiert eine Bijektion*

$$\left\{ \begin{array}{c} \textit{irreduzible Varietäten} \\ X \subset \mathbb{P}^n_k \textit{ mit } X \not\subset \{x_0 = 0\} \end{array} \right\} \overset{1:1}{\longleftrightarrow} \left\{ \begin{array}{c} \textit{irreduzible affine Varietäten} \\ X_0 \subset \mathbb{A}^n_k \end{array} \right\}.$$

Die Umkehrung dieser Abbildung wird durch die Bildung des Zariski-Abschlusses gegeben.

Beispiel 2.14. Wir kommen hier auf die schon früher betrachtete kubische Kurve zurück:

$$C_0 : \{x_2^2 - x_1(x_1 - 1)(x_1 - \lambda) = 0\} \subset \mathbb{A}^2_k.$$

Für $f(x_1, x_2) = x_2^2 - x_1(x_1 - 1)(x_1 - \lambda)$ ist die Homogenisierung

$$\beta(f) = x_0 x_2^2 - x_1(x_1 - x_0)(x_1 - \lambda x_0).$$

Also ist

$$\bar{C}_0 = \{(x_0 : x_1 : x_2) \in \mathbb{P}_k^2; \ x_0 x_2^2 - x_1(x_1 - x_0)(x_1 - \lambda x_0) = 0\}.$$

Es ist

$$\bar{C}_0 \cap H_0 = \{(0 : 0 : 1)\},$$

d. h. in diesem Fall entsteht $\bar{C}_0$ aus C_0 durch Hinzunahme eines Punktes im Unendlichen. (Dies ist aber eine spezielle Situation. Im Allgemeinen wird man bei einer ebenen Kurve vom Grad d auch d Punkte im Unendlichen hinzufügen müssen.)

2.3   Rationale Funktionen und Morphismen

Will man Funktionen auf projektiven Varietäten $V \subset \mathbb{P}_k^n$ definieren, so kann man nicht ohne weiteres mit (homogenen) Polynomen arbeiten, da diese keine wohldefinierten Funktionswerte für Punkte $P \in \mathbb{P}_k^n$ besitzen. Sind jedoch f und g homogene Polynome vom selben Grad d, so gilt

$$\frac{f(\lambda x_0, \ldots, \lambda x_n)}{g(\lambda x_0, \ldots, \lambda x_n)} = \frac{\lambda^d f(x_0, \ldots, x_n)}{\lambda^d g(x_0, \ldots, x_n)} = \frac{f(x_0, \ldots, x_n)}{g(x_0, \ldots, x_n)}.$$

Es sei nun V wieder eine irreduzible projektive Varietät. Obige Überlegungen führen uns zu folgender Konstruktion:

$$k(V) := \left\{ \frac{f}{g}; \ f, g \in k[x_0, \ldots, x_n] \text{ homogen, } \deg f = \deg g, \ g \notin I(V) \right\} \Big/ \sim \ ,$$

wobei

$$\frac{f}{g} \sim \frac{f'}{g'} :\Leftrightarrow fg' - gf' \in I(V).$$

Man überprüft leicht nach, dass $k(V)$ mit den natürlichen Verknüpfungen ein Körper ist.

Definition. $k(V)$ heißt der *Funktionenkörper* von V. Die Elemente von $k(V)$ heißen *rationale Funktionen* auf V.

Lemma 2.15. *Es sei V eine irreduzible projektive Varietät mit $V \not\subset \{x_0 = 0\}$ sowie $V_0 = V \cap \{x_0 \neq 0\}$ der affine Teil in U_0. Dann ist $k(V) \cong k(V_0)$.*

Beweis. Wir haben zueinander inverse Abbildungen

$$k(V) \ \longrightarrow \ k(V_0)$$

$$\frac{f(x_0, \ldots, x_n)}{g(x_0, \ldots, x_n)} \ \longmapsto \ \frac{f(1, x_1, \ldots, x_n)}{g(1, x_1, \ldots, x_n)}$$

beziehungsweise

$$
\begin{array}{ccc}
k(V_0) & \longrightarrow & k(V) \\
\dfrac{f(x_1,\ldots,x_n)}{g(x_1,\ldots,x_n)} & \longmapsto & \dfrac{f\left(\frac{x_1}{x_0},\ldots,\frac{x_n}{x_0}\right)}{g\left(\frac{x_1}{x_0},\ldots,\frac{x_n}{x_0}\right)}.
\end{array}
$$

$\square$

Man kann die Bildung des Funktionenkörpers auch mit Hilfe des Begriffs der Lokalisierung verstehen. Ist $V \subset \mathbb{P}_k^n$ eine irreduzible Varietät mit affinem Kegel $V^a \subset \mathbb{A}_k^{n+1}$, so trägt

$$
S(V) := k[V^a] := k[x_0,\ldots,x_n]/I(V)
$$

wieder die Struktur eines graduierten Rings durch

$$
S_d(V) := \{\bar{f} \in S(V); f \text{ ist homogen mit } \deg f = d\} \cup \{0\}.
$$

Dies ist wohldefiniert: Gilt nämlich $\bar{f} = \bar{g}$, so ist $f - g \in I(V)$. Ist $\deg f \neq \deg g$, so impliziert dies $f, g \in I(V)$, also $\bar{f} = \bar{g} = 0$.

Definition. $S(V)$ heißt der *homogene Koordinatenring* von V.

Im Gegensatz zu affinen Varietäten hängt der homogene Koordinatenring einer projektiven Varietät von der Einbettung ab. Mit anderen Worten, verschiedene homogene Koordinatenringe können zu isomorphen projektiven Varietäten führen (wie schon das Beispiel von $\mathbb{P}_k^1$ und einem glatten Kegelschnitt $C \subset \mathbb{P}_k^2$ zeigt, siehe Aufgabe (2.6)). (Der Begriff der Isomorphie projektiver Varietäten wird in Abschnitt 2.3.3 erklärt.)

2.3.1 Lokalisierung graduierter Ringe. In Abschnitt 1.3.1 haben wir die Lokalisierung eines beliebigen Rings definiert. Für Anwendungen im projektiven Fall müssen wir die Lokalisierung graduierter Ringe behandeln. Es sei $S = \bigoplus_{d \geq 0} S_d$ ein beliebiger graduierter Ring und $T \subset S$ ein multiplikativ abgeschlossenes System homogener Elemente. Auf dem lokalen Ring S_T können wir wieder eine Graduierung einführen, und zwar indem wir für ein homogenes Element $f \in S$ und $g \in T$ definieren, dass f/g homogen ist vom Grad

$$
\deg \frac{f}{g} := \deg f - \deg g.
$$

Dies ist wohldefiniert, denn ist $f/g = f'/g'$, so gilt nach Definition $h(fg' - gf') = 0$ für ein $h \in T$, d. h. $hfg' = hf'g$. Durch Betrachten der homogenen Komponenten können wir annehmen, dass h homogen ist. Dann gilt

$$
\deg h + \deg f + \deg g' = \deg h + \deg f' + \deg g,
$$

und wir sehen, dass der Grad $\deg(f/g)$ wohldefiniert ist.

Definition.

$$S_{(T)} := \left\{ \frac{f}{g} \in S_T; \ \frac{f}{g} \text{ ist homogen vom Grad } 0 \right\}.$$

Ist $\mathfrak{p} \subset S$ ein homogenes Primideal, so ist die Menge

$$T := \{f \in S; \ f \text{ ist homogen}, f \notin \mathfrak{p}\}$$

ein multiplikativ abgeschlossenes System. Man definiert dann

$$S_{(\mathfrak{p})} := S_{(T)}.$$

Ist $0 \neq f \in S$ ein homogenes Element und S ein Integritätsring, so ist die Menge

$$T := \{f^n; \ n \geq 0\}$$

multiplikativ abgeschlossen. Wir setzen

$$S_{(f)} := S_{(T)}.$$

Kehren wir nun zurück zu der projektiven Varietät $V \subset \mathbb{P}^n_k$.

Lemma 2.16. *Es gilt*

$$k(V) \cong S(V)_{((0))}.$$

Beweis. Unmittelbar aus der Konstruktion von $k(V)$. $\qquad\qquad\square$

2.3.2 Reguläre Funktionen.

Wir besprechen nun reguläre Funktion auf offenen Teilmengen von V. Im Gegensatz zum affinen Fall entspricht der homogene Koordinatenring nicht den regulären Funktionen auf V, da seine Elemente keine Funktionen auf V definieren. Vielmehr werden wir sehen, dass jede reguläre Funktion auf einer irreduziblen projektiven Varietät konstant ist.

Definition. Ist $f \in k(V)$ eine rationale Funktion, so heißt f *regulär* im Punkt P, falls es eine Darstellung $f = \frac{g}{h}$ mit $h(P) \neq 0$ gibt. Der *Definitionsbereich* $\mathrm{dom}(f)$ von f ist die Menge aller Punkte, in denen f regulär ist.

Wie im affinen Fall ist $\mathrm{dom}(f)$ eine nicht-leere offene Teilmenge von V.

Definition. Der *lokale Ring* von V im Punkt P ist wie folgt definiert

$$\mathcal{O}_{V,P} := \{f \in k(V); \ f \text{ ist regulär in } P\}.$$

$\mathcal{O}_{V,P}$ ist ein lokaler Ring:

Definition. Das *maximale Ideal* von V in P ist definiert durch

$$m_{V,P} := \{f \in \mathcal{O}_{V,P};\ f(P) = 0\}.$$

In der Tat ist $m_{V,P}$ das einzige maximale Ideal, da jedes Element $g \in \mathcal{O}_{V,P}$ mit $g(P) \neq 0$ eine Einheit ist.

Ist V eine irreduzible Varietät mit $V \not\subset \{x_0 = 0\}$, so haben wir für einen Punkt $P \in V_0 = V \cap U_0$ zwei lokale Ringe $\mathcal{O}_{V_0,P}$ und $\mathcal{O}_{V,P}$ definiert, je nachdem, ob wir P als Punkt der projektiven Varietät V oder der affinen Varietät V_0 auffassen. Der Isomorphismus aus Lemma (2.15) liefert uns einen Isomorphismus

$$\mathcal{O}_{V,P} \cong \mathcal{O}_{V_0,P}.$$

Ist $P \in V$, so können wir das maximale Ideal

$$M_P := (\{f \in S(V);\ f \text{ homogen}, f(P) = 0\}) \subset S(V)$$

betrachten.

Lemma 2.17. *Es gilt*

$$\mathcal{O}_{V,P} \cong S(V)_{(M_P)}.$$

Beweis. Auch dies ist unmittelbar klar aus den Konstruktionen. $\qquad\square$

Ist $U \subset V$ eine offene Menge, also eine quasi-projektive Varietät, so führen wir wie folgt reguläre Funktionen ein:

Definition. Der *Ring der regulären Funktionen* auf U ist

$$\mathcal{O}(U) := \{f \in k(V);\ U \subset \mathrm{dom}(f)\}.$$

Bemerkung 2.18. Aufgefasst als Teilmenge von $k(V)$ gilt $\mathcal{O}(U) = \bigcap_{P \in U} \mathcal{O}_{V,P}$.

Theorem 2.19. *Ist $k = \bar{k}$ und V eine irreduzible projektive Varietät, so ist jede reguläre Funktion auf V konstant, d. h. $\mathcal{O}(V) \cong k$.*

Bevor wir den Beweis geben können, benötigen wir noch einige algebraische Vorbereitungen. Es sei auch noch auf folgenden Zusammenhang hingewiesen: Ist $V \subset \mathbb{P}^n_{\mathbb{C}}$ eine glatte projektive Varietät, so folgt das Theorem bereits aus der Aussage, dass jede holomorphe Funktion auf einer zusammenhängenden kompakten komplexen Mannigfaltigkeit konstant ist.

Es sei R ein Ring mit 1.

Definition. Ein *Modul* über R (oder *R-Modul*) ist eine abelsche Gruppe M zusammen mit einer Multiplikation

$$\begin{aligned} R \times M &\longrightarrow M \\ (r, m) &\longmapsto rm, \end{aligned}$$

so dass Folgendes gilt:

(i) $r(m_1 + m_2) = rm_1 + rm_2$

(ii) $(r_1 + r_2)m = r_1 m + r_2 m$

(iii) $(r_1 r_2)m = r_1(r_2 m)$

(iv) $1m = m$.

Spezielle Beispiele für Moduln sind Vektorräume. In diesem Fall ist der Ring R ein Körper.

Die Definition von *Untermoduln* erfolgt analog wie bei Vektorräumen. Dasselbe gilt für *Homomorphismen* von Moduln.

Definition. Ein R-Modul M heißt *endlich erzeugt*, wenn es endlich viele Elemente $m_1, \ldots, m_k$ gibt mit

$$M = Rm_1 + \ldots + Rm_k.$$

Definition. Ein R-Modul M heißt *noethersch*, wenn jeder Untermodul $U \subset M$ endlich erzeugt ist.

Lemma 2.20. *Ist R ein noetherscher Ring und M endlich erzeugt, so ist M ein noetherscher Modul.*

Beweis. Es sei $M = Rm_1 + \ldots + Rm_k$. Dann gibt es einen surjektiven Homomorphismus

$$\varphi : R^k \longrightarrow M,$$

der durch $\varphi(e_i) = m_i$ gegeben wird. Ist U ein Untermodul, dann ist auch $\varphi^{-1}(U)$ ein Untermodul. Es genügt also, diese Aussage für R^k zu beweisen.

Wir machen Induktion nach k. Ist $k = 1$, folgt die Aussage aus der Annahme, dass R ein noetherscher Ring ist. Es sei nun $U \subset R^k$, $k \geq 2$ gegeben. Dann bilden die ersten Komponenten der Vektoren $u = (u_1, \ldots, u_k) \in U$ ein Ideal I in R. Da R noethersch ist, ist dieses Ideal endlich erzeugt, also

$$I = (u_1^{(1)}, \ldots, u_1^{(l)}).$$

Wir betrachten nun Elemente $u^{(i)} \in U$ deren erste Komponente gerade $u_1^{(i)}$ ist. Dann gibt es für jedes $u \in U$ Elemente $r_1, \ldots, r_l \in R$ mit

$$u - r_1 u^{(1)} - \ldots - r_l u^{(l)} = (0, u_2^*, \ldots, u_k^*).$$

Ist $R^{k-1} \subset R^k$ der Untermodul der Elemente von R^k mit erster Komponente 0, so betrachten wir den Untermodul

$$U' = U \cap R^{k-1}.$$

Nach Induktionsvoraussetzung ist U' endlich erzeugt, etwa durch Elemente $v_1, \ldots, v_m$. Dann sind $u^{(1)}, \ldots, u^{(l)}, v_1, \ldots, v_m$ Erzeugende von U. $\qquad\square$

Beweis von Theorem 2.19. Zunächst können wir annehmen, dass V in keiner Hyperebenen $H_i = \{x_i = 0\}$ enthalten ist, da wir sonst nur $\mathbb{P}_k^n$ durch $\mathbb{P}_k^{n-1}$ ersetzen. Wir betrachten die affine Überdeckung

$$V = V_0 \cup \ldots \cup V_n.$$

Wir hatten gesehen, dass $k(V) \cong k(V_i)$ ist. Ist $f \in \mathcal{O}(V)$ regulär auf V, so ist auch $f|_{V_i}$ regulär auf V_i. Nach Theorem (1.44) (ii) ist $f|_{V_i}$ polynomial. D. h. es gibt eine Darstellung

$$(2.1) \qquad f|_{V_i} = \frac{g_i}{x_i^{N_i}}, \quad g_i \in S(V), \text{ homogen vom Grad } N_i.$$

Da V irreduzibel ist, ist $I(V)$ ein Primideal. Also ist $S(V) = k[x_0, \ldots x_n]/I(V)$ ein Integritätsring. Wir betrachten den Quotientenkörper

$$L := \mathrm{Quot}\, S(V) = k(V^a),$$

wobei V^a der affine Kegel über V ist. Dann liegen $\mathcal{O}(V)$, $k(V)$ und $S(V)$ in L. Wegen (1) gilt

$$x_i^{N_i} f \in S_{N_i}(V),$$

wobei $S_d(V)$ den homogenen Anteil vom Grad d des graduierten Rings $S(V)$ bezeichnet. Wir wählen nun $N \geq \sum N_i$. Dann ist $S_N(V)$ ein endlich-dimensionaler k-Vektorraum. In jedem Monom in $S_N(V)$ kommt mindestens ein $x_i^{N_i}$ vor. Also gilt

$$S_N(V)f \subset S_N(V).$$

Durch Induktion erhalten wir

$$S_N(V)f^q \subset S_N(V) \qquad \text{für } q \geq 1.$$

Insbesondere gilt

$$x_0^N f^q \in S_N(V) \qquad \text{für } q \geq 1,$$

also

$$S(V)[f] \subset x_0^{-N} S(V) \subset L.$$

Nun ist $x_0^{-N} S(V)$ ein endlich erzeugter $S(V)$-Modul. Nach Lemma (2.20) ist auch der Ring $S(V)[f]$ endlich erzeugt über $S(V)$. Nach Lemma (1.14) (ii) ist f ganz über $S(V)$, d. h. erfüllt eine Gleichung der Form

$$f^m + a_{m-1}f^{m-1} + \ldots + a_1 f + a_0 = 0 \qquad (a_i \in S(V)).$$

Da f homogen vom Grad 0 ist, können wir dies auch für die a_i annehmen, da man a_i durch die Grad 0 Komponente von a_i ersetzen kann. Also ist $a_i \in S_0(V) = k$. Folglich ist f algebraisch über k, und da $k = \bar{k}$ angenommen wurde, folgt $f \in k$.

$\qquad\square$

2.3.3   Rationale Abbildungen.   Es sei nun V eine irreduzible projektive Varietät.

Definition.

(i) Eine *rationale Abbildung* $f : V \dashrightarrow \mathbb{A}_k^m$ ist ein m-Tupel $f = (f_1, \ldots, f_m)$ von rationalen Funktionen $f_1, \ldots, f_m \in k(V)$. Der Definitionsbereich von f ist $\mathrm{dom}(f) = \bigcap_{i=1}^m \mathrm{dom}(f_i)$. Auf dieser Menge ist f eine wohldefinierte Abbildung mit $f(P) = (f_1(P), \ldots, f_m(P))$.

(ii) Eine *rationale Abbildung* $f : V \dashrightarrow W \subset \mathbb{A}_k^m$ ist eine rationale Abbildung $f : V \dashrightarrow \mathbb{A}_k^m$ mit $f(\mathrm{dom}(f)) \subset W$.

Nun sei V eine irreduzible projektive oder affine Varietät.

Definition.   Eine *rationale Abbildung* $f : V \dashrightarrow \mathbb{P}_k^m$ ist gegeben durch $f(P) = (f_0(P) : \ldots : f_m(P))$ für rationale Funktionen $f_0, \ldots, f_m \in k(V)$. Ist $0 \neq g \in k(V)$, so definieren $(f_0, \ldots, f_m)$ und $(gf_0, \ldots, gf_m)$ dieselbe rationale Abbildung.

Definition.   Eine rationale Abbildung $f : V \dashrightarrow \mathbb{P}_k^m$ ist *regulär* im Punkt P, falls es eine Darstellung $f = (f_0 : \ldots : f_m)$ gibt, so dass gilt:

(i) P ist regulär für alle f_i.

(ii) Es gibt ein i mit $f_i(P) \neq 0$.

Definition.   Eine *rationale Abbildung* $f : V \dashrightarrow W \subset \mathbb{P}_k^m$ ist eine rationale Abbildung $f : V \dashrightarrow \mathbb{P}_k^m$ mit $f(\mathrm{dom}(f)) \subset W$, wobei $\mathrm{dom}(f)$ der Definitionsbereich, d. h. die Menge aller regulären Punkte von f ist.

Es seien nun V_1, V_2 irreduzible affine oder projektive Varietäten und $U_1 \subset V_1$, bzw. $U_2 \subset V_2$ offene Mengen.

Definition.

(i) Ein *Morphismus* $f : U_1 \to U_2$ ist eine rationale Abbildung $f : V_1 \dashrightarrow V_2$ mit $U_1 \subset \mathrm{dom}(f)$ und $f(U_1) \subset U_2$.

(ii) Ein Morphismus $f : U_1 \to U_2$ ist ein *Isomorphismus*, falls es einen Morphismus $g : U_2 \to U_1$ gibt mit $g \circ f = \mathrm{id}_{U_1}$ und $f \circ g = \mathrm{id}_{U_2}$.

Beispiel 2.21. Wir betrachten die *rationale Normkurve*

$$\varphi : \quad \begin{array}{rcl} \mathbb{P}_k^1 & \to & \mathbb{P}_k^n \\ \varphi(t_0 : t_1) & = & (t_0^n : t_0^{n-1} t_1 : \ldots : t_1^n). \end{array}$$

Es gilt

$$\varphi(t_0 : t_1) = \left(\left(\frac{t_0}{t_1}\right)^n : \left(\frac{t_0}{t_1}\right)^{n-1} : \ldots : 1 \right) = \left(1 : \left(\frac{t_1}{t_0}\right) : \ldots : \left(\frac{t_1}{t_0}\right)^n \right).$$

Dies zeigt zugleich, dass die Abbildung rational und überall regulär ist.

Wir betrachten ein weiteres Mal die Abbildungen

$$i_l: \qquad \mathbb{A}_k^n \longrightarrow U_l = \{x_l \neq 0\} \subset \mathbb{P}_k^n$$
$$(x_1, \ldots, x_l) \longmapsto (x_1 : \ldots : x_{l-1} : 1 : x_l : \ldots : x_n)$$

bzw.

$$j_l: \qquad\qquad U_l \longrightarrow \mathbb{A}_k^n$$
$$(x_0 : \ldots : x_{l-1} : x_l : \ldots : x_n) \longmapsto \left(\frac{x_0}{x_l}, \ldots, \frac{x_{l-1}}{x_l}, \frac{x_{l+1}}{x_l}, \ldots, \frac{x_n}{x_l}\right).$$

Wir haben in Satz (2.12) gesehen, dass j_l ein Homöomorphismus ist. Es gilt zudem

Satz 2.22. $j_l : U_l \longrightarrow \mathbb{A}_k^n$ *ist ein Isomorphismus.*

Beweis. i_l und j_l sind zueinander inverse Morphismen. $\qquad\qquad\square$

2.3.4 Birationale Abbildungen. V, W seien irreduzible affine oder projektive Varietäten.

Definition.

(i) Eine rationale Abbildung $f : V \dashrightarrow W$ heißt *birational* (oder eine *birationale Äquivalenz*), falls es eine rationale Abbildung $g : W \dashrightarrow V$ gibt mit $f \circ g = \mathrm{id}_W$ und $g \circ f = \mathrm{id}_V$.

(ii) Zwei Varietäten V und W heißen *birational äquivalent*, falls es eine birationale Äquivalenz $f : V \dashrightarrow W$ gibt.

Theorem 2.23. *Für eine rationale Abbildung $f : V \dashrightarrow W$ sind die folgenden Aussagen äquivalent:*

(i) *f ist birational.*

(ii) *f ist dominant und $f^* : k(W) \to k(V)$ ist ein Isomorphismus.*

(iii) *Es gibt offene Mengen $V_0 \subset V$ und $W_0 \subset W$, so dass $f|_{V_0} : V_0 \to W_0$ ein Isomorphismus ist.*

Beweis. Die Äquivalenz von (i) und (ii) beweist man genau wie in Theorem (1.51). Die Aussage (iii)$\Rightarrow$(i) ist auch klar, da der zu $f|_{V_0} : V_0 \to W_0$ inverse Morphismus $g : W_0 \to V_0$ nach Definition eine rationale Abbildung $g : W \dashrightarrow V$ ist. Dann sind $g \circ f : V \dashrightarrow V$ und $f \circ g : W \dashrightarrow W$ rationale Abbildungen, die auf V_0, bzw. W_0 die Identität sind. Da V_0 und W_0 dicht liegen, folgt, dass $g \circ f = \mathrm{id}_V$ und $f \circ g = \mathrm{id}_W$ gilt.

Es bleibt die Implikation (i)$\Rightarrow$(iii) zu zeigen. Es sei $g : W \dashrightarrow V$ eine zu f inverse rationale Abbildung. Wir setzen $V' := \mathrm{dom}(f)$ und $W' = \mathrm{dom}(g)$. Dann sind $\varphi = f|_{V'} : V' \to W$ und $\psi := g|_{W'} : W' \to V$ Morphismen. Wir haben nun das Diagramm

$$
\begin{array}{ccccc}
W & \xrightarrow{\ g\ } & V & \xrightarrow{\ f\ } & W \\
\uparrow & & \uparrow & & \| \\
\psi^{-1}(V') & \xrightarrow{\ \psi\ } & V' & \xrightarrow{\ \varphi\ } & W. \\
\downarrow & & & & \\
W & & \mathrm{id}_W & &
\end{array}
$$

Da $f \circ g = \mathrm{id}_W$ als rationale Abbildungen, gilt

$$\varphi(\psi(P)) = P \qquad \text{für alle } P \in \psi^{-1}(V'),$$

d. h. dieses Diagramm kommutiert. Es seien nun $V_0 := \varphi^{-1}(\psi^{-1}(V'))$, $W_0 := \psi^{-1}(\varphi^{-1}(W'))$. Dann ist $\varphi : V_0 \to \psi^{-1}(V')$ ein Morphismus. Für $P \in \psi^{-1}(V')$ gilt $\varphi(\psi(P)) = P$, also $P \in \psi^{-1}(\varphi^{-1}(W')) = W_0$. Damit gilt $\psi^{-1}(V') \subset W_0$. Damit ist $\varphi : V_0 \to W_0$ ein Morphismus und analog zeigt man, dass $\psi : W_0 \to V_0$ ein Morphismus ist. Offensichtlich sind φ und ψ zueinander invers. $\qquad \square$

Für das Verständnis der Aussage in Theorem (2.23) (iii) sei daran erinnert, dass in der Zariski-Topologie nicht-leere offene Mengen von irreduziblen Varietäten dicht sind.

Der allgemeinste Begriff von Varietät, den wir bisher kennengelernt haben, ist der der quasi-projektiven Varietät. Jede projektive, affine oder quasi-affine Varietät kann insbesondere als quasi-projektive Varietät aufgefasst werden. Wir können Theorem (2.23) in der Sprache von Kategorien wie folgt formulieren:

Korollar 2.24. *Die Zuordnung $V \mapsto k(V)$, bzw. $(f : V \dashrightarrow W) \mapsto (f^* : k(W) \to k(V))$ definiert eine kontravariante Äquivalenz zwischen der Kategorie der irreduziblen quasi-projektiven Varietäten mit dominanten rationalen Abbildungen als Morphismen und der Kategorie der endlich erzeugten k-Körpererweiterungen mit k-Körperhomomorphismen.*

Beweis. Es ist noch zu erwähnen, dass jede endlich erzeugte Körpererweiterung K von k isomorph zum Funktionenkörper einer Varietät ist. Es seien dazu $y_1, \ldots, y_n \in K$ Erzeuger der Körpererweiterung. Dann ist der Ring $k[y_1, \ldots, y_n] \subset K$ isomorph zum Koordinatenring einer affinen Varietät V mit $k(V) \cong K$. $\qquad \square$

Behandelt man ein Klassifikationsproblem in der algebraischen Geometrie, so kann man Varietäten entweder bis auf birationale Äquivalenz (Grobklassifikation) oder Isomorphie (Feinklassifikation) zu klassifizieren versuchen. Da viele Eigenschaften einer Varietät unter birationaler Äquivalenz erhalten bleiben, ist es oft sinnvoll, sich auf birationale Klassifikation zu beschränken. Die birationale Klassifikation von Flächen spielte eine große Rolle in der Entwicklung der algebraischen Geometrie durch die klassische italienische Schule.

Am Ende von Abschnitt 1.1.6 haben wir gesagt, dass aus der Noether-Normalisierung folgt, dass jede irreduzible Varietät „fast" isomorph zu einer Hyperfläche ist. Wir sind nun in der Lage, diese Aussage präzise zu machen.

Satz 2.25. *Jede quasi-projektive irreduzible Varietät ist birational äquivalent zu einer affinen Hyperfläche.*

Beweis. Da jede quasi-projektive Varietät birational äquivalent zu einer affinen Varietät ist, genügt es, sich auf diesen Fall zu beschränken. Es sei also $V \subset \mathbb{A}_k^n$ eine irreduzible affine Varietät. Nach Korollar (1.26) gibt es Elemente $y_1, \ldots, y_{m+1} \in k[V]$, so dass Folgendes gilt: $y_1, \ldots, y_m$ sind algebraisch unabhängig und die Körpererweiterung $k(y_1, \ldots, y_m) \subset k(V)$ ist algebraisch und wird von dem Element y_{m+1} erzeugt. Wir betrachten das Minimalpolynom

$$y_{m+1}^N + a_1 y_{m+1}^{N-1} + \ldots + a_N = 0 \qquad (a_i \in k(y_1, \ldots, y_m))$$

von y_{m+1} über $k(y_1, \ldots, y_m)$. Nach Multiplizieren mit dem Hauptnenner erhalten wir eine irreduzible Gleichung

$$b_0 y_{m+1}^N + b_1 y_{m+1}^{N-1} + \ldots + b_N = 0 \qquad (b_i \in k[y_1, \ldots, y_m]).$$

Diese Gleichung definiert eine irreduzible Hyperfläche $W \subset \mathbb{A}_k^{m+1}$ mit $k(W) \cong k(V)$. Die Aussage folgt daher aus Theorem (2.23). $\square$

Definition. Eine quasi-projektive Varietät V heißt *rational*, falls V birational äquivalent zu $\mathbb{A}_k^n$ (oder $\mathbb{P}_k^n$) ist.

Satz 2.26. *Die folgenden Aussagen sind äquivalent:*

(i) *V ist rational.*

(ii) *$k(V) \cong k(x_1, \ldots, x_n)$*

(iii) *Es gibt offene Mengen $V_0 \subset V$ und $U_0 \subset \mathbb{A}_k^n$, die zueinander isomorph sind.*

Beweis. Sofort aus Theorem (2.23). $\square$

Beispiel 2.27. Wir haben bereits gesehen, dass die Kurven

$$\begin{aligned} C_0 : \quad y^2 &= x^3 & \text{(Neilsche Parabel)} \\ C_1 : \quad y^2 &= x^3 + x^2 \end{aligned}$$

rational sind. Dagegen sind die Kurven

$$C_\lambda : y^2 = x(x-1)(x-\lambda) \qquad (\lambda \neq 0, 1)$$

nicht rational. Ein weiteres Beispiel für eine rationale Varietät ist die Quadrik $Q \subset \mathbb{P}_k^3$, wie wir im unten stehenden Beispiel sehen werden. Später werden wir Rationalität von kubischen Flächen behandeln.

Wir schließen diesen Abschnitt mit einigen Beispielen von birationalen Abbildungen ab.

Beispiel 2.28. Die Abbildung

$$f : \mathbb{A}_k^1 \rightarrow C = \{(x,y) \in \mathbb{A}_k^2;\ y^2 - x^3 = 0\}$$
$$t \mapsto (t^2, t^3)$$

ist eine birationale Abbildung, aber kein Isomorphismus (da die Koordinatenringe von $\mathbb{A}_k^1$ und C nicht isomorph sind). Die Einschränkung

$$f_0 := f_{\mathbb{A}_k^1 \setminus \{0\}} : \mathbb{A}_k^1 \setminus \{0\} \rightarrow C \setminus \{0\}.$$

ist dagegen ein Isomorphismus zwischen Zariski-offenen Mengen.

Beispiel 2.29. Rationale Abbildungen treten sehr oft bei *Projektionen* in projektiven Räumen auf. Die Abbildung

$$\pi := (x_1 : \ldots : x_n) : \quad \mathbb{P}_k^n \dashrightarrow \mathbb{P}_k^{n-1}$$

ist eine rationale Abbildung, die überall auf $\mathbb{P}_k^n$ mit Ausnahme des Punktes $P_0 = (1 : 0 : \ldots : 0)$ definiert ist. Man nennt π die *Projektion* von P_0. Identifiziert man $\mathbb{P}_k^{n-1}$ mit $\{x_0 = 0\}$ in $\mathbb{P}_k^n$, so ist $\pi(P)$ gerade der Durchschnitt der Geraden $\overline{P_0 P}$ mit $\mathbb{P}_k^{n-1}$:

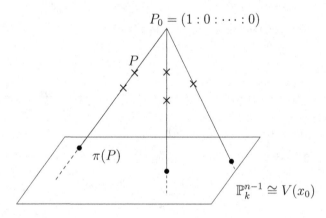

Bild 4: Projektion von P_0

Wir betrachten nun die Quadrik

$$Q = \{x_0 x_3 - x_1 x_2 = 0\}.$$

Dann liegt $P_0 = (1 : 0 : 0 : 0)$ auf Q und die Einschränkung der Projektion π ist eine rationale Abbildung

$$p = \pi|_Q : Q \dashrightarrow \mathbb{P}_k^2.$$

Diese Abbildung ist birational mit Umkehrabbildung

$$q : \qquad \mathbb{P}_k^2 \quad \dashrightarrow \quad Q$$
$$q(x_1 : x_2 : x_3) \quad = \quad \left(\tfrac{x_1 x_2}{x_3} : x_1 : x_2 : x_3\right) = (x_1 x_2 : x_1 x_3 : x_2 x_3 : x_3^2).$$

Die Abbildung q ist überall definiert mit Ausnahme der Punkte $(1 : 0 : 0)$ und $(0 : 1 : 0)$.

Beispiel 2.30. Die Abbildung

$$\varphi : \mathbb{P}_k^2 \dashrightarrow \mathbb{P}_k^2$$
$$\varphi(x_0 : x_1 : x_2) = (x_1 x_2 : x_0 x_2 : x_0 x_1) = \left(\tfrac{1}{x_0} : \tfrac{1}{x_1} : \tfrac{1}{x_2}\right)$$

ist birational mit $\varphi = \varphi^{-1}$. Die Abbildung φ ist in den Punkten $(1 : 0 : 0), (0 : 1 : 0), (0 : 0 : 1)$ nicht definiert und kontrahiert die Geraden $\{x_i = 0\}$ zu Punkten. Eine birationale Abbildung des $\mathbb{P}_k^2$ in sich heißt eine *Cremona-Transformation*.

2.3.5 Produkte. Wir haben bereits die Existenz von Produkten affiner Varietäten untersucht. Für projektive Varietäten ist die Situation etwas komplizierter.

Wir betrachten hierzu die *Segre-Abbildung*

$$s_{n,m} : \mathbb{P}_k^n \times \mathbb{P}_k^m \quad \to \quad \mathbb{P}_k^N \qquad (N = (n+1)(m+1) - 1)$$
$$s_{n,m}((x_0 : \ldots : x_n), (y_0 : \ldots : y_m)) \quad = \quad (x_0 y_0 : x_0 y_1 : \ldots : x_0 y_m : x_1 y_0 : \ldots : x_n y_m).$$

Diese Abbildung ist wohldefiniert. Das Bild

$$\Sigma_{n,m} := s_{n,m}(\mathbb{P}_k^n \times \mathbb{P}_k^m)$$

heißt *Segre-Varietät*.

Lemma 2.31. *Die Abbildung* $s_{n,m} : \mathbb{P}_k^n \times \mathbb{P}_k^m \to \Sigma_{n,m}$ *ist bijektiv und* $\Sigma_{n,m}$ *ist eine projektive Varietät in* $\mathbb{P}_k^N$.

Beweis. Wir bezeichnen die Koordinaten auf $\mathbb{P}_k^N$ mit $z_{ij}, 0 \leq i \leq n, 0 \leq j \leq m$. Dann erfüllen die Punkte in $\Sigma_{n,m}$ offensichtlich die homogenen Gleichungen

$$z_{ik} z_{jl} - z_{il} z_{jk} = 0 \quad (i, j = 0, \ldots, n; \ k, l = 0, \ldots, m).$$

Es sei Z die durch diese Gleichungen beschriebene Varietät. Offensichtlich ist $\Sigma_{n,m} \subset Z$. Wir behaupten, dass es zu jedem Punkt $R \in Z$ genau ein Paar

$(P, Q) \in \mathbb{P}_k^n \times \mathbb{P}_k^m$ mit $s_{n,m}(P, Q) = R$ gibt. Dann folgt, dass $\Sigma_{n,m} = Z$ und $s_{n,m}$ bijektiv auf das Bild ist. Es sei $R = (z_{00}^0 : z_{01}^0 : \dots : z_{nm}^0)$. Ohne Einschränkung nehmen wir an, dass $z_{00}^0 \neq 0$, bzw. $z_{00}^0 = 1$ ist. Die anderen Fälle könne analog behandelt werden. Wir setzen

$$
\begin{aligned}
Q &:= (1 : z_{01}^0 : \dots : z_{0m}^0) \in \mathbb{P}_k^m \\
P &:= (1 : z_{10}^0 : \dots : z_{n0}^0) \in \mathbb{P}_k^n.
\end{aligned}
$$

Wegen

$$
z_{i0}^0 z_{0j}^0 = z_{00}^0 z_{ij}^0 = z_{ij}^0
$$

gilt

$$
s_{n,m}((P, Q)) = R
$$

und man sieht auch sofort, dass (P, Q) das eindeutig bestimmte Paar ist, das unter der Abbildung $s_{n,m}$ auf R abgebildet wird.   □

Lemma 2.32. $\Sigma_{n,m}$ *ist irreduzibel.*

Beweis. Die Projektionen von $\mathbb{P}_k^n \times \mathbb{P}_k^m$ auf $\mathbb{P}_k^n$ bzw. $\mathbb{P}_k^m$ definieren ein kommutatives Diagramm

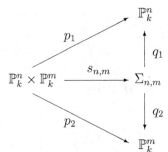

Man sieht sofort, dass die Abbildungen $s_{n,m}^Q : \mathbb{P}_k^n \times \{Q\} \to \Sigma_{n,m}$, bzw. $s_{n,m}^P : \{P\} \times \mathbb{P}_k^m \to \Sigma_{n,m}$ Isomorphismen auf projektive Unterräume von $\mathbb{P}_k^N$ sind. Der Beweis von Lemma (2.31) zeigt auch, dass die Abbildungen q_i Morphismen sind. Die Fasern der Abbildungen q_i sind also projektive Varietäten, die isomorph zu $\mathbb{P}_k^m$, bzw. $\mathbb{P}_k^n$ sind. Insbesondere sind sie irreduzibel. Die Irreduzibilität von $\Sigma_{n,m}$ kann dann genauso wie im Beweis von Satz (1.42) (ii) bewiesen werden.   □

Im Folgenden identifizieren wir $\mathbb{P}_k^n \times \mathbb{P}_k^m$ mittels der Segre-Abbildung $s_{n,m}$ mit $\Sigma_{n,m}$. Auf diese Weise können wir $\mathbb{P}_k^n \times \mathbb{P}_k^m$ als irreduzible projektive Varietät auffassen.

Beispiel 2.33. Wir hatten bereits die Abbildung

$$
\begin{aligned}
s_{1,1} : \quad \mathbb{P}_k^1 \times \mathbb{P}_k^1 &\longrightarrow \mathbb{P}_k^3 \\
((x_0 : x_1), (y_0 : y_1)) &\longmapsto (x_0 y_0 : x_0 y_1 : x_1 y_0 : x_1 y_1)
\end{aligned}
$$

betrachtet. In diesem Fall ist $\Sigma_{1,1}$ die Quadrik

$$\Sigma_{1,1} = Q = \{z_{00}z_{11} - z_{01}z_{10} = 0\}.$$

Satz 2.34. (i) *Sind V, W projektive Varietäten, so ist auch $V \times W$ eine projektive Varietät.*

(ii) *Sind V, W irreduzibel, dann auch $V \times W$.*

Beweis.

(i) Es seien $V \subset \mathbb{P}^n_k$, $W \subset \mathbb{P}^m_k$ gegeben durch homogene Gleichungen

$$V : \quad f_i(x_0, \ldots, x_n) = 0 \qquad i = 1, \ldots, r$$
$$W : \quad g_j(y_0, \ldots, y_m) = 0 \qquad j = 1, \ldots, s.$$

Es sei d_i der Grad von f_i und e_j der Grad von g_j. Dann kann man die Menge $V \times W \subset \mathbb{P}^n \times \mathbb{P}^m$ als Nullstellenmenge der Polynome

$$F_{ik} = f_i y_k^{d_i} \qquad i = 1, \ldots r, \quad k = 0, \ldots, m$$
$$G_{jl} = g_j x_l^{e_j} \qquad j = 1, \ldots s, \quad l = 0, \ldots, n$$

beschreiben. Die F_{ik}, bzw. G_{jl} kann man als homogene Polynome $F_{ik} = F_{ik}(z_{\mu k})$, bzw. $G_{jl} = G_{jl}(z_{l\nu})$ betrachten. Zusammen mit den Gleichungen $z_{\mu\nu}z_{\rho\sigma} - z_{\mu\sigma}z_{\rho\nu} = 0$ erhalten wir ein homogenes Gleichungssystem für die Menge $V \times W \subset \mathbb{P}^N_k$.

(ii) Die Irreduzibilität beweist man genau wie beim Beweis von Lemma (2.31).

$\square$

In der Tat ist $V \times W$ ein Produkt in der Kategorie der projektiven Varietäten. Man beachte, dass $V \times W$ nicht die Produkttopologie trägt. Analog erhält man Produkte von quasi-projektiven Varietäten.

2.3.6 Aufblasungen. Als ein weiteres Beispiel für birationale Abbildungen betrachten wir die Aufblasung der Ebene in einem Punkt.

Wir betrachten die Menge

$$V := \{((x, y), (t_0 : t_1)) \in \mathbb{A}^2_k \times \mathbb{P}^1_k; \ xt_1 - yt_0 = 0\}.$$

Dies ist eine quasi-projektive Varietät. Projektion auf den Faktor $\mathbb{A}^2_k$ definiert einen Morphismus

$$\pi : V \longrightarrow \mathbb{A}^2_k.$$

Die Abbildung π ist surjektiv, und es gilt

$$\pi^{-1}((x, y)) = \begin{cases} \{(0, 0)\} \times \mathbb{P}^1_k, & \text{falls } (x, y) = (0, 0) \\ ((x, y), (x : y)) & \text{sonst.} \end{cases}$$

Die Faser $E = \pi^{-1}((0,0))$ ist also eine projektive Gerade und heißt die *exzeptionelle Gerade*.

Die Abbildung π ist birational mit Umkehrabbildung

$$\pi^{-1} : \quad \begin{aligned} \mathbb{A}_k^2 &\dashrightarrow V \\ \pi^{-1}(x,y) &= ((x,y),(x:y)). \end{aligned}$$

Diese Abbildung ist im Ursprung nicht regulär.

Die affine Überdeckung $\mathbb{P}_k^1 = U_0 \cup U_1$ mit $U_i = \{t_i \neq 0\}$ definiert eine Überdeckung

$$V = V_0 \cup V_1, \quad V_i \subset \mathbb{A}_k^2 \times \mathbb{A}_k^1,$$

wobei

$$V_0 : xt_1 - y = 0, \quad V_1 : x - yt_0 = 0.$$

V_0 und V_1 sind beide isomorph zu $\mathbb{A}_k^2$, wobei wir die Koordinaten x, t_1 für V_0 und y, t_0 für V_1 verwenden können.

Wir betrachten Geraden in $\mathbb{A}_k^2$ durch den Ursprung

$$L_{\lambda,\mu} : \lambda x - \mu y = 0.$$

Dann ist

$$\begin{aligned} \pi^{-1}(L_{\lambda,\mu}) \cap V_0 : \quad xt_1 - y &= \lambda x - \mu y = 0 \\ \pi^{-1}(L_{\lambda,\mu}) \cap V_1 : \quad x - yt_0 &= \lambda x - \mu y = 0. \end{aligned}$$

Unter Verwendung der Koordinaten x, t_1 auf V_0, bzw. y, t_0 auf V_1 erhalten wir

$$\begin{aligned} \pi^{-1}(L_{\lambda,\mu}) \cap (V_0 \cong \mathbb{A}_k^2) : \quad x(\lambda - \mu t_1) &= 0 \\ \pi^{-1}(L_{\lambda,\mu}) \cap (V_1 \cong \mathbb{A}_k^2) : \quad y(\lambda t_0 - \mu) &= 0. \end{aligned}$$

Die exzeptionelle Gerade E ist durch $x = 0$, bzw. $y = 0$ gegeben. Also erhalten wir, dass das Urbild von $L_{\lambda,\mu}$ in V wie folgt aussieht:

$$\pi^{-1}(L_{\lambda,\mu}) = E \cup L'_{\lambda,\mu},$$

wobei $L'_{\lambda,\mu}$ zu $L_{\lambda,\mu}$ isomorph ist. Ferner gilt, dass

$$L'_{\lambda,\mu} \cap E = (\mu : \lambda) \in \mathbb{P}_k^1.$$

Wir sehen also, dass die Punkte von E genau den Richtungen in der Ebene $\mathbb{A}_k^2$ entsprechen.

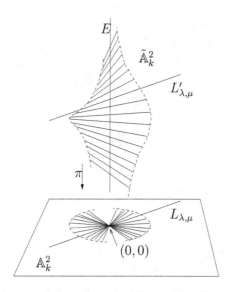

Bild 5: Aufblasung der Ebene in einem Punkt.

Beispiel 2.35. Zum Abschluss betrachten wir noch die Kurve

$$C : y^2 = x^3 + x^2,$$

die im Ursprung einen Doppelpunkt hat. Dieselbe Rechnung wie eben liefert

$$\pi^{-1}(C) \cap V_0 : \qquad x^2(x + 1 - t_1^2) = 0$$
$$\pi^{-1}(C) \cap V_1 : \qquad y^2(yt_0^3 + t_0^2 - 1) = 0.$$

Das Urbild enthält also die exzeptionelle Gerade (doppelt gezählt) und eine weitere Kurve C':

$$\pi^{-1}(C) = E \cup C'$$

und es gilt

$$C' \cap E = \{(1 : 1), (1 : -1)\}.$$

Diese beiden Punkte entsprechen den beiden Tangentenrichtungen von C im Ursprung. Die Kurve C' ist „glatt". (Wir werden dies im nächsten Kapitel mathematisch exakt formulieren.) Man nennt C' die *strikte Transformierte* der Kurve C und sagt auch, dass der Doppelpunkt von C in C' aufgelöst wird. Die Kurve C' ist birational äquivalent zu C, nicht aber isomorph zu C.

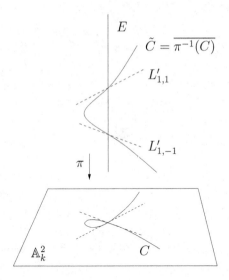

Bild 6: Strikte Transformierte einer Kubik mit Doppelpunkt

Übungsaufgaben zu Kapitel 2

2.1   Zeigen Sie, dass die rationale Normkurve vom Grad 3, die in Beispiel (2.6) definiert wurde, nicht als Durchschnitt zweier Quadriken geschrieben werden kann.

2.2   Diskutieren Sie den Unterschied zwischen affinen und projektiven Quadriken an folgenden Beispielen. Wir betrachten die reellen affinen Quadriken

$$
\begin{aligned}
Q_1 &:= \{x^2 + y^2 = 1\} \quad \text{(Kreis)} \\
Q_2 &:= \{x^2 - y^2 = 1\} \quad \text{(Hyperbel)} \\
Q_3 &:= \{x^2 - y = 0\} \quad \text{(Parabel)} \\
Q_4 &:= \{x^2 - y^2 = 0\} \quad \text{(sich schneidende Geraden)} \\
Q_5 &:= \{x^2 = 1\} \quad \text{(parallele Geraden)}.
\end{aligned}
$$

Es seien $\overline{Q}_1, \ldots, \overline{Q}_5$ die projektiven Abschlüsse dieser Quadriken.

(a) Skizzieren Sie $Q_1, \ldots, Q_5$.

(b) Bestimmen Sie die Schnittmenge von $\overline{Q}_1, \ldots, \overline{Q}_5$ mit der Geraden im Unendlichen.

(c) Zeigen Sie, dass $\overline{Q}_1$, $\overline{Q}_2$ und $\overline{Q}_3$ durch projektive Transformationen ineinander überführt werden können.

(d) Gilt dasselbe für $\overline{Q}_4$ und $\overline{Q}_5$?

2.3 Beweisen Sie Lemma (2.8).

2.4 Zeigen Sie, dass jeder Morphismus $f : X \to Y$ einer projektiven Varietät in eine affine Varietät konstant ist, d.h. X auf einen Punkt abbildet.

2.5 Es sei X die durch $x_0 x_2 = x_1^2$ definierte Varietät in $\mathbb{P}_k^2$. Bestimmen Sie $\mathrm{dom}(f)$ für die rationale Funktion $f = \frac{x_0}{x_1}$.

2.6 Gegeben sei der Morphismus

$$\varphi : \quad \begin{array}{ccc} \mathbb{P}_k^1 & \to & \mathbb{P}_k^2, \\ (x_0 : x_1) & \mapsto & (x_0^2 : x_0 x_1 : x_1^2). \end{array}$$

Es sei $Y := \varphi(\mathbb{P}_k^1)$. Zeigen Sie, dass $\mathbb{P}_k^1$ und Y isomorphe projektive Varietäten sind, dass aber die homogenen Koordinatenringe $S(\mathbb{P}_k^1)$ und $S(Y)$ nicht isomorph sind.

2.7 Zeigen Sie, dass die Produktvarietät $\mathbb{P}_k^n \times \mathbb{P}_k^m$ birational zu $\mathbb{P}_k^{m+n}$ und damit eine rationale Varietät ist.

2.8 Gegeben sei die projektive Varietät

$$X = \left\{ (x_0 : x_1 : x_2 : x_3 : x_4); \ \mathrm{Rang} \begin{pmatrix} x_0 & x_1 & x_2 \\ x_3 & x_2 & x_4 \end{pmatrix} < 2 \right\} \subset \mathbb{P}_k^4.$$

(a) Zeigen Sie, dass es einen Morphismus $\varphi : X \to \mathbb{P}_k^2$ gibt, der auf der durch $(x_0, x_1, x_2) \neq (0,0,0)$ gegebenen offenen Menge von X mit der Projektion $(x_0 : x_1 : x_2 : x_3 : x_4) \mapsto (x_0 : x_1 : x_2)$ übereinstimmt.

(b) Bestimmen Sie für jeden Punkt $P \in \mathbb{P}_k^2$ das Urbild $\varphi^{-1}(P)$.

2.9 Es seien f_k und f_{k-1} teilerfremde, homogene Polynome vom Grad k bzw. $k-1$ in n Variablen. Zeigen Sie, dass die Varietät

$$X := \{ (x_0 : \ldots : x_n); \ f_k(x_1, \ldots, x_n) + x_0 f_{k-1}(x_1, \ldots, x_n) = 0 \} \subset \mathbb{P}_{\mathbb{C}}^n$$

eine rationale Varietät ist.

2.10 (a) Zeigen Sie, dass $\mathbb{A}_k^2 \setminus \{(0,0)\}$ weder zu einer affinen, noch zu einer projektiven Varietät isomorph ist.

(b) Zeigen Sie, dass $\mathbb{P}_k^2 \setminus \{(1:0:0)\}$ weder zu einer affinen, noch zu einer projektiven Varietät isomorph ist.

2.11 Zeigen Sie, dass jeder Isomorphismus $f : \mathbb{P}_{\mathbb{C}}^1 \to \mathbb{P}_{\mathbb{C}}^1$ eine projektive Transformation ist (d.h. durch einen linearen Automorphismus $\mathbb{C}^2 \to \mathbb{C}^2$ induziert wird).

2.12   Es seien X, Y irreduzible quasi-projektive Varietäten. Zeigen Sie: Ein Mor-
       phismus $f : X \rightarrow Y$ ist genau dann ein Isomorphismus, wenn f ein
       Homöomorphismus (bezüglich der Zariski-Topologie) ist, und wenn für je-
       den Punkt $P \in X$ der Homomorphismus $f^* : \mathcal{O}_{Y, f(P)} \rightarrow \mathcal{O}_{X, P}$, $f^*(g) = g \circ f$
       ein Isomorphismus ist.

Kapitel 3

Glatte Punkte und Dimension

In diesem Abschnitt wollen wir glatte und singuläre Punkte einer Varietät definieren, sowie die Dimension einer Varietät erklären.

3.1 Glatte und singuläre Punkte

3.1.1 Der Tangentialraum einer Hyperfläche an einem Punkt. Wir betrachten zunächst eine irreduzible affine Hyperfläche

$$V = V(f) = \{(x_1, \ldots, x_n) \in \mathbb{A}_k^n; \ f(x_1, \ldots, x_n) = 0\},$$

wobei $f \in k[x_1, \ldots, x_n]$ ein irreduzibles, nicht-konstantes Polynom ist.

Definition. Es sei $P = (a_1, \ldots, a_n) \in V$. Der *Tangentialraum* an V im Punkt P ist definiert durch

$$T_P V = \left\{ (x_1, \ldots, x_n) \in \mathbb{A}_k^n; \ \sum_{i=1}^n \frac{\partial f}{\partial x_i}(P)(x_i - a_i) = 0 \right\}.$$

Hierbei bezeichnet $\frac{\partial f}{\partial x_i}$ die (formale) Ableitung von f nach x_i. Der Raum $T_P V$ ist ein affiner Unterrraum von $\mathbb{A}_k^n$ mit $P \in T_P V$. In der Literatur wird auch oft der zu $T_P V$ parallele lineare Unterraum als der Tangentialraum an V in P bezeichnet. Die Bezeichnung Tangentialraum wird durch das folgende Lemma gerechtfertigt.

Lemma 3.1. *Es sei $L \subset \mathbb{A}_k^n$ eine affine Gerade durch den Punkt P. Dann hat $f|_L$ genau dann eine mehrfache Nullstelle im Punkt P, wenn $L \subset T_P V$.*

Beweis. Wir parametrisieren die Gerade durch

$$L : \ x_i = a_i + b_i t,$$

wobei $P = (a_1, \ldots, a_n)$ und $(b_1, \ldots, b_n)$ ein Richtungsvektor von L ist. Es sei $g := f|_L$, d. h.

$$g(t) = f(a_1 + b_1 t, \ldots, a_n + b_n t).$$

Da $P = (a_1, \ldots, a_n) \in V$, ist

$$g(0) = f(P) = 0.$$

Also gilt, dass g genau dann eine mehrfache Nullstelle in 0 hat, wenn

$$\frac{\partial g}{\partial t}(0) = 0 \Leftrightarrow \sum_{i=1}^{n} b_i \frac{\partial f}{\partial x_i}(P) = 0 \Leftrightarrow L \subset T_P V,$$

wobei die letzte Äquivalenz direkt durch Einsetzen in die Gleichung von $T_P V$ folgt. $\qquad\square$

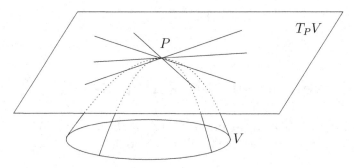

Bild 1: Tangentialraum an eine Varietät V

Definition. P heißt ein *glatter* (oder *regulärer*) Punkt von V wenn es ein i gibt mit $\frac{\partial f}{\partial x_i}(P) \neq 0$. Ansonsten heißt P ein *singulärer* Punkt (eine *Singularität*) der Varietät V.

Wir erhalten damit auch sofort die folgende Charakterisierung glatter bzw. singulärer Punkte:

$$P \text{ ist glatter Punkt von } V \quad \Leftrightarrow \quad T_P V \text{ ist eine affine Hyperebene}$$
$$P \text{ ist singulärer Punkt von } V \quad \Leftrightarrow \quad T_P V = \mathbb{A}_k^n.$$

Wie das folgende Resultat zeigt, sind singuläre Punkte speziell in dem Sinne, dass der allgemeine Punkt einer affinen Varietät glatt ist.

Satz 3.2. *Die Menge*

$$V_{\mathrm{glatt}} = \{P \in V;\ P \text{ ist glatter Punkt von } V\}$$

ist eine offene und dichte Teilmenge von V.

Beweis. Die Menge $V_{\text{Sing}} = V \setminus V_{\text{glatt}}$ ist gegeben durch

$$V_{\text{Sing}} = V\left(f, \frac{\partial f}{\partial x_1}, \ldots, \frac{\partial f}{\partial x_n}\right) \subset \mathbb{A}_k^n.$$

Da dies offensichtlich eine abgeschlossene Teilmenge ist, ist V_{glatt} offen. Es bleibt zu zeigen, dass $V_{\text{Sing}} \neq V$ ist. Ist $V_{\text{Sing}} = V$, so verschwinden alle Ableitungen $\frac{\partial f}{\partial x_i}$ auf V, d.h. $\frac{\partial f}{\partial x_i} \in (f)$. Da der Grad von $\frac{\partial f}{\partial x_i}$ kleiner ist als der Grad von f, impliziert dies $\frac{\partial f}{\partial x_i} = 0$. Im Fall $\text{char}(k) = 0$ folgt hieraus bereits, dass f konstant ist, ein Widerspruch. Im Fall von $\text{char}(k) = p > 0$ folgt, dass f ein Polynom in den x_i^p ist (vgl. die Diskussion nach Satz (1.21)). Aber dann ist, da wir voraussetzen, dass der Grundkörper k algebraisch abgeschlossen ist, f von der Form $f = g^p$ im Widerspruch zur Irreduzibilität von f. $\qquad\square$

3.1.2 Reelle und komplexe Mannigfaltigkeiten.

An diesem Punkt soll auf den Zusammenhang mit Mannigfaltigkeiten hingewiesen werden. Es sei nun $k = \mathbb{R}$ oder $k = \mathbb{C}$, und P ein glatter Punkt von V. Wir setzen voraus, dass $\frac{\partial f}{\partial x_1}(P) \neq 0$. Dann hat die Abbildung

$$p : \quad \begin{array}{ccc} \mathbb{A}_k^n & \longrightarrow & \mathbb{A}_k^n \\ (x_1, \ldots, x_n) & \longmapsto & (f(x_1, \ldots, x_n), x_2, \ldots, x_n) \end{array}$$

im Punkt P eine reguläre Jacobische Matrix $\left(\frac{\partial p_i}{\partial x_j}\right)_{i,j}$. Nach dem Satz über inverse Funktionen gibt es Umgebungen (in der gewöhnlichen Topologie) U von P und W von $p(P)$, so dass $p : U \to W$ ein Diffeomorphismus (biholomorph) ist. Bezüglich der Koordinaten $y_1, \ldots, y_n$ von $\mathbb{A}_k^n$ ist also $p(V) \cap W = \{y_1 = 0\} \cap W$. Damit ist V lokal diffeomorph (biholomorph) zu einer offenen Menge des $\mathbb{R}^{n-1}$ (bzw. $\mathbb{C}^{n-1}$). D.h. V ist in einer Umgebung von P eine Mannigfaltigkeit mit lokalen Koordinaten $x_2, \ldots, x_n$.

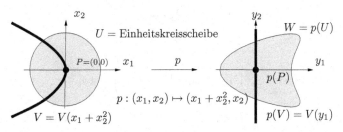

Bild 2: Lokale Koordinaten in der Umgebung eines glatten Punktes

3.1.3 Dimension, glatte und singuläre Punkte irreduzibler affiner Varietäten.

Wir wollen diese Überlegungen nun auf beliebige affine Varietäten

$V \subset \mathbb{A}_k^n$ übertragen. Zunächst definieren wir für ein Polynom $f \in k[x_1, \ldots, x_n]$ und einen Punkt $P = (a_1, \ldots, a_n)$ den *linearen Anteil* von f in $P = (a_1, \ldots, a_n)$ durch

$$f_P^{(1)} := \sum_{i=1}^{n} \frac{\partial f}{\partial x_i}(P)(x_i - a_i).$$

Definition. Der *Tangentialraum* an V im Punkt $P \in V$ ist definiert durch

$$T_P V = \bigcap_{f \in I(V)} \{f_P^{(1)} = 0\} \subset \mathbb{A}_k^n.$$

Dies ist ein affiner Unterraum von $\mathbb{A}_k^n$, der P enthält. Ist V eine Hyperfläche, so stimmt der Tangentialraum mit dem zuvor definierten überein.

Satz 3.3. *Die Funktion* $V \to \mathbb{N}$, $P \mapsto \dim T_P V$ *ist nach oben halbstetig in der Zariski-Topologie, d.h. für alle r ist die Menge*

$$S_r(V) = \{P \in V; \ \dim T_P V \geq r\}$$

abgeschlossen.

Beweis. Es seien $g_1, \ldots, g_m$ Erzeugende des Ideals $I(V)$. Dann lässt sich für jedes $f \in I(V)$ der lineare Anteil $f_P^{(1)}$ als Linearkombination der $g_{i,P}^{(1)}$ darstellen, d.h.

$$T_P V = \bigcap_{i=1}^{m} \{g_{i,P}^{(1)} = 0\} \subset \mathbb{A}_k^n.$$

Es gilt

$$(3.1) \qquad\qquad \dim T_P V = n - \mathrm{Rang}\left(\frac{\partial g_i}{\partial x_j}(P)\right)_{ij},$$

und daher

$$P \in S_r(V) \Leftrightarrow \mathrm{Rang}\left(\frac{\partial g_i}{\partial x_j}(P)\right)_{ij} \leq n - r.$$

Letzteres ist genau dann erfüllt, wenn alle $(n - r + 1) \times (n - r + 1)$-Minoren von $\left(\frac{\partial g_i}{\partial x_j}(P)\right)_{ij}$ verschwinden. Da dies Polynomfunktionen sind, folgt, dass $S_r(V)$ abgeschlossen ist. $\qquad\qquad\square$

Satz 3.4. *Es sei $V \subset \mathbb{A}_k^n$ eine irreduzible affine Varietät. Dann gibt es eine offene dichte Teilmenge $V_0 \subset V$ und eine Zahl r, so dass $\dim T_P V = r$ für alle $P \in V_0$ und $\dim T_P V \geq r$ für alle $P \in V$.*

Beweis. Es sei $r := \min\{\dim T_P V;\ P \in V\}$. Dann ist $S_r(V) = V$ und $S_{r+1}(V) \neq V$. Da $S_{r+1}(V)$ abgeschlossen ist, ist $V_0 := V \setminus S_{r+1}(V)$ offen. $\qquad\square$

Definition. Die Zahl r heißt die *Dimension* von V.

Definition. Es sei V eine irreduzible affine Varietät. Dann heißt $P \in V$ ein *glatter (regulärer)* Punkt von V, falls $\dim T_P V = \dim V$, ansonsten heißt P ein *singulärer* Punkt.

Im Fall von Hyperflächen stimmt die gerade gegebene Definition mit der früheren überein, denn es gilt

$$\frac{\partial f}{\partial x_i}(P) \neq 0 \text{ für ein } i \iff \text{Rang}\left(\frac{\partial f}{\partial x_i}(P)\right)_i = 1.$$

Mit (3.1) zeigt dies auch, dass eine Hyperfläche V in $\mathbb{A}_k^n$ die Dimension $\dim V = n - 1$ besitzt.

Definition. Die *Kodimension* einer irreduziblen affinen Varietät V in $\mathbb{A}_k^n$ ist definiert als

$$\text{codim} V = n - \dim V.$$

Bemerkung 3.5. Es sei $V \subset \mathbb{A}_k^n$ durch r Polynome $f_1, \dots, f_r$ definiert. Aus Gleichung (3.1) und Satz 3.4 folgt, dass die Kodimension durch den Rang der Matrix $(\partial f_i / \partial x_j)_{ij}$ an einem glatten Punkt P gegeben ist, und somit $\text{codim} V \leq r$. Um eine irreduzible affine Varietät der Kodimension r zu definieren, benötigt man also mindestens r Gleichungen.

3.1.4 Komplexe Varietäten als Mannigfaltigkeiten.

Ist $k = \mathbb{C}$, so kann man das zuvor gegebene Argument dahingehend erweitern, zu zeigen, dass eine irreduzible affine Varietät V der Dimension $n - r$ in einer Umgebung eines glatten Punktes eine komplexe Mannigfaltigkeit derselben Dimension ist: es sei P ein glatter Punkt von V. Nach Definition gibt es Funktionen $f_1, \dots, f_r \in I(V)$ mit linear unabhängigen linearen Anteilen in P, und somit ist die Matrix $\left(\frac{\partial f_i}{\partial x_j}(P)\right)_{i,j=1,\dots,r}$ invertierbar. Nach dem Satz über inverse Funktionen bildet die Abbildung

$$\begin{aligned} p: \quad \mathbb{A}_k^n &\longrightarrow \mathbb{A}_k^n, \\ (x_1, \dots, x_n) &\longmapsto (f_1(x_1, \dots, x_n), \dots, f_r(x_1, \dots, x_n), x_{r+1}, \dots, x_n), \end{aligned}$$

eine Umgebung von P biholomorph auf eine Umgebung von $p(P)$ ab, und wir können $x_{r+1}, \dots, x_n$ als lokale Koordinaten für V in einer Umgebung von P wählen.

3.1.5 Beliebige affine Varietäten.

Um unsere Diskussion abzuschließen, betrachten wir nun eine beliebige Varietät V mit einer Zerlegung

$$V = V_1 \cup \dots \cup V_l,$$

wobei $V_1, \ldots, V_l$ die irreduziblen Komponenten von V sind.

Definition. Die *Dimension* von V ist definiert als das Maximum der Dimensionen der irreduziblen Komponenten V_i.

Definition. Ein Punkt $P \in V$ heißt ein *glatter (regulärer) Punkt* von V, falls gilt:

(i) P liegt auf genau einer irreduziblen Komponente V_i von V,

(ii) P ist ein glatter Punkt von V_i.

3.2 Algebraische Charakterisierung der Dimension einer Varietät

Es sei K der Quotientenkörper des Koordinatenrings einer irreduziblen affinen Varietät. In Abschnitt 1.1.6 haben wir als Konsequenz der Noether-Normalisierung gesehen, dass es einen (nicht eindeutig bestimmten) Körper

$$k \subset K_t \subset K$$

gibt, wobei K/K_t algebraisch und K_t/k rein transzendent ist, d. h. K_t ist isomorph zum Körper der rationalen Funktionen in n Variablen (also $K_t \cong k(x_1, \ldots, x_n)$). Man sagt, dass $\alpha_1, \ldots, \alpha_m$ den transzendenten Teil von K aufspannen, falls $K/k(\alpha_1, \ldots, \alpha_m)$ algebraisch ist. Die Elemente $\alpha_1, \ldots, \alpha_m$ heißen eine *Transzendenzbasis*, wenn $\alpha_1, \ldots, \alpha_m$ zudem algebraisch unabhängig sind. Es existiert stets eine Transzendenzbasis und je zwei Transzendenzbasen haben dieselbe Länge. Diese Zahl heißt dann der *Transzendenzgrad* $\operatorname{tr} \deg_k K$ von K über dem Körper k. Für eine ausführliche Diskussion des Transzendenzgrades sei der Leser auf [La, Chapter VIII] verwiesen.

Ist $V \subset \mathbb{A}_k^n$ eine irreduzible Hyperfläche, so ist $\dim V = n-1$. Ist f eine Gleichung von V, d. h. $I(V) = (f)$, so ist der Koordinatenring $k[V] = k[x_1, \ldots, x_n]/(f)$. Nach eventuellem Umnummerieren können wir annehmen, dass die Gleichung f die Variable x_1 enthält. Dann ist

$$k(V) = k(x_2, \ldots, x_n)[x_1]/(f),$$

d. h. $x_2, \ldots, x_n$ bilden eine Transzendenzbasis von $k(V)$. Es gilt also

$$\operatorname{tr} \deg_k k(V) = n - 1 = \dim V.$$

Wir werden sehen, dass diese Beziehung stets gilt.

Der Tangentialraum $T_P V$ wurde bisher durch explizite Gleichungen beschrieben. Wir wollen den Tangentialraum nun intrinsisch charakterisieren. Dies liefert uns gleichzeitig, dass die Begriffe „regulär" und „singulär" nicht von der Einbettung einer affinen Varietät in einen Raum $\mathbb{A}_k^n$ abhängen. Der Einfachheit halber nehmen wir hierfür an, dass $P = (0, \ldots, 0)$ der Ursprung ist. (Dies können wir durch eine Translation stets erreichen.) Das maximale Ideal von P in $\mathbb{A}_k^n$ ist

$$M_P = (x_1, \ldots, x_n) \subset k[x_1, \ldots, x_n].$$

Dies definiert das maximale Ideal

$$\bar{M}_P = M_P/I(V) \subset k[V].$$

Ferner haben wir das maximale Ideal im lokalen Ring, nämlich

$$m_P = \left\{ \frac{f}{g} \in k(V); \ f(P) = 0, \ g(P) \neq 0 \right\} \subset \mathcal{O}_{V,P} \subset k(V).$$

Theorem 3.6. *Es gibt einen natürlichen Isomorphismus*

$$T_P V \cong (m_P/m_P^2)^* := \mathrm{Hom}_k(m_P/m_P^2, k).$$

Beweis. Es sei $(k^n)^*$ der Dualraum von k^n. Die Koordinaten $x_1, \ldots, x_n$ sind Linearformen auf k^n, also können wir $x_1, \ldots, x_n$ als Basis von $(k^n)^*$ auffassen. Ist $f \in k[x_1, \ldots, x_n]$, so ist, da wir $P = (0, \ldots, 0)$ vorausgesetzt haben,

$$f_P^{(1)} = \sum_{i=1}^n \frac{\partial f}{\partial x_i}(0) x_i \in (k^n)^*.$$

Wir erhalten also eine lineare Abbildung

$$d : M_P \longrightarrow (k^n)^*$$

durch

$$d(f) := f_P^{(1)}.$$

Die Abbildung d ist surjektiv, da $d(x_i) = x_i$ und die x_i eine Basis von $(k^n)^*$ sind. Ist $f(P) = 0$, so ist $f_P^{(1)} = 0$ genau dann, wenn f nur Terme der Ordnung mindestens 2 hat, also $f \in M_P^2$ gilt. Wir haben also gesehen, dass d einen Isomorphismus

$$M_P/M_P^2 \cong (k^n)^*$$

induziert. Es sei nun $V \subset \mathbb{A}_k^n$ eine affine Varietät. Dann ist $T_P V \subset k^n$ ein Unterraum. Diese Inklusion entspricht einer Surjektion

$$(k^n)^* \longrightarrow (T_P V)^*,$$

die darin besteht, dass eine Linearform λ auf $T_P V$ eingeschränkt wird. Damit erhalten wir eine Surjektion

$$D : M_P/M_P^2 \longrightarrow (k^n)^* \longrightarrow (T_P V)^*.$$

Wir behaupten, dass

(3.2) $\ker(D) = M_P^2 + I(V).$

Es gilt nämlich, dass

$$f \in \ker D \Leftrightarrow f_P^{(1)}|_{T_P V} = 0 \Leftrightarrow f_P^{(1)} = \sum a_i g_{i,P}^{(1)} \quad \text{für Elemente } g_i \in I(V).$$

Da $f \in M_P$, d. h. $f(0) = 0$, ist dies wiederum äquivalent zu

$$f - \sum a_i g_i \in M_P^2 \quad \text{für Elemente } g_i \in I(V) \Leftrightarrow f \in M_P^2 + I(V).$$

Wegen (1) folgt nun

$$\bar{M}_P / \bar{M}_P^2 \cong M_P / (M_P^2 + I(V)) \cong (T_P V)^*.$$

Schließlich bleibt noch zu zeigen, dass

(3.3) $\bar{M}_P / \bar{M}_P^2 \cong m_P / m_P^2.$

Die Inklusion $\bar{M}_P \subset m_p$ induziert eine Inklusion

$$\varphi : \bar{M}_P / \bar{M}_p^2 \longrightarrow m_P / m_P^2.$$

Es bleibt zu zeigen, dass φ surjektiv ist. Dazu sei $\frac{f}{g} \in m_P$. Dann ist $c := g(0) \neq 0$ und

$$\frac{f}{c} - \frac{f}{g} = f\left(\frac{1}{c} - \frac{1}{g}\right) \in m_P^2,$$

d. h. dass $\varphi(f/c) = \overline{(f/g)} \in m_P / m_P^2$. Aus (1) und (2) folgt

$$m_P / m_P^2 \cong (T_P V)^*$$

und die Behauptung folgt dann durch Dualisieren.   □

Korollar 3.7. *Der Tangentialraum $T_P V$ hängt nur von einer Umgebung von P in V ab, d. h. ist $f : V \dashrightarrow W$ eine birationale Abbildung, die eine Umgebung V_0 von P isomorph auf eine Umgebung W_0 von $Q = f(P)$ abbildet, dann gibt es einen Isomorphismus $T_P V \cong T_P W$.*

Beweis. Die birationale Abbildung $f : V \dashrightarrow W$ definiert einen Isomorphismus

$$f^* : k(W) = k(W_0) \longrightarrow k(V) = k(V_0),$$

der reguläre Funktionen in Q auf reguläre Funktionen in P abbildet. Dies induziert einen Isomorphismus

$$\bar{f}^* : \quad m_Q / m_Q^2 \quad \longrightarrow \quad m_P / m_P^2.$$
$$\parallel \qquad\qquad\qquad \parallel$$
$$(T_Q W)^* \qquad\qquad (T_P V)^*.$$

                                                        □

Korollar 3.8. *Sind V, W zueinander birational äquivalente Varietäten, so gilt* $\dim V = \dim W$.

Definition. Es sei $f : V \to W$ ein Morphismus mit $f(P) = Q$. Der durch Dualisieren der Abbildung $\bar{f}^* : m_Q/m_Q^2 \to m_P/m_P^2$ erhaltene Homomorphismus

$$df(P) : T_{V,P} \longrightarrow T_{W,Q}.$$

heißt das *Differential* des Morphismus f im Punkt P.

Sind V und W glatte komplexe Varietäten, so überzeugt man sich leicht, dass diese Definition mit der üblichen Definition des Differentials einer holomorphen Abbildung übereinstimmt.

Theorem 3.9. *Es sei V eine irreduzible affine Varietät. Dann gilt:* $\dim V = \operatorname{tr\,deg}_k k(V)$.

Beweis. V ist birational äquivalent zu einer affinen Hyperfläche, die notwendigerweise dieselbe Dimension und denselben Funktionenkörper hat. Dort hatten wir die Behauptung jedoch bereits gesehen. $\qquad\square$

Korollar 3.10. *Für jede affine Varietät V ist die Menge der glatten Punkte eine offene, dichte Teilmenge.*

Beweis. Dies entnimmt man entweder direkt aus Satz (3.4) und der Definition eines regulären Punktes, oder man benutzt Korollar (3.7), um es auf den Hyperflächenfall und damit Satz (3.2) zurückzuführen. $\qquad\square$

3.2.1 Quasi-projektive Varietäten.

Schließlich betrachten wir noch den Fall von (quasi-)projektiven Varietäten.

Definition. Es sei V eine quasi-projektive Varietät. Ein Punkt $P \in V$ heißt ein *glatter* (oder *regulärer*) *Punkt* von V, wenn es eine affine Umgebung U von P in V gibt, so dass P ein glatter Punkt von U ist.

Aus Korollar (3.7) folgt sofort, dass dies dann für alle affinen Umgebungen von P gilt. Auch in diesem Fall ist die Menge der glatten Punkte eine offene und dichte Teilmenge.

Die Dimension einer quasi-projektiven Varietät ist wie folgt definiert. Zunächst sei V eine irreduzible projektive Varietät in $\mathbb{P}_k^n$, mit der affinen Standardüberdeckung $V = V_0 \cup \cdots \cup V_n$. Wir können annehmen, dass V in keiner Hyperebene $H_i \subset \mathbb{P}_k^n$ enthalten ist. Dann folgt leicht, dass die V_i dieselbe Dimension haben, und wir nennen dies die Dimension von V.

Die Dimension einer irreduziblen quasi-projektiven Varietät wird als die Dimension eines projektiven Abschlusses definiert (dies ist unabhängig vom gewählten Abschluss). Für beliebige (quasi-)projektive Varietäten wird die Dimension wieder als das Maximum der Dimensionen aller Komponenten definiert.

3.2.2 Krulldimension. Man kann die Dimension von Varietäten auch auf andere Art einführen. Hierauf soll im Folgenden kurz eingegangen werden. Da jede Varietät birational äquivalent zu einer affinen Varietät ist, sei im Folgenden V stets eine irreduzible affine Varietät. Wir hatten bereits gesehen, dass $\mathbb{A}_k^n$, und damit auch V, ein noetherscher topologischer Raum ist, d. h. jede Kette von irreduziblen abgeschlossenen Mengen hat endliche Länge l:

$$(*) \qquad\qquad V = V_0 \supsetneqq V_1 \supsetneqq V_2 \ldots \supsetneqq V_l \neq \emptyset.$$

Definition. Die *Krulldimension* $\mathrm{kr}\dim V$ ist das Supremum über die Längen aller absteigenden Ketten der Form $(*)$.

Einer absteigenden Kette der Form $(*)$ entspricht eine aufsteigende Kette von Primidealen

$$(**) \qquad\qquad \{0\} \subsetneqq I_1 \subsetneqq I_2 \ldots \subsetneqq I_l$$

in dem Koordinatenring $k[V] = k[x_1, \ldots, x_n]/I(V)$.

Definition. Es sei A ein Ring.

(i) Die *Höhe* $\mathrm{ht}(I)$ eines Primideals ist das Supremum über die Längen von Primidealketten

$$I_0 \subsetneqq I_1 \subsetneqq I_2 \ldots \subsetneqq I_l = I.$$

(ii) Die *Krulldimension* $\dim A$ von A ist das Supremum über die Höhen $\mathrm{ht}(I)$ aller Primideale $I \neq A$.

Damit ergibt sich aus dem oben Gesagten sofort die Beziehung

$$\mathrm{kr}\dim(V) = \dim k[V].$$

Aus der kommutativen Algebra ist folgender Satz bekannt.

Theorem 3.11. *Es sei A ein Integritätsring, der eine endlich erzeugte k-Algebra ist. Dann gilt*

$$\dim A = \mathrm{tr}\deg_k \mathrm{Quot}(A).$$

Beweis. [Ma, Ch. 5, §14].   □

Damit ergibt sich sofort das folgende

Korollar 3.12. *Ist V eine irreduzible affine Varietät, so gilt*

$$\mathrm{kr}\dim V = \mathrm{tr}\deg_k k(V) = \dim V.$$

Beweis. Sofort aus Obigem und Theorem (3.9).   □

Man kann die Dimension auch mit Hilfe der lokalen Ringe $\mathcal{O}_{V,P}$ beschreiben.

Satz 3.13. *Für alle Punkte $P \in V$ gilt*

$$\dim \mathcal{O}_{V,P} = \dim k[V].$$

Beweis. Dies folgt aus den "going-up" und "going-down" Sätzen von Cohen–Seidenberg. Für Einzelheiten siehe [AM, Theorem 11.25]. □

Wir benötigen schließlich noch folgendes Ergebnis aus der kommutativen Algebra.

Satz 3.14. *Es sei (A, m) ein noetherscher lokaler Ring mit Restklassenkörper $k = A/m$. Dann gilt stets*

$$\dim_k(m/m^2) \geq \dim A.$$

Beweis. [Ma, S. 78] □

Bemerkung 3.15. Im geometrischen Fall, d. h. für den lokalen Ring $\mathcal{O}_{V,P}$, folgt diese Aussage auch aus Satz (3.3), Theorem (3.6) und Satz (3.13).

Definition. Ein noetherscher lokaler Ring (A, m) heißt ein *regulärer lokaler Ring*, wenn $\dim_k(m/m^2) = \dim A$ gilt.

Korollar 3.16. *Ein Punkt $P \in V$ ist genau dann glatt, wenn $\mathcal{O}_{V,P}$ ein regulärer Ring ist.*

Beweis. Ein Punkt P ist nach Theorem (3.6) genau dann ein glatter Punkt, wenn gilt

$$\dim_k(m/m^2) = \dim V = \dim k[V] = \dim \mathcal{O}_{V,P}.$$

□

3.2.3 Auflösung von Singularitäten. Der bereits früher beschriebene Begriff der Aufblasung kann dazu benutzt werden, um „Singularitäten aufzulösen". Wir betrachten dazu

$$\pi : \quad \tilde{\mathbb{A}}_k^2 = V \longrightarrow \mathbb{A}_k^2,$$

wobei

$$V = \{((x, y), (t_0 : t_1)) \in \mathbb{A}_k^2 \times \mathbb{P}_k^1; \; xt_1 - yt_0 = 0\}$$

und π die Projektion auf $\mathbb{A}_k^2$ ist.

Beispiel 3.17. Wir hatten schon früher die Kurve

$$C : y^2 = x^3 + x^2$$

betrachtet, die im Ursprung eine Singularität hat und hatten gesehen, dass

$$\pi^{-1}(C) = \tilde{C} + 2E$$

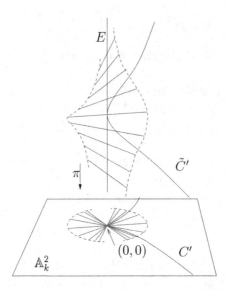

Bild 3: Auflösung der Singularität der Kubik C'

ist, wobei E die exzeptionelle Gerade ist. Hierbei bedeutet die Schreibweise $2E$, dass die mittels π zurückgezogene Gleichung von C auf dem exzeptionellen Divisor E mit Vielfachheit 2 verschwindet. Genauer hatten wir gezeigt, dass auf der offenen Teilmenge V_0 von V gilt

$$\pi^{-1}(C) \cap V_0 = \{x^2(x + 1 - t_1^2) = 0\},$$

wobei $\tilde{C}$ durch $x + 1 - t_1^2$ gegeben wird. Dann ist $\tilde{C}$ glatt und schneidet E transversal in zwei Punkten.

Beispiel 3.18. Betrachten wir nun

$$C' : y^2 = x^3.$$

Setzen wir $y = xt_1$, so ergibt sich

$$\pi^{-1}(C') \cap V_0 = \{x^2(t_1^2 - x) = 0\},$$

also

$$\pi^{-1}(C') = \tilde{C}' + 2E,$$

wobei $\tilde{C}'$ durch $t_1^2 - x = 0$ gegeben wird, also ebenfalls glatt ist.

In beiden Fällen ist also die sogenannte *strikte Transformierte* der ursprünglichen singulären Kurve glatt. Hierbei ist die strikte Transformierte einer Kurve C als der Abschluss von $\pi^{-1}(C\backslash\{(0,0)\})$ definiert.

Im Allgemeinen wird die strikte Transformierte einer Kurve nicht unbedingt glatt sein. Man kann jedoch zeigen, dass durch iteriertes Aufblasen jede Kurvensingularität „aufgelöst" werden kann. Ein sehr tiefliegender Satz von Hironaka besagt, dass, zumindest in Charakteristik 0, jede Varietät durch sukzessives Aufblasen glatt gemacht werden kann. Dieses Ergebnis auch in positiver Charakteristik zu beweisen, ist ein noch offenes Problem.

Übungsaufgaben zu Kapitel 3

3.1   Für welche Werte von $(\lambda : \mu) \in \mathbb{P}^1_\mathbb{C}$ ist die Kurve

$$E_{(\lambda : \mu)} : \quad (\lambda + \mu)y^2 z - (\lambda + \mu)x^3 - \mu x z^2 = 0$$

singulär? Skizzieren Sie diese singulären Kurven (über $\mathbb{R}$).

3.2   Bestimmen Sie die singulären Punkte der *Steinerschen Fläche*

$$\{x_0^2 x_1^2 + x_0^2 x_2^2 + x_1^2 x_2^2 - x_0 x_1 x_2 x_3 = 0\} \subset \mathbb{P}^3_\mathbb{C}.$$

3.3   Es sei $C = \{(x : y : z) \in \mathbb{P}^3_\mathbb{C}; \ x^2 y^2 + y^2 z^2 + z^2 x^2 = 0\}$.

(a) Berechnen Sie die Singularitäten von C.

(b) Zeigen Sie, dass C rational ist. (Hinweis: Wenden Sie die Cremona-Transformation an.)

3.4   Zeigen Sie: Ist $X \subset \mathbb{P}^n_k$ eine Hyperfläche vom Grad $d > 1$, die einen linearen Unterraum der Dimension $r \geq n/2$ enthält, dann ist X singulär. (Hinweis: Der Durchschnitt von n Hyperflächen in $\mathbb{P}^n_k$ ist nicht leer.)

3.5   Gegeben sei der Morphismus

$$\begin{aligned} \varphi : \mathbb{A}^1_k &\to \mathbb{A}^4_k, \\ t &\mapsto (t^4, t^5, t^6, t^7). \end{aligned}$$

Zeigen Sie, dass $X = \varphi(\mathbb{A}^1_k)$ eine algebraische Kurve ist und berechnen Sie den Tangentialraum $T_0 X$ von X im Ursprung. Schließen Sie hieraus, dass X nicht zu einer Kurve in $\mathbb{A}^3_k$ isomorph ist.

3.6   Sind die beiden folgenden algebraischen Mengen isomorph:

$$X = \{xy = xz = yz = 0\}, \quad Y = \{z = xy(x + y) = 0\}?$$

3.7 Es sei $X \subset \mathbb{P}^n_k$ eine irreduzible projektive Varietät und $X^a \subset \mathbb{A}^{n+1}_k$ der zugehörige *affine Kegel* (vgl. Abschnitt 2.2.1). Zeigen Sie, dass für die Dimension $\dim X^a = \dim X + 1$ gilt.

3.8 Gegeben seien die folgenden singulären ebenen Kurven in $\mathbb{A}^2_\mathbb{C}$:

(a) $x^2 + y^n = 0$, $n \geq 2$,

(b) $x^3 + y^4 = 0$,

(c) $x^3 + y^5 = 0$,

(d) $x^2 y + x y^2 - x^4 - y^4 = 0$,

(e) $xy - x^6 - y^6 = 0$.

Bestimmen Sie das eigentliche Urbild dieser Kurven unter der Aufblasung $\pi : \tilde{\mathbb{A}}^2_k \to \mathbb{A}^2_k$. Was können Sie über die Singularitäten der eigentlichen Urbilder aussagen?

3.9 Es sei

$$V = \{((x_1, \ldots, x_n), (t_1 : \ldots : t_n)) \in \mathbb{A}^n_k \times \mathbb{P}^{n-1}_k;\ x_i t_j - x_j t_i = 0,$$
$$1 \leq i, j \leq n\}.$$

(a) Zeigen Sie, dass V eine glatte Varietät der Dimension n ist, und dass die Projektion $\pi : V \to \mathbb{A}^n_k$ eine birationale Abbildung ist.

(b) Bestimmen Sie die Fasern von π.

(Man nennt $V = \tilde{\mathbb{A}}^n_k$ die *Aufblasung* von $\mathbb{A}^n_k$ im Nullpunkt.)

3.10 (a) Berechnen Sie die Singularitäten der Quadrik

$$Q = \{x_1^2 - x_2 x_3 = 0\} \subset \mathbb{A}^3_k.$$

(b) Es sei $\pi : \tilde{\mathbb{A}}^3_k \to \mathbb{A}^3_k$ die Aufblasung von $\mathbb{A}^3_k$ im Ursprung (siehe Aufgabe (3.9)). Bestimmen Sie das eigentliche Urbild $\tilde{Q} = \overline{\pi^{-1}(Q \backslash \{0\})} \subset \tilde{\mathbb{A}}^3_k$, und beschreiben Sie den Durchschnitt $\tilde{Q} \cap E$ von $\tilde{Q}$ mit dem exzeptionellen Divisor $E = \pi^{-1}(0)$.

Kapitel 4

Ebene kubische Kurven

Wir wollen in diesem Abschnitt die ebenen kubischen Kurven klassifizieren und zeigen, dass eine irreduzible ebene Kubik genau dann rational ist, wenn sie singulär ist. Im letzten Abschnitt beschreiben wir die Gruppenstruktur auf einer glatten kubischen Kurve. Wir setzen in diesem Kapitel voraus, dass die Charakteristik von k verschieden von 2 und 3 ist.

4.1   Ebene Kurven

Ist $0 \neq f \in k[x_0, x_1, x_2]$ ein homogenes Polynom vom Grad $d \geq 1$, so ist

$$C := \{(x_0 : x_1 : x_2); \ f(x_0, x_1, x_2) = 0\} \subset \mathbb{P}^2_k$$

eine projektive Varietät der Dimension 1. Wir nennen dann C eine *ebene Kurve*. Offensichtlich bestimmen f und cf, $c \in k^*$ dieselbe Kurve C. Anders als bisher wollen wir aber zwischen Kurven, die durch f und etwa Potenzen von f gegeben sind, unterscheiden. Damit erhalten wir eine Bijektion

$$\{\text{ebene Kurven vom Grad } d\} \xleftrightarrow{1:1} \mathbb{P}(k^d[x_0, x_1, x_2]).$$

D. h. die ebenen Kurven bilden einen projektiven Raum der Dimension $\binom{d+2}{2} - 1$. Der Raum der Geraden, d. h. der projektiven Kurven vom Grad 1, ist die duale projektive Ebene $(\mathbb{P}^2_k)^*$.

Falls f keine mehrfachen Faktoren besitzt, so ist nach unserer früheren Definition ein Punkt P genau dann ein singulärer Punkt, wenn

$$f(P) = 0; \quad \frac{\partial f}{\partial x_i}(P) = 0, \quad i = 0, 1, 2.$$

Wegen der Eulerschen Beziehung

$$d \cdot f = \sum x_i \frac{\partial f}{\partial x_i}$$

ist im Fall, dass $\text{char}(k) = 0$ oder $\text{char}(k) > d$ ist, P genau dann ein singulärer Punkt, wenn $\frac{\partial f}{\partial x_i}(P) = 0$ für $i = 0, 1, 2$ gilt. Wir übernehmen diese Definition auch für den Fall, dass f mehrfache Faktoren hat. Dann kann es aber passieren, dass C keine glatten Punkte besitzt, wie etwa das Beispiel $\{x_0^2 = 0\}$ zeigt.

Das Polynom f besitzt eine Zerlegung in irreduzible Faktoren

$$f = f_1^{d_1} \cdot \ldots \cdot f_r^{d_r},$$

die bis auf Permutationen und konstante Faktoren eindeutig bestimmt ist. Mit $C_i = \{f_i = 0\}$ schreiben wir dann

$$C = d_1 C_1 + \ldots + d_r C_r$$

und nennen die C_i die *irreduziblen Komponenten* von C. Hat f keine mehrfachen Komponenten, so entspricht dies genau unserer früheren Zerlegung in irreduzible Komponenten.

Ist $P \in C$, so definieren wir den *Tangentialraum* an C in P durch

$$T_P C = \left\{ \sum_{i=0}^{2} \frac{\partial f}{\partial x_i}(P) x_i = 0 \right\} \subset \mathbb{P}_k^2.$$

Dann ist P genau dann glatt, wenn $T_P C$ eine Gerade ist. Dies ist der projektive Abschluss des früher definierten affinen Tangentialraums.

Ist $A \in \text{Gl}(3, k)$, so führt die durch A gegebene lineare Abbildung $k^3 \to k^3$ Geraden durch den Ursprung wieder in Ursprungsgeraden über. Damit induziert A eine *projektive Transformation*

$$\varphi = \varphi_A : \mathbb{P}_k^2 \longrightarrow \mathbb{P}_k^2.$$

Wir sagen, dass zwei Kurven C und C' *projektiv äquivalent* sind, wenn es eine Koordinatentransformation $A \in \text{Gl}(3, k)$ gibt, so dass die definierenden Gleichungen f und f' ineinander transformiert werden.

Lemma 4.1. *Es sei C eine ebene Kubik, die in drei Geraden zerfällt. Dann ist C projektiv äquivalent zu einer der folgenden Kurven*

(i) $C = \{x_0 x_1 x_2 = 0\}$

(ii) $C = \{x_0 x_1 (x_0 + x_1) = 0\}$

(iii) $C = \{x_0^2 x_1 = 0\}$

(iv) $C = \{x_0^3 = 0\}$.

Beweis. Nach Voraussetzung ist $C = l_1 \cup l_2 \cup l_3$, wobei die Geraden l_i als Punkte $l_i \in (\mathbb{P}_k^2)^*$ aufgefasst werden können. Wir haben folgende Fälle:

(i) Die drei Geraden l_i sind alle verschieden und schneiden sich nicht in einem Punkt. Dies ist äquivalent dazu, dass $l_1, l_2, l_3 \in (\mathbb{P}_k^2)^*$ nicht auf einer Geraden liegen. Da $\mathrm{Gl}(3, k)$ je zwei 3-Tupel von Punkten in allgemeiner Lage in $(\mathbb{P}_k^2)^*$ ineinander überführt, folgt, dass C projektiv äquivalent zu $\{x_0 x_1 x_2 = 0\}$ ist.

(ii) Die drei Geraden sind verschieden und schneiden sich in einem Punkt. Dann sind die Punkte $l_i \in (\mathbb{P}_k^2)^*$ verschieden, liegen aber auf einer Geraden. Die Behauptung folgt dann, da $\mathrm{Gl}(3, k)$ transitiv auf $\mathbb{P}_k^2$ operiert und $\mathrm{Gl}(2, k)$ 3-fach transitiv auf $(\mathbb{P}_k^1)^*$ operiert, also jedes Tripel paarweise verschiedener Punkte in jedes andere solche Tripel abgebildet werden kann.

(iii) $l_1 = l_2 \neq l_3$. Dies gibt Fall (iii).

(iv) $l_1 = l_2 = l_3$. Dies gibt Fall (iv).

$\square$

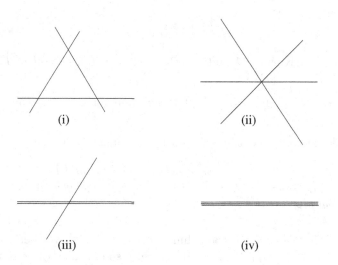

Bild 1: Typen von ebenen Kubiken, die in drei Geraden zerfallen

4.2 Schnittmultiplizitäten

Wir betrachten ebene Kurven $C = \{f = 0\}$ und $C' = \{g = 0\}$ und setzen zunächst voraus, dass C und C' keine gemeinsamen Komponenten besitzen.

Definition. Die *Schnittmultiplizität* von C und C' im Punkt $P \in \mathbb{P}_k^2$ ist definiert durch

$$I_P(C, C') := \dim_k \mathcal{O}_{\mathbb{P}_k^2, P} / (f, g).$$

Lemma 4.2.

$$I_P(C, C') \geq 1 \Leftrightarrow P \in C \cap C'.$$

Beweis. Ist $P \notin C \cap C'$, etwa $P \notin C$, so ist f eine Einheit in $\mathcal{O}_{\mathbb{P}^2_k, P}$, also $(f, g) = \mathcal{O}_{\mathbb{P}^2_k, P}$, d. h. $\dim_k \mathcal{O}_{\mathbb{P}^2, P}/(f, g) = 0$.

Ist umgekehrt $P \in C \cap C'$, so ist $f, g \in m_P$, d. h. $(f, g) \subset m_P$, also $\dim_k \mathcal{O}_{\mathbb{P}^2_k, P}/(f, g) \geq \dim_k \mathcal{O}_{\mathbb{P}^2_k, P}/m_P = 1$. $\qquad\qquad\square$

Es sei $L \subset \mathbb{P}^2_k$ eine Gerade durch P. Wir können annehmen, dass $P = (0 : 0 : 1)$ und $L = \{x_1 = 0\}$. Wir betrachten f in affinen Koordinaten $f = f(x, y)$. Die Gerade L ist gegeben durch $\{y = 0\}$. Also ist

$$I_P(C, L) = \dim_k \mathcal{O}_{\mathbb{P}^2_k, P}/(f, x_1) = \dim_k \mathcal{O}_{\mathbb{A}^2_k, 0}/(f, y).$$

Dies zeigt, dass
$$I_P(C, L) = \operatorname{mult}_P(f|_L).$$

Wir sehen auch, dass
$$L \subset T_P C \Leftrightarrow I_P(C, L) \geq 2.$$

Definition. Die Kurven C und C' schneiden sich *transversal* in $P \in C \cap C'$, wenn $T_P C \cap T_P C' = \{P\}$ ist.

Dies bedeutet, dass C und C' in P glatt sind und verschiedene Tangenten besitzen.

Das folgende Lemma ist eine Version des Nakayama-Lemmas:

Lemma 4.3. *Es sei V eine quasi-projektive Varietät und $P \in V$. Falls die Elemente $f_1, \ldots, f_r \in m_P$ den k-Vektorraum m_P/m_P^2 erzeugen, so erzeugen sie bereits das Ideal m_P.*

Beweis. Wir können zunächst annehmen, dass V affin ist. Wir setzen $B := \mathcal{O}_{V, P}$ und $A := m_P/(f_1, \ldots, f_r)$. Ist $P = (a_1, \ldots, a_n)$, so erzeugen die Restklassen von $x_1 - a_1, \ldots, x_n - a_n$ den Modul A über B. Nach dem Nakayama-Lemma (1.15) gilt entweder $A = 0$ oder $m_P A \neq A$. Nach Voraussetzung gilt nun aber

$$m_P A = ((f_1, \ldots, f_r) + m_P^2)/(f_1, \ldots, f_r) = m_P/(f_1, \ldots, f_r) = A$$

und damit $A = 0$, d. h. $m_P = (f_1, \ldots, f_r)$. $\qquad\qquad\square$

Lemma 4.4. *Zwei Kurven C und C' schneiden sich genau dann transversal in P, wenn $I_P(C, C') = 1$.*

Beweis. Wir können annehmen, dass $P = (0 : 0 : 1)$ ist, und rechnen in affinen Koordinaten x, y. Da $P \in C \cap C'$, ist $(f, g) \subset m_P$, und $I_P(C, C') = 1$ ist äquivalent dazu, dass $(f, g) = m_P$. Dann müssen aber die Linearteile von f und g den 2-dimensionalen Vektorraum m_P/m_P^2 aufspannen, insbesondere also linear unabhängig sein. Nehmen wir umgekehrt an, dass sich C und C' in P

transversal schneiden, so können wir nach einer eventuellen Koordinatentransformation annehmen, dass $f_P^{(1)} = x, f_P^{(2)} = y$. Dann zeigt man entweder elementar sofort, dass f und g das Ideal m_P erzeugen, oder man kann das eben formulierte Nakayama-Lemma benutzen. $\qquad\square$

Lässt man die Voraussetzung, dass C und C' keine gemeinsamen Komponenten haben, weg, so kann man immer noch die lokale Schnittmultiplizität $I_P(C, C')$ definieren. Diese nimmt allerdings den Wert ∞ an, falls P auf einer gemeinsamen Komponente von C und C' liegt.

Beispiel 4.5. Wir betrachten wieder die Neilsche Parabel

$$C = \{z_0^2 z_2 - z_1^3 = 0\}$$

bzw. in lokalen Koordinaten um $P = (0 : 0 : 1)$:

$$C = \{x^2 - y^3 = 0\}.$$

Es seien $L_1 = \{z_0 = 0\}$ und $L_2 = \{z_1 = 0\}$. Dann gilt

$$I_P(C, L_1) = \dim_k \mathcal{O}_{\mathbb{P}_k^2, P}/(x^2 - y^3, x) = \dim_k \mathcal{O}_{\mathbb{P}_k^2, P}/(x, y^3) = 3$$

sowie

$$I_P(C, L_2) = \dim_k \mathcal{O}_{\mathbb{P}_k^2, P}/(x^2 - y^3, y) = \dim_k \mathcal{O}_{\mathbb{P}_k^2, P}/(x^2, y) = 2.$$

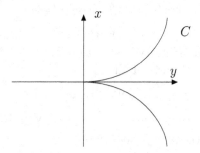

Bild 2: Schnittverhalten der Neilschen Parabel mit den Koordinatenachsen

Satz 4.6. *Es sei $C \in \mathbb{P}_k^2$ eine Kurve vom Grad d und L eine Gerade, die nicht in C enthalten ist. Dann schneiden sich C und L in d Punkten, d. h.*

$$\sum_P I_P(C, L) = d.$$

Beweis. Es sei $C = \{f = 0\}$, wobei $f = f(x_0, x_1, x_2)$ ein homogenes Polynom vom Grad d ist, und $L = \{x_2 = 0\}$. Dann ist

$$f|_L = f(x_0, x_1, 0) = a_0 x_0^d + a_1 x_0^{d-1} x_1 + \ldots + a_d x_1^d$$

ein homogenes Polynom in zwei Variablen vom Grad d. Wir können nun noch annehmen, dass $(1 : 0) \in L$ keine Nullstelle von $f|_L$ ist. Dann müssen wir nach der Bemerkung nach Lemma (4.2) die Nullstellen des Polynoms

$$f(x) = a_0 x^d + a_1 x^{d-1} + \ldots + a_d$$

mit Vielfachheiten zählen. Nach dem Fundamentalsatz der Algebra sind dies genau d Stück.   □

Theorem 4.7. (Bézout): *Es seien C und C' zwei ebene Kurven vom Grad d bzw. d', die keine gemeinsame Komponente besitzen. Dann schneiden sich C und C' in dd' Punkten, d. h.*

$$C.C' := \sum_P I_P(C, C') = dd'.$$

Wir werden diesen Satz im Folgenden nicht anwenden, kommen aber später auf den Beweis zurück. Wir kehren nun zur Klassifikation der ebenen Kurven zurück.

Wir erinnern zunächst an die projektive Klassifikation der Kegelschnitte. Jede homogene quadratische Gleichung kann in der Form

$$q(x_0, x_1, x_2) = q_A(x_0, x_1, x_2) = x A\,{}^t x$$

mit $x = (x_0 : x_1 : x_2)$ und $A = {}^t A \in \mathrm{Mat}(3 \times 3, k)$ geschrieben werden. Die einzige Invariante modulo Koordinatenwechsel ist der Rang der Matrix und wir erhalten bis auf Äquivalenz die folgenden Fälle:

(i) $q(x_0, x_1, x_2) = x_0^2 + x_1^2 + x_2^2$ (glatter Kegelschnitt),

(ii) $q(x_0, x_1, x_2) = x_0^2 + x_1^2 = (x_0 + \sqrt{-1} x_1)(x_0 - \sqrt{-1} x_1)$ (Geradenpaar),

(iii) $q(x_0, x_1, x_2) = x_0^2$ (Doppelgerade).

Wir bemerken noch, dass der Kegelschnitt $x_0^2 + x_1^2 + x_2^2 = 0$ projektiv äquivalent zu $x_0 x_2 - x_1^2 = 0$ ist.

Satz 4.8. *Es sei C eine ebene Kubik, die in einen irreduziblen Kegelschnitt (d. h. eine Kurve vom Grad 2) und eine Gerade zerfällt. Dann ist C projektiv äquivalent zu einer der beiden folgenden Kurven:*

(i) $C = \{(x_0 x_2 - x_1^2) x_1 = 0\}$

(ii) $C = \{(x_0 x_2 - x_1^2) x_0 = 0\}$.

Beweis. Nach Voraussetzung ist $C = C_0 + L$ wobei C_0 ein irreduzibler Kegelschnitt und L eine Gerade ist. Der Kegelschnitt C_0 ist durch eine irreduzible Quadrik $\{q(x_0, x_1, x_2) = 0\}$ gegeben. Nach dem Satz über die Hauptachsentransformation ist C_0 zu dem Kegelschnitt $\{x_0 x_2 - x_1^2 = 0\}$ projektiv äquivalent. Nach Satz (4.6) schneidet die Gerade L den Kegelschnitt in zwei Punkten. Da C_0 glatt ist, haben wir die folgenden zwei Möglichkeiten:

(i) L schneidet C_0 transversal in zwei Punkten,

(ii) L ist Tangente an C_0 in einem Punkt P_0.

Wir erhalten die Kurve C_0 als das Bild von $\mathbb{P}^1_k$ unter der Abbildung

$$\varphi : \quad \begin{array}{ccc} \mathbb{P}^1_k & \longrightarrow & C_0 \subset \mathbb{P}^2_k. \\ (t_0 : t_1) & \longmapsto & (t_0^2 : t_0 t_1 : t_1^2) \end{array}$$

Eine Koordinatentransformation $t_0 \mapsto a t_0 + b t_1$, $t_1 \mapsto c t_0 + d t_1$ induziert eine Abbildung

$$\begin{array}{ccl} t_0^2 & \longmapsto & a^2 t_0^2 + 2ab t_0 t_1 + b^2 t_1^2 \\ t_0 t_1 & \longmapsto & ac t_0^2 + (ad + bc) t_0 t_1 + bd t_1^2 \\ t_1^2 & \longmapsto & c^2 t_0^2 + 2cd t_0 t_1 + d^2 t_1^2. \end{array}$$

Die Matrix

$$\begin{pmatrix} a^2 & 2ab & b^2 \\ ac & (ad + bc) & bd \\ c^2 & 2cd & d^2 \end{pmatrix}$$

definiert also eine Koordinatentransformation auf $\mathbb{P}^2_k$, die den Kegelschnitt C_0 invariant lässt. Durch Operation mit einer geeigneten Matrix $\left(\begin{smallmatrix} a & b \\ c & d \end{smallmatrix}\right)$ können wir erreichen, dass die beiden Schnittpunkte $L \cap C_0$ (bzw. der Schnittpunkt $L \cap C_0$) auf die beiden Punkte $(1 : 0 : 0)$ und $(0 : 0 : 1)$ (bzw. den Punkt $(0 : 0 : 1)$) abgebildet werden. Dies gibt die Fälle (i) und (ii). $\qquad \square$

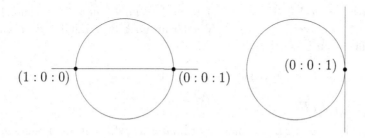

Bild 3: Ebene Kubiken, die in einen Kegelschnitt und eine Gerade zerfallen

Wir klassifizieren nun als Nächstes die singulären irreduziblen Kubiken.

Satz 4.9. *Es sei C eine irreduzible singuläre Kubik. Dann besitzt C genau eine Singularität und ist projektiv äquivalent zu einer der beiden folgenden Kurven*

(i) $C = \{x_1^2 x_2 - x_0^3 - x_0^2 x_2 = 0\}$

(ii) $C = \{x_2 x_1^2 - x_0^3 = 0\}$.

Von beiden Kurven hatten wir auch schon gesehen, dass sie rational sind.

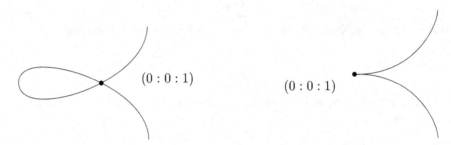

(i) Ebene Kubik mit einem gewöhn-   (ii) Ebene Kubik mit einer Spitze
lichen Doppelpunkt

Bild 4: Ebene Kubiken mit Singularitäten

Beweis. Die Kurve C kann höchstens eine Singularität besitzen. Ansonsten würde die Gerade, die zwei Singularitäten verbindet, die Kurve C in mindestens vier Punkten (richtig gezählt) schneiden, was Satz (4.6) widerspräche.

Wir können nun annehmen, dass die Singularität von C im Punkt $P = (0 : 0 : 1)$ liegt. Für die Gleichung f von C bedeutet dies, dass sie die Form

$$f = x_2 q(x_0, x_1) + b x_0^3 + c x_0^2 x_1 + d x_0 x_1^2 + e x_1^3$$

hat. Dabei ist $q(x_0, x_1) \not\equiv 0$, da sonst f nach dem Fundamentalsatz der Algebra in drei Linearformen zerfallen würde. Wiederum nach dem Fundamentalsatz der Algebra zerfällt q in Linearformen

$$q(x_0, x_1) = l_0(x_0, x_1) l_1(x_0, x_1).$$

1. Fall: $l_0(x_0, x_1) \neq c\, l_1(x_0, x_1)$.

In diesem Fall können wir nach einer Koordinatentransformation annehmen, dass

$$l_0(x_0, x_1) = x_0, \qquad l_1(x_0, x_1) = x_1.$$

D. h. f hat die Form

$$f = x_2 x_0 x_1 + b' x_0^3 + c' x_0^2 x_1 + d' x_0 x_1^2 + e' x_1^3.$$

Nun ist $b'e' \neq 0$, da f sonst zerfällt. Die Koordinatentransformation

$$
\begin{aligned}
x_2 &= \beta\gamma(x_2' - 6x_0') + \frac{c'}{\beta}(x_0' + x_1') + \frac{d'}{\gamma}(x_0' - x_1') \\
x_0 &= -\frac{1}{\beta}(x_0' + x_1') \\
x_1 &= -\frac{1}{\gamma}(x_0' - x_1')
\end{aligned}
$$

mit $\beta^3 = b'$, $\gamma^3 = e'$ ergibt

$$
f = x_2'((x_0')^2 - (x_1')^2) - 8(x_0')^3.
$$

Dies ist offensichtlich projektiv äquivalent zu $x_1^2 x_2 - x_0^2 x_2 - x_0^3$.

2. Fall: $l_0(x_0, x_1) = c\, l_1(x_0, x_1)$.

Hier können wir $l_0(x_0, x_1) = l_1(x_0, x_1) = x_1$ annehmen und erhalten so

$$
f = x_2 x_1^2 + b' x_0^3 + c' x_0^2 x_1 + d' x_0 x_1^2 + e' x_1^3.
$$

Es ist $b' \neq 0$, da sonst der Faktor x_1 abspalten würde. Setzt man nun

$$
x_0 = x_0' - \frac{c'}{3b'} x_1,
$$

so erhält man

$$
f = x_2 x_1^2 + b'(x_0')^3 + d'' x_0' x_1^2 + e'' x_1^3, \quad b' \neq 0.
$$

Mittels

$$
x_2 = -b' x_2' - d'' x_0' - e'' x_1
$$

geht dies über in

$$
f = -b'(x_2' x_1^2 - (x_0')^3)
$$

und dies ist offensichtlich projektiv äquivalent zu $x_2 x_1^2 - x_0^3$.   □

4.3   Klassifikation glatter Kubiken

Hierzu benötigen wir zunächst den Begriff des Wendepunkts. Die Klassifikation
ebener Kubiken beruht darauf, dass jede solche Kurve einen Wendepunkt besitzt.

Definition. Ein glatter Punkt $P \in C$ heißt ein *Wendepunkt* von C, falls
$I_P(C, T_P C) \geq 3$. In diesem Fall heißt $T_P C$ eine *Wendetangente* von C.

Es sei nun $C = \{f = 0\}$ eine ebene Kurve. Wir betrachten die *Hessesche* von C:

$$H_f := \det \left(\frac{\partial^2 f}{\partial x_i \partial x_j} \right)_{0 \leq i,j \leq 2}.$$

Dann ist, falls H_f nicht identisch verschwindet, H_f ein homogenes Polynom vom Grad $3(d-2)$. Es sei

$$H = \{H_f = 0\} \subset \mathbb{P}_k^2.$$

Ist $d = 2$, so kann H leer sein. Ansonsten ist H entweder $\mathbb{P}_k^2$ oder eine ebene Kurve vom Grad $3(d-2)$, die sogenannte *Hessesche Kurve* von C.

Satz 4.10. *Es sei C eine glatte ebene Kurve vom Grad $d \geq 3$. Ferner sei $(\mathrm{char}(k), d-1) = 1$. Dann ist $H \cap C$ genau die Menge der Wendepunkte von C.*

Beweis. Wir überlegen zunächst, wie sich die Aussage bei Koordinatenwechsel verhält. Es sei

$$A: \begin{pmatrix} x_0 \\ x_1 \\ x_2 \end{pmatrix} \longmapsto A \begin{pmatrix} x_0 \\ x_1 \\ x_2 \end{pmatrix}, \quad A \in \mathrm{Gl}(3, k).$$

Dies führt ein Polynom $f \in k[x_0, x_1, x_2]$ in ein Polynom f^* über. Mit Hilfe der Kettenregel rechnet man leicht nach, dass

$$H_{f^*} = (\det A)^2 (H_f)^*$$

ist. Die Aussage ist also invariant gegenüber Koordinatenwechsel.

Daher können wir nun annehmen, dass $P = (0 : 0 : 1)$ und $T_P C = \{x_1 = 0\}$. Wie üblich rechnen wir mit den affinen Koordinaten $x = x_0/x_2$ und $y = x_1/x_2$. Dann gilt

$$f(x, y) = y(a + bx + cy + g(x, y)) + ex^2 + h(x),$$

wobei $g(x, y)$ mindestens quadratische Terme besitzt, und alle Terme von h von Ordnung ≥ 3 sind. Ferner sind $a, b, c, e \in k$ mit $a \neq 0$. In homogenen Koordinaten bedeutet dies

$$\begin{aligned} f(x_0, x_1, x_2) =\ & ax_2^{d-1}x_1 + bx_2^{d-2}x_0x_1 + cx_2^{d-2}x_1^2 + ex_2^{d-2}x_0^2 \\ & + \text{Terme, die } x_0, x_1 \text{ mit Ordnung} \geq 3 \text{ enthalten.} \end{aligned}$$

Also gilt

$$H_f(0 : 0 : 1) = \det \begin{pmatrix} 2e & b & 0 \\ b & 2c & (d-1)a \\ 0 & (d-1)a & 0 \end{pmatrix} = -2ea^2(d-1)^2.$$

Da $(\mathrm{char}(k), d-1) = 1$ und $a \neq 0$, gilt

$$H_f(0:0:1) = 0 \Leftrightarrow e = 0.$$

Nun gilt

$$\mathcal{O}_{\mathbb{P}^2_k, P}/(f, x_1) = \mathcal{O}_{\mathbb{A}^2_k, 0}/(ex^2 + h(x), y),$$

also

$$I_P(C, T_P C) \geq 3 \Leftrightarrow e = 0 \Leftrightarrow P \in H.$$

$\square$

Bemerkung 4.11. Wie man dem Beweis entnimmt, kann man daraus die folgende, etwas schärfere Aussage herleiten: Es sei C eine ebene, nicht notwendig glatte, Kurve und P ein glatter Punkt von C. Dann ist C genau dann ein Wendepunkt, wenn $P \in H$ ist.

Wir möchten nun die Existenz mindestens eines Wendepunktes für eine glatte Kurve vom Grad $d \geq 3$ zeigen. Zur Vorbereitung benötigen wir

Lemma 4.12. *Zwei ebene Kurven C und C' haben stets nicht-leeren Durchschnitt.*

Beweis. Es sei C eine Kurve vom Grad d. Dann betrachten wir die *Veronese-Abbildung*

$$v_d : \mathbb{P}^2_k \longrightarrow \mathbb{P}^N_k, \quad N = \binom{d+2}{2} - 1,$$

die durch

$$v_d(x_0 : x_1 : x_2) = (x_0^d : x_0^{d-1} x_1 : \ldots : x_2^d) = (\ldots : x_I : \ldots)_{I \in \Lambda_d}$$

gegeben wird, wobei

$$\Lambda_d := \{(i_0, i_1, i_2) \in \mathbb{N}_0^3; \ i_0 + i_1 + i_2 = d\}$$

und $x_I = x_{(i_0, i_1, i_2)} = x_0^{i_0} x_1^{i_1} x_2^{i_2}$ ist. Man rechnet leicht nach, dass $|\Lambda_d| = \binom{d+2}{2}$. Wir bezeichnen die Koordinaten von $\mathbb{P}^N_k$ mit $z_I, I \in \Lambda_d$. Wie im Fall der Segreabbildung rechnet man leicht nach, dass v_d eine Einbettung ist, deren Bild durch die Gleichungen

$$z_I z_J = z_K z_L \quad (I + J = K + L)$$

gegeben wird. Es sei f eine Gleichung von C vom Grad d. Diese können wir in folgender Form schreiben

$$f = \sum_{I \in \Lambda_d} a_I x_I.$$

In $\mathbb{P}_k^N$ betrachten wir die Hyperebene

$$H = \left\{ \sum a_I z_I = 0 \right\}.$$

Dann gilt

$$v_d(C) = v_d(\mathbb{P}_k^2) \cap H.$$

Dieses Argument zeigt, dass $\mathbb{P}_k^2 \setminus C$ affin ist. Wäre $C \cap C' = \emptyset$, so wäre $C' \subset \mathbb{P}_k^2 \setminus C \subset \mathbb{A}_k^N$. Da C' nicht aus einem Punkt besteht, gibt es eine Koordinatenfunktion w auf $\mathbb{A}_k^N$, die durch Einschränkung eine nicht-konstante reguläre Funktion auf C' liefert. Dies widerspricht Theorem (2.19). $\square$

Korollar 4.13. *Jede glatte Kurve C vom Grad $d \geq 3$ mit $(\mathrm{char}(k), d - 1) = 1$ besitzt mindestens einen Wendepunkt.*

Beweis. Nach Lemma (4.12) ist $C \cap H \neq \emptyset$. Damit folgt die Aussage aus dem eben bewiesenen Satz (4.10). $\square$

Bemerkung 4.14. Die Aussage von Korollar (4.13) gilt allgemeiner für jede glatte Kurve vom Grad $d \geq 3$ über einem algebraisch abgeschlossenen Körper k. Wir werden dieses Korollar jedoch im Folgenden nur für Kubiken verwenden. Da wir $\mathrm{char}(k) \neq 2, 3$ annehmen, ist die Voraussetzung des Korollars dann stets erfüllt.

Man kann Korollar (4.13) natürlich auch aus dem Satz von Bézout herleiten. Genauer kann man sogar zeigen, dass

$$1 \leq \#\text{Wendepunkte} \leq 3d(d - 2).$$

Wir hatten bereits früher die *Weierstraßsche Form* einer Kubik betrachtet, die in affinen Koordinaten durch

$$y^2 = 4x^3 - g_2 x - g_3$$

gegeben ist. Wir betrachten die zugehörige projektive Kurve

$$C_{g_2, g_3} : \quad x_0 x_2^2 - 4x_1^3 + g_2 x_1 x_0^2 + g_3 x_0^3 = 0,$$

wobei der Zusammenhang zwischen den homogenen und den inhomogenen Koordinaten durch $x = \frac{x_1}{x_0}$ und $y = \frac{x_2}{x_0}$ gegeben ist.

Die *Diskriminante* von C_{g_2, g_3} ist definiert durch

$$\Delta := g_2^3 - 27 g_3^2.$$

Satz 4.15. C_{g_2, g_3} *ist genau dann glatt, wenn $\Delta \neq 0$.*

Beweis. Wir betrachten

$$f(x_0, x_1, x_2) = x_0 x_2^2 - 4x_1^3 + g_2 x_1 x_0^2 + g_3 x_0^3$$

und die partiellen Ableitungen

(1)
$$\frac{\partial f}{\partial x_0} = x_2^2 + 2g_2 x_1 x_0 + 3g_3 x_0^2,$$

(2)
$$\frac{\partial f}{\partial x_1} = -12x_1^2 + g_2 x_0^2,$$

(3)
$$\frac{\partial f}{\partial x_2} = 2x_0 x_2.$$

Wegen der Euleridentität

$$3f = \sum_{i=0}^{2} \frac{\partial f}{\partial x_i} x_i$$

ist ein Punkt P genau dann eine Singularität von C_{g_2,g_3}, wenn die Terme (1) – (3) alle verschwinden.

Aus (3) folgt zunächst, dass $x_0 = 0$ oder $x_2 = 0$ ist. Ist $x_0 = 0$, so folgt aus (2), dass $x_1 = 0$, also ist $P = (0 : 0 : 1)$. Dies ist allerdings niemals ein singulärer Punkt, da $\frac{\partial f}{\partial x_0}(P) = 1 \neq 0$ ist. Es sei nun $x_2 = 0$. Dann werden (1) und (2) zu

(1)′ $$2g_2 x_1 x_0 + 3g_3 x_0^2 = 0$$
(2)′ $$-12x_1^2 + g_2 x_0^2 = 0.$$

Ist $g_2 = g_3 = 0$, so ist $P = (1 : 0 : 0)$ ein singulärer Punkt. Falls $g_3 = 0, g_2 \neq 0$, schließt man aus (1)′, da $x_0 = 0$ bereits behandelt wurde, dass $x_1 = 0$. Aber der Punkt $P = (1 : 0 : 0)$ ist wegen (2)′ ein glatter Punkt. Ist $g_2 = 0, g_3 \neq 0$, so folgt aus (1)′, dass $x_0 = 0$, was wir bereits behandelt haben. Es sei nun $g_2 g_3 \neq 0$, und wir können $x_0 \neq 0$ annehmen. Wegen (2)′ können wir auch $x_1 \neq 0$ voraussetzen. Aus (1)′ erhalten wir

$$x_0 = -\frac{2}{3} \frac{g_2}{g_3} x_1.$$

Einsetzen in (2)′ ergibt

$$-12x_1^2 + \frac{4}{9} \frac{g_2^3}{g_3^2} x_1^2 = 0.$$

Diese Gleichung hat genau dann eine nicht-triviale Lösung, wenn

$$-12 + \frac{4}{9} \frac{g_2^3}{g_3^2} = 0 \Leftrightarrow \Delta = 0.$$

□

Satz 4.16. *Es sei C eine glatte Kubik. Dann ist C projektiv äquivalent zu einer Kurve C_{g_2,g_3}.*

Beweis. Nach Korollar (4.13) besitzt C einen Wendepunkt P. Wir können annehmen, dass $P = (0 : 0 : 1)$, und dass die Wendetangente gleich $\{x_0 = 0\}$ ist. Dies bedeutet, dass die Gleichung f von C eingeschränkt auf $\{x_0 = 0\}$ in $(0 : 0 : 1)$ eine dreifache Nullstelle hat, also nach eventueller Multiplikation mit einem Skalar

$$f = -x_1^3 + x_0(ax_0^2 + bx_1^2 + cx_2^2 + dx_0x_1 + ex_0x_2 + gx_1x_2).$$

Da C in $(0 : 0 : 1)$ glatt ist, gilt $c \neq 0$. Setzt man

$$x_2' = (\sqrt{c}x_2 + \frac{1}{2\sqrt{c}}(ex_0 + gx_1)),$$

so geht f über in

$$f' = x_0(x_2')^2 - (x_1^3 + b'x_1^2x_0 + d'x_1x_0^2 + a'x_0^3)$$

mit

$$b' = \frac{g^2}{4c} - b, \quad d' = \frac{eg}{2c} - d, \quad a' = \frac{e^2}{4c} - a.$$

Mittels

$$x_1' = x_1 + \frac{1}{3}b'x_0$$

geht f' über in

$$f'' = x_0(x_2')^2 - ((x_1')^3 + d''x_1'x_0^2 + a''x_0^3)$$

mit

$$a'' = a' - \frac{1}{27}(b')^3 - \frac{1}{3}b'd'', \quad d'' = d' - (b')^2.$$

Setzt man schließlich

$$x_1'' = \frac{1}{\sqrt[3]{4}}x_1'$$

erhalten wir die Weierstraßsche Normalform

$$f''' = x_0(x_2')^2 - (4(x_1'')^3 + d'''x_1''x_0^2 - a'''x_0^3)$$

mit

$$a''' = a'', \quad d''' = \sqrt[3]{4}d''.$$

$\square$

Satz 4.17. *Eine irreduzible Kubik ist genau dann rational, wenn sie singulär ist.*

Beweis. Wenn C singulär ist, so hatten wir bereits früher bewiesen, dass C rational ist. Ist C eine glatte Kubik, dann können wir C zunächst in Weierstraßsche Normalform

$$y^2 = 4x^3 - g_2 x - g_3 = 4(x - \lambda_1)(x - \lambda_2)(x - \lambda_3)$$

bringen. Die Größe

$$\Delta = g_2^3 - 27 g_3^2$$

ist die Diskriminante der kubischen Gleichung

$$4x^3 - g_2 x - g_3 = 0.$$

Das bedeutet, dass aus $\Delta \neq 0$ folgt, dass die Wurzeln $\lambda_1, \lambda_2, \lambda_3$ paarweise verschieden sind. Nach einer Transformation der Geraden $y = 0$ können wir annehmen, dass $\lambda_1 = 0$, $\lambda_2 = 1$ ist (der Punkt im Unendlichen bleibt fest). D. h. C ist projektiv äquivalent zur Kurve

$$y^2 = x(x - 1)(x - \lambda) \qquad (\lambda \neq 0, 1).$$

Die Behauptung folgt dann aus Korollar (0.3), wenn wir noch bemerken, dass der dort gegebene Beweis für jeden algebraisch abgeschlossenen Körper gültig ist. $\square$

Sind C und C' zwei glatte Kubiken und φ eine projektive Transformation, die C in C' abbildet, so bildet f einen Wendepunkt P von C auf einen Wendepunkt P' von C' ab. Nach dem zuvor Gezeigten können wir annehmen, dass C und C' Kurven in Weierstraßform mit $P = P' = (0 : 0 : 1)$ sind. In diesem Fall bildet φ auch die Wendetangente $\{x_0 = 0\}$ in sich selbst ab. Damit können wir die Transformation φ in den affinen Koordinaten x, y betrachten.

Lemma 4.18. *Eine affine Transformation φ, die eine Weierstraßkurve*

$$y^2 = 4x^3 + g_2 x + g_3$$

wieder in eine Weierstraßkurve überführt, ist von der Form $x \mapsto u^2 x$, $y \mapsto u^3 y$, $u \in k^*$.

Beweis. Die allgemeine Transformation φ ist von der Form

$$x \longmapsto \alpha_1 x + \alpha_2 y + \alpha_3$$
$$y \longmapsto \beta_1 x + \beta_2 y + \beta_3.$$

Da auf der linken Seite der Weierstraßgleichung keine kubischen Terme auftreten, folgt zunächst $\alpha_2 = 0$. Aus der Umkehrbarkeit der Transformation folgt $\alpha_1 \beta_2 \neq 0$. Da bei einer Weierstraßgleichung keine gemischten Terme xy auftreten, schließt man, dass $\beta_1 = 0$ ist. Da keine linearen Terme in y auftreten, folgt weiter, dass

$\beta_3 = 0$. Ebenso treten keine quadratischen Terme in x auf, d. h. $\alpha_3 = 0$. Damit hat φ die Form

$$x \longmapsto \alpha_1 x$$
$$y \longmapsto \beta_2 y$$

und es muss gelten, dass $\alpha_1^3 = \beta_2^2$. Aber dies bedeutet, dass $\alpha_1 = u^2, \beta_2 = u^3$ für ein geeignetes $u \in k^*$. $\qquad\square$

Definition. Eine projektive Transformation φ, die eine Weierstraßkubik C_{g_2,g_3} auf eine andere Weierstraßkubik $C_{g_2',g_3'}$ abbildet, und für die zusätzlich $\varphi(0 : 0 : 1) = (0 : 0 : 1)$ gilt, heißt eine *zulässige Transformation*.

Definition. Die *J-Invariante* einer glatten Weierstraßkubik ist definiert durch

$$J(g_2, g_3) := \frac{g_2^3}{\Delta} = \frac{g_2^3}{g_2^3 - 27g_3^2}.$$

Satz 4.19. *Zwei glatte Weierstraßkubiken C_{g_2,g_3} und $C_{g_2',g_3'}$ sind genau dann unter einer zulässigen Transformation äquivalent, wenn $J(g_2, g_3) = J(g_2', g_3')$.*

Beweis. Ist $\varphi : C_{g_2,g_3} \to C_{g_2',g_3'}$ eine zulässige Transformation, so ist

$$g_2' = \frac{g_2}{u^4}, \qquad g_3' = \frac{g_3}{u^6}.$$

Dann gilt $J(g_2, g_3) = J(g_2', g_3')$.

Es sei nun umgekehrt $J(g_2, g_3) = J(g_2', g_3')$.

(1) $J(g_2, g_3) = 0$: In diesem Fall ist $g_2 = 0 \neq g_3$. Dann wählen wir ein u mit $g_3' = g_3/u^6$. Die Transformation $x \mapsto u^2 x$, $y \mapsto u^3 y$ führt C_{g_2,g_3} in $C_{g_2',g_3'}$ über.

(2) $J(g_2, g_3) = 1$: Dies ist äquivalent zu $g_3 = 0 \neq g_2$. In diesem Fall wählen wir u so, dass $g_2' = g_2/u^4$.

(3) $J(g_2, g_3) \neq 0, 1$: Dann ist $g_2, g_3 \neq 0$. Die Bedingung $J(g_2, g_3) = J(g_2', g_3')$ ist äquivalent zu

$$\frac{g_2^3}{g_3^2} = \frac{(g_2')^3}{(g_3')^2}.$$

Ist $g_2 = \alpha g_2'$, $g_3 = \beta g_3'$, so bedeutet dies, dass $\alpha^3 = \beta^2$, d. h. $\alpha = v^2$, $\beta = v^3$ für $v = \beta/\alpha$. Wählen wir nun ein u mit $u^2 = v$, so gilt $g_2' = g_2/u^4$, $g_3' = g_3/u^6$ und die Transformation $x \mapsto u^2 x$, $y \mapsto u^3 y$ liefert das Gewünschte. $\qquad\square$

Im Folgenden sei $k = \mathbb{C}$. Wir hatten bereits früher den Zusammenhang mit komplexen elliptischen Kurven (komplexen Tori) angesprochen. Sind $\omega_1, \omega_2 \in \mathbb{C}$ zwei reell unabhängige Zahlen mit $w_1/w_2 \in H = \{z \in \mathbb{C}; \operatorname{Im} z > 0\}$, so können wir hierzu ein Gitter

$$L = L(\omega_1, \omega_2) = \mathbb{Z}\omega_1 + \mathbb{Z}\omega_2$$

und eine elliptische Kurve

$$E = E(\omega_1, \omega_2) = \mathbb{C}/L(\omega_1, \omega_2)$$

definieren. Mittels der Weierstraßschen $\wp$-Funktion

$$\wp(z) = \frac{1}{z^2} + \sum_{w \in L \setminus \{0\}} \left(\frac{1}{(z-w)^2} - \frac{1}{\omega^2} \right)$$

erhalten wir eine Isomorphismus Riemannscher Flächen

$$\begin{aligned} \varphi: \quad E &\longrightarrow \quad C_{g_2, g_3} \subset \mathbb{P}^2_{\mathbb{C}} \\ z &\longmapsto \quad (1 : \wp(z) : \wp'(z)). \end{aligned}$$

Entscheidend ist dabei die Differentialgleichung der Weierstraßschen $\wp$-Funktion

$$(\wp')^2 = 4\wp^3 - g_2 \wp - g_3.$$

Der Zusammenhang von g_2, g_3 mit dem Gitter ist dabei gegeben durch

$$\begin{aligned} g_2 &= g_2(\omega_1, \omega_2) = 60 \sum_{w \in L \setminus \{0\}} \frac{1}{\omega^4} \\ g_3 &= g_3(\omega_1, \omega_2) = 140 \sum_{w \in L \setminus \{0\}} \frac{1}{\omega^6}. \end{aligned}$$

Man kann nun zeigen, dass jede glatte Weierstraßkubik auf diese Weise zustande kommt. Genauer gibt es zu jedem Paar g_2, g_3 mit $\Delta = g_2^3 - 27 g_3^2 \neq 0$ ein Gitter $L = L(\omega_1, \omega_2)$ mit

$$g_2(\omega_1, \omega_2) = g_2, \quad g_3(\omega_1, \omega_2) = g_3.$$

Setzt man

$$\tau = \frac{\omega_1}{\omega_2} \in H$$

und

$$\begin{aligned} \Lambda_\tau &= \mathbb{Z}\tau + \mathbb{Z} \\ E_\tau &= \mathbb{C}/\Lambda_\tau, \end{aligned}$$

so sind die Riemannschen Flächen $E(\omega_1, \omega_2)$ und E_τ isomorph. Wir setzen $g_2(\tau) = g_2(\tau, 1)$, $g_3(\tau) = g_3(\tau, 1)$.

Die Gruppe $\mathrm{Sl}(2, \mathbb{Z})$ operiert auf der oberen Halbebene H durch

$$g = \begin{pmatrix} a & b \\ c & d \end{pmatrix} : \quad \tau \longmapsto (a\tau + b)(c\tau + d)^{-1}.$$

Man zeigt in der Funktionentheorie, dass

$$E_\tau \cong E_{\tau'} \Leftrightarrow \tau \sim \tau' \text{modulo } \text{Sl}(2, \mathbb{Z}).$$

Die Funktion

$$J : \quad H \rightarrow \mathbb{C}$$
$$J(\tau) = \frac{g_2^3(\tau)}{g_2^3(\tau) - 27g_3^2(\tau)}$$

ist eine holomorphe Funktion. Zudem ist J invariant unter der Gruppe $\text{Sl}(2, \mathbb{Z})$, d. h.

$$J(g(\tau)) = J(\tau) \quad \text{für alle } g \in \text{Sl}(2, \mathbb{Z}).$$

Man kann sogar zeigen, dass jede $\text{Sl}(2, \mathbb{Z})$-invariante holomorphe Funktion auf H eine Funktion in J ist. Die Funktion J nimmt (modulo $\text{Sl}(2, \mathbb{Z})$) jeden komplexen Wert genau einmal an. Damit erhält man Bijektionen

$$\{E_\tau; \ \tau \in H\}/ \cong \xleftrightarrow{1:1} H/\text{Sl}(2, \mathbb{Z}) \xleftrightarrow[J]{1:1} \mathbb{C}.$$

Hierbei ist $\bar{J}([\tau]) = J(\tau)$. Es gilt

$$J(\rho) = 0 \quad (\rho = e^{2\pi i/3}),$$
$$J(i) = 1.$$

Man kann die Weierstraßkubiken $C_{g_2,g_3} \subset \mathbb{P}^2_{\mathbb{C}}$ auch als kompakte Riemannsche Flächen auffassen. In Verallgemeinerung der obigen Diskussion kann man zeigen, dass folgende Aussagen äquivalent sind.

(i) $C_{g_2,g_3} \cong C_{g_2',g_3'}$ als Riemannsche Flächen

(ii) $C_{g_2,g_3} \cong C_{g_2',g_3'}$ als projektive Varietäten

(iii) C_{g_2,g_3} und $C_{g_2',g_3'}$ sind projektiv äquivalent

(iv) es gibt eine zulässige Transformation φ mit $\varphi(C_{g_2,g_3}) = C_{g_2',g_3'}$

(v) $J(g_2, g_3) = J(g_2', g_3')$.

Die Äquivalenz von (iv) und (v) wurde in Satz (4.19) bewiesen. Offensichtlich gilt (iv)$\Rightarrow$(iii)$\Rightarrow$(ii)$\Rightarrow$(i). Die Äquivalenz von (i) und (v) zeigt man in der Funktionentheorie (siehe [FB, Kapitel V, §7]).

4.4 Die Gruppenstruktur einer elliptischen Kurve

Auf Grund der Definition

$$E(\omega_1, \omega_2) = \mathbb{C}/L(\omega_1, \omega_2)$$

ist $E(\omega_1, \omega_2)$ eine abelsche Gruppe. Die Addition und die Inversenbildung

$$
\begin{aligned}
+ &: \quad E(\omega_1, \omega_2) \times E(\omega_1, \omega_2) \quad \longrightarrow \quad E(\omega_1, \omega_2) \\
- &: \qquad\qquad\qquad\quad E(\omega_1, \omega_2) \quad \longrightarrow \quad E(\omega_1, \omega_2)
\end{aligned}
$$

sind holomorphe Abbildungen. Damit wird $E(\omega_1, \omega_2)$ zu einer kompakten, 1-dimensionalen komplexen abelschen *Liegruppe*. (Umgekehrt ist jede solche Liegruppe von der Form $E(\omega_1, \omega_2)$.)

Mittels $\varphi : E(\omega_1, \omega_2) \to \mathbb{P}^2_{\mathbb{C}}$ wird $E(\omega_1, \omega_2)$ auf eine Weierstraßkubik C_{g_2, g_3} abgebildet, wobei der Ursprung auf den Wendepunkt $P = (0 : 0 : 1)$ abgebildet wird. Daher trägt auch C_{g_2, g_3}, und damit jede glatte Kubik, eine abelsche Gruppenstruktur. Man kann diese auch rein geometrisch definieren. Wir schildern hier die geometrische Definition der Gruppenstruktur, ohne zu beweisen, dass diese mit der vom Torus induzierten Gruppenstruktur übereinstimmt (siehe hierzu wieder [FB, Kapitel V, §7]). Hierzu sei C eine glatte ebene Kubik in $\mathbb{P}^2_{\mathbb{C}}$ und O ein Wendepunkt von C. Sind $P_1, P_2 \in C$ Punkte auf C, und $\overline{P_1 P_2}$ die Gerade durch P_1, P_2, so schneidet $\overline{P_1 P_2}$ die Kurve C nach dem Fundamentalsatz der Algebra in 3 Punkten.

$$\overline{P_1 P_2} \cap C = \{P_1, P_2, P_3\}.$$

Wir bezeichnen den Punkt P_3, der durch P_1 und P_2 eindeutig bestimmt wird, mit $(P_1 P_2)$. Diese Konstruktion macht auch Sinn, wenn P_1 und P_2 zusammenfallen; dann muss man für $\overline{P_1 P_2}$ die Tangente $T_{P_1} C$ nehmen. Ist $P \in C$, so definieren wir

$$-P := (PO).$$

Wir setzen nun

$$P + Q := -(PQ).$$

Dann folgt sofort, dass $P + O = O + P = P$ und $P + Q = Q + P$ gilt.

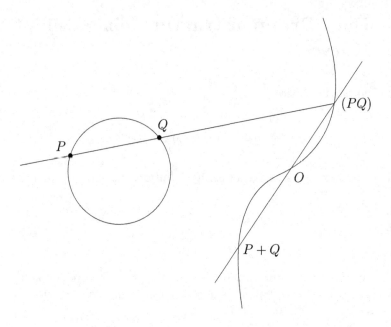

Bild 5: Gruppenstruktur auf einer ebenen Kubik

Man zeigt dann mit im wesentlichen elementaren Mitteln, dass auch das Assoziativitätsgesetz

$$(P + Q) + R = P + (Q + R)$$

gilt. Damit wird C zu einer abelschen Gruppe mit neutralem Element O und inversem Element $-P$. Nach Konstruktion gilt

$$P + Q + R = 0 \Leftrightarrow P, Q, R \text{ sind kollinear.}$$

Man rechnet ebenfalls elementar nach, dass die Abbildungen

$$
\begin{aligned}
+: \quad C \times C &\longrightarrow C \\
(P, Q) &\longmapsto P + Q \\
-: \qquad C &\longrightarrow C \\
P &\longmapsto -P
\end{aligned}
$$

Morphismen sind. Damit wird C zu einer *algebraischen Gruppe*. Die oben durchgeführten Überlegungen gelten für beliebige Grundkörper $k = \bar{k}$.

Die zulässigen Transformationen $f : C_{g_2,g_3} \to C_{g_2',g_3'}$ halten den Ursprung $O = (0 : 0 : 1)$ fest. Da Geraden auf Geraden abgebildet werden, ist f ein *Gruppenisomorphismus*.

Zum Schluss seien noch zwei weitere *Normalformen* erwähnt, nämlich

$$y^2 = x(x-1)(x-\lambda) \qquad \textit{Legendresche Normalform } (\lambda \neq 0, 1).$$

Auch diese Normalform hatten wir im Einführungskapitel schon verwendet. Die Form

$$C_\mu : x_0^3 + x_1^3 + x_2^3 - 3\mu x_0 x_1 x_2 = 0 \qquad \textit{Hessesche Normalform } (\mu \neq 1, \rho, \rho^2, \infty)$$

($\rho = e^{2\pi i/3}$) ist besonders geeignet, die Symmetrien einer ebenen Kubik zu beschreiben. Dieser *Pencil* (ein Pencil ist eine lineare 1-dimensionale Familie) enthält genau vier singuläre Kurven, die alle aus drei verschiedenen Geraden bestehen. Ist C_μ eine Kurve des Hesse-Pencils, so ist die Hessesche Kurve

$$H_\mu : \qquad x_0^3 + x_1^3 + x_2^3 - \frac{4-\mu^3}{\mu^2} x_0 x_1 x_2 = 0$$

wieder ein Element des Hesse-Pencils. Die neun Punkte

$$x_0^3 + x_1^3 + x_2^3 = x_0 x_1 x_2 = 0$$

gehören zu allen Elementen des Hesse-Pencils. Dies sind die neun Wendepunkte der Kurven C_μ, falls C_μ glatt ist.

Übungsaufgaben zu Kapitel 4

4.1 Zeigen Sie, dass es zu 9 Punkten $P_1, \ldots, P_9 \in \mathbb{P}_k^2$ stets eine Kubik C gibt, die $P_1, \ldots, P_9$ enthält. Ist C stets eindeutig bestimmt?

4.2 Es seien $P_1, \ldots, P_8$ Punkte in $\mathbb{P}_k^2$, so dass keine vier dieser Punkte auf einer Geraden und keine sieben auf einem Kegelschnitt liegen. Dann werden die ebenen Kubiken durch die Punkte $P_1, \ldots, P_8$ im Raum aller ebenen Kubiken durch einen $\mathbb{P}_k^1$ parametrisiert.

4.3 Es seien $P_1, \ldots, P_9$ neun Punkte in $\mathbb{P}_k^2$, die der Durchschnitt zweier ebener Kubiken C_1, C_2 sind. Dann geht jede Kubik, die durch $P_1, \ldots, P_8$ geht, auch durch P_9. (Hinweis: Man verwende Aufgabe (4.2).)

4.4 Berechnen Sie die Schnittmultiplizitäten der folgenden Paare von Parabeln im Unendlichen:

(a) $y = x^2$ und $y = x^2 + 1$,

(b) $y = x^2$ und $y = (x+1)^2$.

4.5 Gegeben sei die ebene Kurve $C := \{x_0^3 + x_0^2 x_2 - x_1^2 x_2 = 0\} \subset \mathbb{P}_k^2$. Bestimmen Sie die Schnittmultiplizität mit den Kurven D_j im Punkt $(0 : 0 : 1)$:

(a) $D_1 = \{x_0^3 - x_1^2 x_2 = 0\}$,

(b) $D_2 = \{x_0^2 - x_1^2 = 0\}$.

4.6   Geben Sie ein Beispiel einer glatten ebenen Kurve C, so dass der Durchschnitt $C \cap H$ mit der Hesseschen H nicht gleich der Menge der Wendepunkte von C ist (d. h. die Voraussetzung $(\mathrm{char}(k), d-1) = 1$ in Satz (4.10) kann nicht ohne weiteres weggelassen werden).

4.7   Man finde eine Kurve (über einem Grundkörper der Charakteristik $p > 0$), die die Eigenschaft hat, dass jeder Punkt ein Wendepunkt ist.

4.8   Gegeben seien die folgenden ebenen affinen Kubiken $(\mathrm{char}(k) = 0)$:

(a) $x^3 + y^3 = 1$,

(b) $y^2 + y = x^3 - x$,

(c) $y^2 + y = x^3 + x$,

(d) $y^2 = x^3 - x^2 + x$.

Bringen Sie diese Kubiken in Weierstraßform und berechnen Sie die J-Invariante.

4.9   Berechnen Sie für eine Kubik $y^2 = x(x-1)(x-\lambda)$, $(\lambda \neq 0,1)$ in Legrendrescher Normalform die J-Invariante.

4.10* Bestimmen Sie Normalformen für ebene projektive Kubiken in dem Fall, dass der Grundkörper k die Charakteristik 2 besitzt.

4.11* Bestimmen Sie Normalformen für ebene projektive Kubiken in dem Fall, dass der Grundkörper k die Charakteristik 3 besitzt.

4.12* Zeigen Sie, dass für die in Abschnitt (4.4) beschriebene geometrische Definition der Gruppenstruktur auf einer glatten ebenen Kubik das Assoziativgesetz gilt. (Hinweis: Man verwende Aufgaben (4.2) und (4.3).)

4.13   Zeigen Sie mit Hilfe der geometrischen Definition der Gruppenstruktur auf einer glatten ebenen Kubik C, dass die Addition $+ : C \times C \to C$, $(P, Q) \mapsto P + Q$ und die Inversenbildung $- : C \to C$, $P \mapsto -P$ Morphismen sind.

4.14   Betrachten Sie eine glatte Kubik C in Weierstraß-Form mit der geometrischen Definition der Gruppenstruktur. Ein n-Torsionspunkt auf C ist ein Punkt P mit $nP = \underbrace{P + \cdots + P}_{n} = O$. Bestimmen Sie die 2-Torsionspunkte von C.

4.15 Beweisen Sie den *Satz von Pascal:* Es sei $C \subset \mathbb{P}^2_{\mathbb{C}}$ ein glatter Kegelschnitt und $P_1, \ldots, P_6$ paarweise verschiedene Punkte auf C. Mit L_i sei die Verbindungsgerade von P_i und P_{i+1} (mit $P_7 = P_1$) bezeichnet. Zeigen Sie, dass dann die Schnittpunkte $L_1 \cap L_4, L_2 \cap L_5$ und $L_3 \cap L_6$ auf einer Geraden liegen. (Hinweis: Es seien h_i Linearformen mit $L_i = \{h_i = 0\}$. Man wende dann den Satz von Bézout auf $\{h_1 h_3 h_5 - \lambda h_2 h_4 h_6 = 0\}$ für einen komplexen Parameter λ an.)

Kapitel 5

Kubische Flächen

In diesem Kapitel wollen wir zeigen, dass jede glatte Kubik in $\mathbb{P}_k^3$ genau 27 Geraden enthält. Im ersten Abschnitt zeigen wir, dass eine kubische Fläche überhaupt Geraden enthält, und im zweiten Abschnitt werden wir ihre Anzahl und Konfiguration bestimmen. Dies ist ein klassisches Thema der algebraischen Geometrie, dessen Geschichte bis in das 19. Jahrhundert zurückreicht. Für eine ausführliche klassische Darstellung sei der Leser etwa auf das Buch von A. Henderson [He] verwiesen. Ein Beispiel ist die Clebsche Diagonalkubik (siehe Aufgabe (5.3)), für die alle 27 Geraden auf das reelle Modell der Fläche gezeichnet werden können (siehe Bild 1). Dieses Kapitel folgt [R2, §7]. Auch hier setzen wir char $k \neq 2, 3$ voraus.

Bild 1: Die Clebsche Diagonalkubik mit 27 Geraden (erstellt mit Hilfe des Programms „Surf" von S. Endrass [En])

5.1 Existenz von Geraden auf einer Kubik

Es sei $f = f(x_0, x_1, x_2, x_3) \in k^3[x_0, x_1, x_2, x_3]$ ein homogenes Polynom vom Grad 3. Wir betrachten die zugehörige *kubische Fläche* (oder wieder kurz *Kubik*)

$$S = \{(x_0 : x_1 : x_2 : x_3) \in \mathbb{P}_k^3;\ f(x_0, x_1, x_2, x_3) = 0\}.$$

Im Folgenden nehmen wir an, dass S glatt ist. Dies ist für allgemeine Gleichungen f der Fall. (Genauer gesagt gibt es eine Zariski-offene Teilmenge von kubischen Polynomen f, so dass S glatt ist.) Das Hauptziel des Abschnitts ist der Beweis des folgenden Theorems:

Theorem 5.1. *Jede glatte kubische Fläche $S \subset \mathbb{P}_k^3$ enthält eine Gerade.*

Wir beweisen diese Aussage in zwei Schritten. Zunächst zeigen wir, dass es einen Punkt $P \in S$ gibt, für den der Durchschnitt $C_P := S \cap T_P S$ entweder eine Gerade enthält oder eine ebene Kubik mit einer Spitze ist. Im ersten Fall erhält man die geforderte Gerade. Im zweiten Fall zeigen wir, dass es eine Gerade auf S gibt, die einen Punkt auf C_P enthält.

Lemma 5.2. *Zwei Flächen in $\mathbb{P}_k^3$ haben nicht-leeren Durchschnitt.*

Beweis. Der Beweis ist analog zu dem von Lemma (4.12). $\qquad\qquad\square$

Lemma 5.3. *Es sei S eine glatte kubische Fläche. Dann ist für jeden Punkt $P \in S$ der Durchschnitt $C_P = S \cap T_P S$ eine singuläre ebene Kubik. Es gibt einen Punkt P in S, so dass C_P zerfällt oder eine ebene Kubik mit einer Spitze (Neilsche Parabel) ist.*

Beweis. Da S irreduzibel ist (jede reduzible kubische Fläche ist singulär), ist C_P stets eine Kurve. Wir nehmen an, dass $P = (0 : 0 : 0 : 1) \in S$, und dass $T_P S = \{x_2 = 0\}$ ist. In affinen Koordinaten x, y, z gilt dann für die Gleichung f von S:

$$f = z + q(x, y, z) + h(x, y, z),$$

wobei q homogen quadratisch und h kubisch ist. In homogenen Koordinaten bedeutet dies:

$$f = x_2 x_3^2 + q(x_0, x_1, x_2) x_3 + h(x_0, x_1, x_2).$$

Es folgt unmittelbar, dass $f|_{\{x_2=0\}}$ in P quadratisch verschwindet, d.h. dass C_P in P singulär ist. Wir nehmen nun an, dass C_P für alle Punkte $P \in S$ irreduzibel ist. Nach dem Beweis von Satz (4.9) ist C_P genau dann eine Kubik mit einer Spitze, wenn die quadratische Form

$$\tilde{q}(x_0, x_1) = q(x_0, x_1, 0)$$

das Quadrat einer Linearform ist. Schreibt man

$$q(x_0, x_1, x_2) = \sum_{i,j=0}^{2} a_{ij} x_i x_j, \qquad a_{ij} = a_{ji},$$

so ist dies äquivalent dazu, dass die Matrix $\tilde{A} = (a_{ij})_{i,j=0,1}$ den Rang 1 hat. Wir betrachten nun die Hessesche von f:

$$H_f = \det\left(\frac{\partial^2 f}{\partial x_i \partial x_j}\right)_{i,j}.$$

Wir hatten bereits im Beweis von Satz (4.10) festgestellt, dass sich die Hessesche bei einer Koordinatentransformation, die durch eine Matrix $M \in \mathrm{Gl}(4, k)$ beschrieben wird, durch $H_{f^*} = (\det M)^2 (H_f)^*$ transformiert. In unserem Fall gilt

$$H_f(P) = \det\begin{pmatrix} 2a_{00} & 2a_{01} & 2a_{02} & 0 \\ 2a_{10} & 2a_{11} & 2a_{12} & 0 \\ 2a_{20} & 2a_{21} & 2a_{22} & 2 \\ 0 & 0 & 2 & 0 \end{pmatrix}.$$

Daraus folgt

$$H_f(P) = 0 \Leftrightarrow \det\begin{pmatrix} a_{00} & a_{01} \\ a_{10} & a_{11} \end{pmatrix} = 0.$$

Also ist C_P genau dann eine Kubik mit einer Spitze, wenn $P \in S \cap H$, wobei $H = \{H_f = 0\}$. Da H entweder $\mathbb{P}^3_k$ oder eine kubische Fläche ist, folgt aus Lemma (5.2), dass der Durchschnitt $S \cap H$ nicht leer ist. $\qquad\square$

Wir möchten feststellen können, ob eine Gerade in einer kubischen Fläche enthalten ist. Da jede Gerade von der Form $\overline{PQ}$ für zwei Punkte P und Q ist, führen wir das folgende Konzept ein, welches uns hilft zu bestimmen, ob die Gerade $\overline{PQ}$ in der Fläche $\{f = 0\}$ enthalten ist.

Definition. Für ein homogenes kubisches Polynom f in $x_0, \ldots, x_3$ ist die *Polare* von f definiert als

$$f_1(x_0, \ldots, x_3; y_0, \ldots, y_3) := \sum_{i=0}^{3} \frac{\partial f}{\partial x_i} y_i.$$

Die geometrische Bedeutung dieser Konstruktion liegt in folgender Beobachtung. Für $P \in S$ und $Q \neq P$ gilt

$$\overline{PQ} \subset T_P S \Leftrightarrow f_1(P; Q) = 0.$$

Dies folgt unmittelbar aus der Definition des Tangentialraums. Sind $P \neq Q$ beliebige Punkte, so zeigt eine elementare Rechnung, dass

$$f(\lambda P + \mu Q) = \lambda^3 f(P) + \lambda^2 \mu f_1(P; Q) + \lambda \mu^2 f_1(Q; P) + \mu^3 f(Q).$$

Also gilt

(5.1) $\overline{PQ} \subset S \Leftrightarrow f(P) = f_1(P;Q) = f_1(Q;P) = f(Q) = 0.$

Diese Bedingung zeigt, dass es nützlich wäre, feststellen zu können, ob zwei oder mehr Polynome eine gemeinsame Nullstelle besitzen. Dies ist ein klassisches Problem, welches mit Hilfe von *Resultanten* gelöst wird.

Definition. Für homogene Polynome r und s in Variablen u und v von der Form

$$
\begin{aligned}
r(u,v) &= a_0 u^2 + a_1 uv + a_2 v^2 \\
s(u,v) &= b_0 u^3 + b_1 u^2 v + b_2 uv^2 + b_3 v^3
\end{aligned}
$$

ist die *Resultante* von r und s definiert als

$$
R(r,s) := \det \begin{pmatrix}
a_0 & a_1 & a_2 & & \\
 & a_0 & a_1 & a_2 & \\
 & & a_0 & a_1 & a_2 \\
b_0 & b_1 & b_2 & b_3 & \\
 & b_0 & b_1 & b_2 & b_3
\end{pmatrix}.
$$

Die Bedeutung der Resultante liegt in folgendem Ergebnis.

Lemma 5.4. *Zwei homogene Formen r und s vom Grad 2 bzw. 3 in zwei Variablen haben genau dann eine gemeinsame Nullstelle in $\mathbb{P}^1_k$, wenn $R(r,s) = 0$.*

Beweis. Wir betrachten den Vektorraum V aller homogenen Polynome vom Grad 4 in u, v. Die Dimension von V ist 5. Die Zeilen der obigen Matrix sind gerade die Koeffizienten der fünf Polynome

$$u^2 r, uvr, v^2 r, us, rs$$

bezüglich der Standardbasis aus Monomen. Die Determinante ist genau dann 0, wenn diese Polynome linear abhängig sind, also wenn es eine Relation

$$qr = ls$$

gibt, wobei $q = q(u,v)$ homogen vom Grad 2 und $l = l(u,v)$ eine Linearform ist. Aus dieser Gleichung folgt, dass qr und ls dieselben Nullstellen haben. Dies ist aber nur möglich, wenn r und s eine gemeinsame Nullstelle besitzen. Besitzen umgekehrt r und s eine gemeinsame Nullstelle, so besitzen auch die fünf Polynome diese Nullstelle und können somit nicht den Raum V aufspannen, d. h. sie sind linear abhängig. $\qquad \square$

Bemerkung 5.5. Die Theorie der Resultanten ist ein wichtiger Gegenstand in der klassischen algebraischen Geometrie. In der Tat können Resultanten zweier homogener Polynome allgemeiner definiert werden und ein entsprechendes Lemma gilt immer noch, wir benötigen es aber nur für diesen Spezialfall. Die Matrix aus der Definition der Resultante ist auch als *Sylvestermatrix* bekannt und die Resultante als *Sylvestersche Determinante*. Tatsächlich war die Resultante (in ziemlich genau dieser Form) schon Leibniz bekannt und kann in einem Brief von Leibniz an l'Hospital [L] gefunden werden. (Hierauf wurde ich von D. Eisenbud und F.-O. Schreyer hingewiesen.)

Beweis von Theorem 5.1. Falls es einen Punkt $P \in S$ gibt, so dass C_P reduzibel ist, enthält C_P, und damit S, eine Gerade und wir sind fertig. Ansonsten können wir nach Lemma (5.3) annehmen, dass es einen Punkt P gibt, so dass C_P eine Spitze hat. Nach einer eventuellen Koordinatentransformation können wir annehmen, dass $P = (0 : 0 : 1 : 0)$ und $T_P S = \{x_3 = 0\}$ ist. Ferner können wir nach Satz (4.9) annehmen, dass

$$C := C_P = \{x_0^2 x_2 - x_1^3 = 0\} \qquad (\text{in } \{x_3 = 0\})$$

ist. Damit ist die Gleichung f von S von der Form

$$f = x_0^2 x_2 - x_1^3 + x_3 g, \qquad g = g(x_0, \ldots, x_3),$$

wobei g homogen vom Grad 2 ist. Da S in P glatt ist, muss $g(0 : 0 : 1 : 0) \neq 0$ gelten, und wir können annehmen, dass $g(0, 0, 1, 0) = 1$ ist.

Wir werden zeigen, dass S eine Gerade durch einen Punkt auf C_P enthält. Die Punkte auf C_P sind durch $P_\alpha = (1 : \alpha : \alpha^3 : 0)$ für $\alpha \in k$ parametrisiert. Jede Gerade durch P_α ist von der Form $\overline{P_\alpha Q}$ für einen Punkt $Q = (0 : x_1 : x_2 : x_3)$ in der Ebene $\{x_0 = 0\}$. Da $f(P_\alpha) = 0$ ist, gilt nach (5.1)

$$\overline{P_\alpha Q} \subset S \Leftrightarrow f_1(P_\alpha; Q) = f_1(Q; P_\alpha) = f(Q) = 0.$$

Wir bezeichnen $f_1(P_\alpha; Q), f_1(Q; P_\alpha), f(Q) \in k[\alpha][x_1, x_2, x_3]$ mit $A_\alpha, B_\alpha, C_\alpha$. Diese Polynome sind homogen in x_1, x_2, x_3 vom Grad 1, 2 und 3 mit Koeffizienten, die von α abhängen. Wir definieren das Polynom $R_{27}(\alpha)$ als die Resultante

$$R_{27}(\alpha) = R(B_\alpha(x_1, \tilde{A}_\alpha(x_1, x_3), x_3), C_\alpha(x_1, \tilde{A}_\alpha(x_1, x_3), x_3)),$$

wobei $x_2 = \tilde{A}_\alpha(x_1, x_3)$ die Relation ist, die man aus der linearen Gleichung $A_\alpha(x_1, x_2, x_3) = 0$ enthält. (Wir werden sehen, dass $R_{27}(\alpha)$ ein Polynom vom Grad 27 ist.) Nach Lemma (5.4) gilt

$$R_{27}(\alpha) = 0 \Leftrightarrow A_\alpha, B_\alpha, C_\alpha \text{ haben eine gemeinsame Nullstelle } (\eta_\alpha : \xi_\alpha : \tau_\alpha) \in \mathbb{P}_k^2.$$

Um das Theorem zu beweisen, genügt es zu zeigen, dass $R_{27}(\alpha)$ eine Nullstelle besitzt, da für jede Nullstelle α_0 von $R_{27}(\alpha)$ die Gerade $\overline{P_{\alpha_0} Q}$ mit $Q = (0 : \eta_{\alpha_0} : \xi_{\alpha_0} : \tau_{\alpha_0})$ auf S liegt.

Um zu zeigen, dass $R_{27}(\alpha)$ eine Nullstelle besitzt, genügt es zu zeigen, dass $R_{27}(\alpha)$ nicht konstant ist. Dazu berechnen wir $R_{27}(\alpha)$ explizit.

Die Polare der Gleichung

$$f = f(x_0, \ldots, x_3) = x_0^2 x_2 - x_1^3 + x_3 g$$

ist gegeben durch

$$f_1 = 2x_0 x_2 y_0 - 3x_1^2 y_1 + x_0^2 y_2 + g(x_0, \ldots, x_3) y_3 + x_3 g_1(x_0, \ldots; \ldots, y_3),$$

wobei g_1 die Polare der quadratischen Gleichung g ist. Durch Einsetzen erhalten wir

$$
\begin{aligned}
A &= A_\alpha = -3\alpha^2 x_1 + x_2 + g(1, \alpha, \alpha^3, 0)x_3 \\
B &= B_\alpha = -3\alpha x_1^2 + x_3 g_1(1, \alpha, \alpha^3, 0; 0, x_1, x_2, x_3) \\
C &= C_\alpha = -x_1^3 + x_3 g(0, x_1, x_2, x_3).
\end{aligned}
$$

Wir wollen nun hieraus die Variablen x_1, x_2, x_3 eliminieren, und dabei die höchste Potenz von α verfolgen. Da $g(0, 0, 1, 0) = 1$ gilt, folgt

$$g(1, \alpha, \alpha^3, 0) = \alpha^6 + \text{Terme niederer Ordnung} =: a^{(6)}.$$

Hierbei ist $a^{(6)}$ ein normiertes Polynom in α vom Grad 6. Wir eliminieren nun zunächst x_2 aus der Gleichung für A und erhalten

$$x_2 = 3\alpha^2 x_1 - a^{(6)} x_3.$$

Einsetzen dieses Ausdrucks in B ergibt

$$B = -3\alpha x_1^2 + x_3 g_1(1, \alpha, \alpha^3, 0; 0, x_1, 3\alpha^2 x_1 - a^{(6)} x_3, x_3).$$

Da $g_1(1, \alpha, \alpha^3, 0; 0, x_1, x_2, x_3)$ linear in x_1, x_2, x_3 ist, folgt, dass

$$B = b_0 x_1^2 + b_1 x_1 x_3 + b_2 x_3^2$$

mit

$$
\begin{aligned}
b_0 &= -3\alpha \\
b_1 &= g_1(1, \alpha, \alpha^3, 0; 0, 1, 3\alpha^2, 0) = 6\alpha^5 + \ldots \\
b_2 &= g_1(1, \alpha, \alpha^3, 0; 0, 0, -a^{(6)}, 1) = -2\alpha^9 + \ldots,
\end{aligned}
$$

wobei die Pünktchen Terme niedrigerer Ordnung bezeichnen. Analog erhalten wir durch Einsetzen in C die Gleichung

$$C = -x_1^3 + x_3\, g(0, x_1, 3\alpha^2 x_1 - a^{(6)} x_3, x_3).$$

Durch Entwickeln des quadratischen Polynoms g erhalten wir

$$C = c_0 x_1^3 + c_1 x_1^2 x_3 + c_2 x_1 x_3^2 + c_3 x_3^3,$$

wobei

$$
\begin{aligned}
c_0 &= -1 \\
c_1 &= g(0, 1, 3\alpha^2, 0) = 9\alpha^4 + \dots \\
c_2 &= g_1(0, 1, 3\alpha^2, 0; 0, 0, -a^{(6)}, 1) = -6\alpha^8 + \dots \\
c_3 &= g(0, 0, -a^{(6)}, 1) = \alpha^{12} + \dots
\end{aligned}
$$

Nach Definition gilt

$$R_{27}(\alpha) := \det \begin{pmatrix} b_0 & b_1 & b_2 & & \\ & b_0 & b_1 & b_2 & \\ & & b_0 & b_1 & b_2 \\ c_0 & c_1 & c_2 & c_3 & \\ & c_0 & c_1 & c_2 & c_3 \end{pmatrix}.$$

Offensichtlich ist $R_{27}(\alpha)$ ein Polynom in α. Ersetzt man die Polynome b_i bzw. c_j durch ihren Leitterm, so erhält man die Determinante

$$\det \begin{pmatrix} -3\alpha & 6\alpha^5 & -2\alpha^9 & & \\ & -3\alpha & 6\alpha^5 & -2\alpha^9 & \\ & & -3\alpha & 6\alpha^5 & -2\alpha^9 \\ -1 & 9\alpha^4 & -6\alpha^8 & \alpha^{12} & \\ & -1 & 9\alpha^4 & -6\alpha^8 & \alpha^{12} \end{pmatrix} =$$

$$\alpha^{27} \det \begin{pmatrix} -3 & 6 & -2 & & \\ & -3 & 6 & -2 & \\ & & -3 & 6 & -2 \\ -1 & 9 & -6 & 1 & \\ & -1 & 9 & -6 & 1 \end{pmatrix} = \alpha^{27}.$$

Es folgt, dass $R_{27}(\alpha)$ ein normiertes Polynom vom Grad 27 ist.   □

5.2   Die Konfiguration der 27 Geraden

Wir wollen nun zeigen, dass es auf einer glatten Kubik genau 27 Geraden gibt. Eine Konsequenz hiervon ist, dass jede glatte Kubik rational ist.

Wir benötigen für das Folgende noch eine Aussage über singuläre Punkte von Quadriken. Es sei hierzu

$$Q = \left\{ \sum_{i,j=0}^{n} a_{ij} x_i x_j = 0 \right\} \subset \mathbb{P}_k^n, \qquad a_{ij} = a_{ji}.$$

Lemma 5.6. (i) *Q ist genau dann glatt, wenn die Matrix $A = (a_{ij})$ den maximalen Rang $n + 1$ hat.*

(ii) *Der singuläre Ort von Q ist der lineare Unterraum*

$$\operatorname{Sing} Q = \mathbb{P}(\ker A) = \{x \in \mathbb{P}_k^n; \; Ax = 0\}.$$

Beweis. Nach dem Satz über die Hauptachsentransformation gibt es eine invertierbare Matrix M mit

$$M A^t M = \begin{pmatrix} 1 & & & & & \\ & \ddots & & & & \\ & & 1 & & & \\ & & & 0 & & \\ & & & & \ddots & \\ & & & & & 0 \end{pmatrix} =: E_{r+1},$$

wobei die Anzahl der Einsen gleich $r + 1 = \operatorname{Rang}(A)$ ist. D. h. die Matrix M induziert eine projektive Transformation, die Q auf die Quadrik

$$Q_{r+1} = \{x_0^2 + \ldots + x_r^2 = 0\}$$

abbildet. Dann gilt

$$\operatorname{Sing} Q_{r+1} = \{x_0 = \ldots = x_r = 0\} = \mathbb{P}(\ker E_{r+1}).$$

$\square$

Definition. Der *Rang* der Quadrik Q ist definiert als der Rang der zugehörigen Matrix $A = (a_{ij})$.

Satz 5.7. *Es sei S eine glatte Kubik.*

(i) *Ist E eine Ebene, so besteht $E \cap S$ entweder aus einer irreduziblen Kubik, oder einem Kegelschnitt und einer Geraden, oder aus drei verschiedenen Geraden.*

(ii) *Durch einen Punkt $P \in S$ gehen höchstens drei Geraden, welche in S enthalten sind. Gehen durch P zwei oder drei Geraden, die in S enthalten sind, so liegen diese Geraden in einer Ebene E und $E \cap S$ ist eine der beiden folgenden Konfigurationen:*

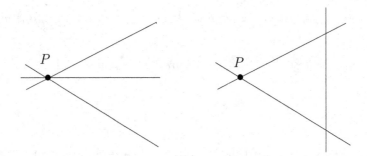

Bild 2: Konfigurationen von Geraden in einer Kubik, die in einer Ebene enthalten sind

Beweis.

(i) Es ist auszuschließen, dass $E \cap S$ eine mehrfache Gerade l enthält. Wir können annehmen, dass $E = \{x_3 = 0\}$ und $l = \{x_2 = 0\} \subset E$ gilt. Falls $S \cap E$ die Gerade l mehrfach enthält, so bedeutet dies für die Gleichung f von S, dass

$$f = x_2^2 \, g(x_0, x_1, x_2) + x_3 h(x_0, x_1, x_2, x_3),$$

wobei $\deg g = 1$, bzw. $\deg h = 2$ gilt. Die Menge

$$\Delta := l \cap \{h(x_0, x_1, x_2, x_3) = 0\}$$

ist nicht leer. Dann ist aber die Fläche S in Δ singulär.

(ii) Es sei $l \subset S$ eine Gerade durch P. Dann gilt

$$l = T_P l \subset T_P S.$$

Der Tangentialraum $T_P S$ ist, da S glatt ist in P, eine Ebene. Damit folgt die Behauptung aus (i).

$\square$

Satz 5.8. *Es sei S eine glatte Kubik und $l \subset S$ eine Gerade. Dann gibt es genau fünf Paare (l_i, l_i') von Geraden, die auf S liegen und die folgenden Eigenschaften haben:*

(i) *$l \cup l_i \cup l_i'$ liegt in einer Ebene. Insbesondere schneiden die Geraden l_i, l_i' die Gerade l $(i = 1, \ldots, 5)$.*

(ii) *$(l_i \cup l_i') \cap (l_j \cup l_j') = \emptyset$ für $i \neq j$.*

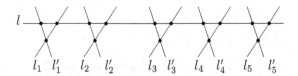

Bild 3: Die Konfiguration der zehn Geraden, die eine gegebene Gerade l schneiden

Beweis. Wir betrachten alle Ebenen E durch die Gerade l. Dann ist

$$E \cap S = l \cup q,$$

wobei $q \subset E$ ein Kegelschnitt ist. Entweder ist q irreduzibel, oder $E \cap S$ hat nach Satz (5.7) eine der Konfigurationen aus Bild 2. Wir müssen also zeigen, dass es genau fünf Ebenen $E \supset l$ gibt, so dass der Kegelschnitt q zerfällt. Die Aussage (ii) folgt dann sofort aus Satz (5.7).

Wir können annehmen, dass $l = \{x_2 = x_3 = 0\}$ ist. Die Gleichung der Fläche S hat, da f auf l verschwindet, die folgende Form:

$$f = Ax_0^2 + Bx_0x_1 + Cx_1^2 + Dx_0 + Ex_1 + F,$$

wobei $A, \ldots, F \in k[x_2, x_3]$. Der Grad von A, B, C ist 1, der Grad von D, E ist 2, und der Grad von F ist 3. Der Pencil der Ebenen durch die Gerade l ist gegeben durch

$$E_{\lambda,\mu} : \{\lambda x_3 - \mu x_2 = 0\}.$$

Es sei $\mu \neq 0$. Dann können wir annehmen, dass $\mu = 1$ ist. Auf $E_{\lambda,1}$ haben wir dann homogene Koordinaten $(x_0 : x_1 : x_3)$. In diesen Koordinaten ist $l = \{x_3 = 0\}$ und

$$f|_{E_{\lambda,1}} = x_3 q(x_0, x_1, x_3)$$

mit

$$
\begin{aligned}
q(x_0, x_1, x_3) \;=\; & A(\lambda, 1)x_0^2 + B(\lambda, 1)x_0x_1 + C(\lambda, 1)x_1^2 \\
& + D(\lambda, 1)x_0x_3 + E(\lambda, 1)x_1x_3 + F(\lambda, 1)x_3^2.
\end{aligned}
$$

Dieser Kegelschnitt ist nach Lemma (5.6) genau dann singulär, wenn

$$
\begin{aligned}
0 \;=\; & \det \begin{pmatrix} A(\lambda, 1) & \frac{1}{2}B(\lambda, 1) & \frac{1}{2}D(\lambda, 1) \\ \frac{1}{2}B(\lambda, 1) & C(\lambda, 1) & \frac{1}{2}E(\lambda, 1) \\ \frac{1}{2}D(\lambda, 1) & \frac{1}{2}E(\lambda, 1) & F(\lambda, 1) \end{pmatrix} \\
\;=\; & A(\lambda, 1)C(\lambda, 1)F(\lambda, 1) + \frac{1}{4}B(\lambda, 1)E(\lambda, 1)D(\lambda, 1) \\
& - \frac{1}{4}C(\lambda, 1)D^2(\lambda, 1) - \frac{1}{4}A(\lambda, 1)E^2(\lambda, 1) - \frac{1}{4}F(\lambda, 1)B^2(\lambda, 1).
\end{aligned}
$$

Wir betrachten daher das Polynom

$$\Delta(x_2, x_3) = 4ACF + BDE - AE^2 - CD^2 - FB^2 \in k[x_2, x_3].$$

Dies ist ein homogenes Polynom vom Grad 5. Der Satz folgt damit aus der

Behauptung. $\Delta(x_2, x_3) \not\equiv 0$ und hat nur einfache Nullstellen.

Um die Behauptung zu zeigen, betrachten wir eine Nullstelle von $\Delta(x_2, x_3)$. Nach einer Koordinatentransformation in x_2, x_3 können wir annehmen, dass dies $x_2 = 0$ ist. Es genügt nun zu zeigen, dass Δ nicht durch x_2^2 teilbar ist. In jedem Fall zerfällt $E \cap S$ in drei Geraden, und je nachdem, ob wir im Fall (2a) oder (2b) sind, können wir annehmen, dass

  (i) $l = \{x_3 = 0\}, l_1 = \{x_0 = 0\}, l_1' = \{x_1 = 0\}$ oder

 (ii) $l = \{x_3 = 0\}, l_1 = \{x_0 = 0\}, l_1' = \{x_0 - x_3 = 0\}$.

Wir behandeln nun den Fall (ii). Die Berechnung für den Fall (i) ist in [R2, S. 107] zu finden. Falls (ii) vorliegt, gilt

$$f = x_0 x_3 (x_0 - x_3) + x_2 g,$$

wobei g quadratisch ist. Also gilt

$$
\begin{aligned}
A &= x_3 + x_2 a, & a \in k \\
D &= -x_3^2 + x_2 \lambda, & \lambda(x_2, x_3) \text{ linear} \\
x_2 &| B, C, E, F.
\end{aligned}
$$

Der Punkt $P = (0 : 1 : 0 : 0)$ liegt auf S. Da S in P glatt ist, folgt, dass $C = cx_2$ mit $c \neq 0$. Also gilt

$$\Delta \equiv -cx_2 D^2 \quad \mathrm{mod}\ x_2^2.$$

Da $x_2 \nmid D$, erhalten wir einen Widerspruch und damit folgt die Behauptung. $\quad\square$

Wir wollen nun die Konfiguration der Geraden auf einer glatten Kubik S in $\mathbb{P}_k^3$ bestimmen. Hierzu benötigen wir noch das folgende

Lemma 5.9. *Die Geraden $l_1, \ldots, l_4$ in $\mathbb{P}_k^3$ seien disjunkt. Dann gibt es die folgenden zwei Fälle:*

* (i) $l_1, \ldots, l_4$ liegen auf einer glatten Quadrik Q. In diesem Fall gibt es unendlich viele Transversale (d. h. Geraden, die $l_1, \ldots, l_4$ schneiden).*

* (ii) $l_1, \ldots, l_4$ liegen auf keiner Quadrik. Dann gibt es 1 oder 2 gemeinsame Transversale.*

Beweis. Für die Dimension der homogenen Polynome vom Grad 2 in 2, bzw. 4 Variablen gilt

$$
\begin{aligned}
\dim k^2[x_0, x_1] &= 3 \\
\dim k^2[x_0, x_1, x_2, x_3] &= \binom{3 + 2}{3} = 10.
\end{aligned}
$$

Der Raum der Quadriken kann also als 9-dimensionaler projektiver Raum betrachtet werden. Dass eine Quadrik $Q = \{f = 0\}$ durch einen vorgegebenen Punkt geht, ist eine lineare Bedingung an die Koeffizienten von f. Eine Gerade l liegt bereits auf Q, wenn Q drei verschiedene Punkte von l enthält. Die Forderung, dass drei Geraden auf einer Quadrik liegen, kann also durch neun lineare Bedingungen ausgedrückt werden. Da der Raum der Quadriken projektiv 9-dimensional ist, gibt es also mindestens eine Quadrik Q, die alle drei Geraden enthält.

Wir müssen nun zeigen, dass Q glatt ist. Da die Geraden l_1, l_2, l_3 disjunkt sind, kann Q nicht in zwei Ebenen zerfallen. Ebenso kann Q keine Quadrik vom Rang 3 sein, da auf einer solchen Quadrik jede Gerade durch die Singularität von Q, d. h. die Kegelspitze geht (siehe Bild 4). Dies kann man durch Betrachten der Projektion von der Spitze sehen. Geraden laufen entweder durch die Spitze und werden auf einen Punkt abgebildet, oder werden auf Geraden abgebildet. Aber das Bild ist eine glatter Kegelschnitt und enthält keine Geraden.

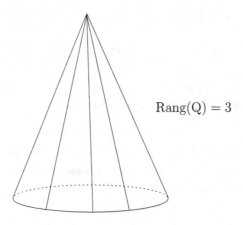

$\mathrm{Rang}(Q) = 3$

Bild 4: Quadratischer Kegel

Damit ist Q eine glatte Quadrik, die l_1, l_2, l_3 enthält. Da sie disjunkt sind, liegen sie in derselben Regelschar auf Q.

Wir haben nun die folgenden Möglichkeiten:

(i) $l_4 \subset Q$. Dann muss l_4 in derselben Regelschar wie l_1, l_2, l_3 liegen und es gibt unendlich viele Transversale, nämlich die Geraden der anderen Regelschar auf Q.

(ii) $l_4 \not\subset Q$. Dann besteht $l_4 \cap Q$ aus einem oder zwei Punkten. Falls es zwei Punkte P und R sind, wie in Bild 5, dann sind die Regelgeraden l_P und l_R durch diese Punkte, die in der Regelschar liegen, zu denen die l_i, $i = 1, 2, 3$, nicht gehören, die gemeinsamen Transversalen. Falls l_4 die Quadrik Q nur in einem

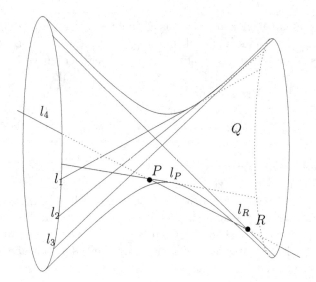

Bild 5: Konstruktion von Transversalen auf einer glatten Quadrik

Punkt trifft, dann erhalten wir eine Gerade in Q, die transversal zu allen vier Geraden $l_1, \ldots, l_4$ ist. Man beachte, dass eine Gerade, die l_1, l_2 und l_3 trifft, also mit Q mindestens drei Punkte gemeinsam hat, bereits in Q liegen muss, so dass wir alle möglichen gemeinsamen Transversalen von $l_1, \ldots, l_4$ beschrieben haben.

$\square$

Lemma 5.10. *Eine glatte Kubik S kann nicht vier windschiefe Geraden m_1, m_2, m_3, m_4 enthalten, die drei gemeinsame Transversale n_1, n_2, n_3 auf S besitzen. D. h. S kann nicht sieben Geraden mit einer Konfiguration wie in Bild 6 enthalten.*

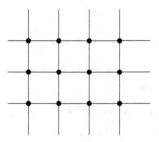

Bild 6: Diese Konfiguration von Geraden kann nicht in einer glatten kubischen Fläche enthalten sein

Beweis.   Wir nehmen an, es gäbe eine solche Konfiguration auf S. Da

m_1, m_2, m_3, m_4 drei gemeinsame Transversale besitzen, liegen sie nach Lemma (5.9) auf einer glatten Quadrik Q. Die m_i liegen in einer Regelschar auf Q und die n_i in der anderen. Jeder Punkt $P \in Q$ liegt auf einer Geraden L in derselben Regelschar wie die n_i. Die Gerade L schneidet m_1, m_2, m_3, m_4, d. h. sie schneidet S in mindestens vier Punkten und muss somit in S enthalten sein. Damit gilt $P \in S$ für jeden Punkt $P \in Q$, also $Q \subset S$. D. h. die Kubik zerfällt in Q und eine Hyperebene H. Dann ist S aber entlang des Durchschnitts $Q \cap H$ singulär, ein Widerspruch. $\square$

Wir benötigen noch die folgende Tatsache über die Geraden aus Satz (5.8).

Lemma 5.11. *Sind l, l_i, l'_i Geraden auf einer glatten kubischen Fläche S wie in Satz (5.8), so schneidet jede andere Gerade m auf S genau eine der Geraden l, l_i, l'_i.*

Beweis. Es sei E_i die Ebene mit $E_i \cap S = l \cup l_i \cup l'_i$. Dann gilt $m \cap (l \cup l_i \cup l'_i) = m \cap (E_i \cap S) = (m \cap S) \cap E_i = m \cap E_i \neq \emptyset$, da sich eine Gerade und eine Ebene in $\mathbb{P}^3_k$ stets schneiden. Also trifft m mindestens eine der drei Geraden. Trifft m mehr als eine der Geraden, so trifft m entweder E_i in zwei Punkten oder zwei der Geraden in ihrem Schnittpunkt. Im ersten Fall folgt sofort, dass m in E_i enthalten ist, im zweiten Fall folgt dies aus Satz (5.7) (ii). In beiden Fällen erhält man einen Widerspruch zu Satz (5.7) (i). $\square$

Theorem 5.12. *Auf einer glatten Kubik S liegen genau 27 Geraden.*

Beweis. Es sei $l \subset S$ eine Gerade. Wir betrachten die fünf Paare $(l_i, l'_i), i = 1, \ldots, 5$ von Satz (5.8). Es sei $m \subset S$ eine zu l windschiefe Gerade, welche nach Satz (5.8), angewandt auf l_1, existiert. Nach Lemma (5.11) schneidet m genau eine der Geraden l_i oder l'_i. Durch eventuelles Umbenennen können wir annehmen, dass m die Geraden l_i, $i = 1, \ldots, 5$ schneidet und mit den Geraden l'_i, $i = 1, \ldots, 5$ leeren Durchschnitt hat. Die nach Satz (5.8) zu m gehörigen fünf Geradenpaare sind dann Geraden (l_i, l''_i), $i = 1, \ldots, 5$. Die l''_i sind verschieden von allen l'_j: es gilt $l''_i \neq l'_i$, denn sonst wäre $l = m$. Außerdem gilt $l''_i \neq l'_j$ für $i \neq j$, da $l'_j \cap l_i = \emptyset$. Wiederum nach Satz (5.8) (ii) ist $l''_i \cap l_j = \emptyset$ für $i \neq j$. Andererseits trifft jede Gerade auf S eine der drei Geraden l, l_j oder l'_j. Also gilt $l''_i \cap l'_j \neq \emptyset$ für $i \neq j$. Bild 7 zeigt einige der Schnittpunkte. (Hierbei ist es auch möglich, dass sich l, l_i, l'_i oder m, l_j, l''_j in einem Punkt schneiden.)

Bisher haben wir 17 Geraden $l, m, l_i, l'_i, l''_i; i = 1, \ldots, 5$ gefunden. Wir müssen also zehn weitere Geraden finden.

Behauptung.

(i) Ist $n \subset S$ eine weitere außer den bisher gefundenen Geraden, so schneidet n genau drei der fünf Geraden l_i.

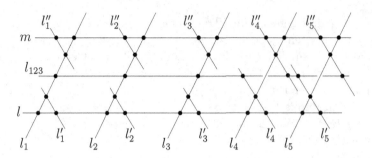

Bild 7: Teil der Konfiguration der 27 Geraden auf S

(ii) Umgekehrt gibt es zu jedem Tripel $\{i, j, k\} \subset \{1, 2, 3, 4, 5\}$ genau eine Gerade l_{ijk} auf S, die windschief zu m und l ist und l_i, l_j und l_k schneidet.

Beweis der Behauptung

(i) Es sei n eine Gerade auf S, die verschieden von den 17 bisher angegebenen Geraden ist. Zunächst kann n weder l noch m schneiden, da die l_i, l_i', l_i'' alle Geraden sind, die l oder m schneiden.

Schneidet die Gerade n mindestens vier der Geraden l_i, so gilt wegen Lemma (5.9), dass $l = n$ oder $l = m$, ein Widerspruch. Falls n höchstens zwei der Geraden l_i trifft, dann trifft n mindestens drei der Geraden l_i'. Wir können dann annehmen, dass n etwa die Geraden l_2', l_3', l_4', l_5' oder l_1, l_3', l_4', l_5' schneidet. Andererseits sind l und l_1'' gemeinsame Transversale von $l_1, l_2', l_3', l_4', l_5'$. Damit sind n, l und l_1'' gemeinsame Transversale vier disjunkter Geraden, ein Widerspruch zu Lemma (5.10). Die zeigt (i).

(ii) Wir zeigen zunächst, dass l_{ijk} eindeutig ist. Es sei l_{ijk}' eine weitere Gerade, die windschief zu l und m ist und l_i, l_j und l_k trifft. Falls l_{ijk} und l_{ijk}' sich schneiden, liegen die fünf Geraden $l_i, l_j, l_k, l_{ijk}, l_{ijk}'$ in einer gemeinsamen Ebene, im Widerspruch zu Satz (5.7). Falls sie sich nicht schneiden, sind l_i, l_j, l_k gemeinsame Transversale der windschiefen Geraden l, m, l_{ijk} und l_{ijk}', was wieder nach Lemma (5.10) unmöglich ist.

Wir zeigen schließlich, dass alle Geraden l_{ijk} existieren. Nach Satz (5.8) gibt es zehn Geraden, welche l_1 schneiden. Von diesen sind vier in den aufgezählten 17 Geraden enthalten, nämlich l, l_1', m und l_1''. Die anderen sechs Geraden treffen genau zwei der verbleibenden Geraden $\{l_2, \ldots, l_5\}$. Hierfür gibt es $\binom{4}{2} = 6$ Möglichkeiten. Es müssen also alle Geraden l_{1jk} vorkommen. Dasselbe Argument zeigt die Existenz aller Geraden l_{ijk} und somit haben wir (ii) gezeigt.

Insgesamt ist die Menge der Geraden auf S gegeben durch

$$\{l, m, l_i, l_i', l_i'', l_{ijk}; \ 1 \leq i < j < k \leq 5\}.$$

Die Anzahl dieser Geraden ist

$$1 + 1 + 5 + 5 + 5 + 10 = 27.$$

$\square$

Die Konfiguration der 27 Geraden lässt sich also wie folgt zusammenfassen. Jede Gerade trifft zehn andere Geraden:

l	trifft	$l_1, \ldots, l_5$ und $l_1', \ldots, l_5'$,
m	trifft	$l_1'', \ldots, l_5''$ und $l_1', \ldots, l_5'$,
l_1	trifft	l, m, l_1', l_1'', und l_{1jk} für $2 \le j < k \le 5$,
l_1'	trifft	l, l_1, l_j'' für $2 \le j \le 5$ und $l_{234}, l_{235}, l_{245}, l_{345}$,
l_1''	trifft	m, l_1, l_j' für $2 \le j \le 5$ und $l_{234}, l_{235}, l_{245}, l_{345}$,
l_{123}	trifft	$l_1, l_2, l_3, l_4', l_4'', l_5', l_5''$, und $l_{145}, l_{245}, l_{345}$.

Das Schnittverhalten der übrigen Geraden erhält man durch Permutation der Indizes.

5.3   Rationalität von Kubiken

Wir können nun zeigen, dass jede glatte Kubik rational ist, was eine Konsequenz der Existenz von Geraden auf der Kubik ist.

Satz 5.13. *Es sei S eine glatte Kubik.*

(i) *Auf S existieren zwei disjunkte Geraden.*

(ii) *S ist eine rationale Fläche.*

Beweis. Aussage (i) folgt aus der Konstruktion der 27 Geraden auf einer Kubik, wobei man eigentlich nur Theorem (5.1) und Satz (5.8) benötigt.

Mittels zwei windschiefer Geraden l, m können wir eine rationale Abbildung

$$\pi_{l,m} : \quad S \dashrightarrow \mathbb{P}_k^1 \times \mathbb{P}_k^1$$

wie folgt konstruieren. Für einen Punkt $Q \notin l \cup m$ gibt es genau eine Gerade $n = n(Q)$ durch Q, die l und m schneidet.

Wir betrachten die Abbildung

$$\pi_{l,m} : \quad \mathbb{P}_k^3 \setminus (l \cup m) \longrightarrow l \times m = \mathbb{P}_k^1 \times \mathbb{P}_k^1$$
$$Q \longmapsto (n(Q) \cap l, n(Q) \cap m).$$

Dies ist ein Morphismus. Wir können nämlich nach einer Koordinatentransformation annehmen, dass $l = \{x_2 = x_3 = 0\}$ und $m = \{x_0 = x_1 = 0\}$. Dann ist

$$\pi_{l,m} : \quad \mathbb{P}_k^3 \setminus (l \cup m) \longrightarrow l \times m$$
$$(x_0 : x_1 : x_2 : x_3) \longmapsto ((x_0 : x_1), (x_2 : x_3)).$$

Wir zeigen nun, dass die Einschränkung

$$\varphi = \pi_{l,m}|_S : S \dashrightarrow l \times m$$

ein rationales Inverses besitzt. Für Punkte $(P, Q) \in l \times m$ betrachten wir die durch P, Q aufgespannte Gerade $\overline{PQ}$ in $\mathbb{P}_k^3$. Nach Satz (5.8) gibt es höchstens endlich viele Geraden $\overline{PQ}$, die in S enthalten sind. Ist $\overline{PQ} \not\subset S$, dann gilt

$$\overline{PQ} \cap S = \{P, Q, R\}.$$

Wir definieren

$$\psi : \quad l \times m \quad \dashrightarrow \quad S$$
$$(P, Q) \quad \mapsto \quad R.$$

Dies ist eine rationale Abbildung, da die Lösungen von $f|_{l(P,Q)}$ algebraisch von den Punkten P und Q abhängen. Offensichtlich sind φ und ψ zueinander inverse Abbildungen. Da $l \times m \cong \mathbb{P}_k^1 \times \mathbb{P}_k^1$ eine rationale Fläche ist (d. h. birational zu $\mathbb{P}_k^2$), folgt die Behauptung. $\qquad\square$

Wir hatten bereits gesehen, dass eine kubische Kurve $C \subset \mathbb{P}_k^2$ genau dann rational ist, wenn C singulär ist. Die Frage, ob eine glatte Kubik $X \subset \mathbb{P}_k^4$ rational ist, führt auf ein interessantes Problem.

Definition. Eine n-dimensionale irreduzible Varietät X heißt *unirational*, falls es eine Inklusion $k(X) \subset k(x_1, \ldots, x_n)$ gibt.

Geometrisch bedeutet dies, dass es eine dominante, generisch endliche Abbildung $\mathbb{P}_k^n \dashrightarrow X$ gibt. Offensichtlich ist jede rationale Varietät unirational. Im Fall $n = 1$ oder $n = 2$ und $\mathrm{char}(k) = 0$ ist jede unirationale Varietät auch rational (Satz von Lüroth im Fall $n = 1$, Flächenklassifikation im Fall $n = 2$). Es ist seit langem bekannt, dass jede glatte Kubik $X \subset \mathbb{P}_k^n$, $n \geq 3$ unirational ist.

Theorem 5.14. *(Clemens, Griffiths, 1971): Eine glatte Kubik $X \subset \mathbb{P}_{\mathbb{C}}^4$ ist unirational, aber nicht rational.*

Der Beweis dieses Satzes verlangt Hilfsmittel, die deutlich über den Stoff dieses Buches hinausgehen. Die Frage, ob eine glatte Kubik $X \subset \mathbb{P}_k^n$, $n \geq 5$ rational ist, ist zur Zeit immer noch offen.

Übungsaufgaben zu Kapitel 5

5.1   Beweisen Sie Fall (i) im Beweis von Satz (5.8).

5.2   Finden Sie explizite Gleichungen für die 27 Geraden auf der *Fermatkubik*

$$x_0^3 + x_1^3 + x_2^3 + x_3^3 = 0.$$

5.3 Gegeben sei die *Clebsche Diagonalkubik*

$$X = \left\{ \sum_{i=0}^{4} x_i = \sum_{i=0}^{4} x_i^3 = 0 \right\} \subset \mathbb{P}_{\mathbb{C}}^4.$$

(Dies ist eine kubische Fläche in der durch $\sum_{i=0}^{4} x_i = 0$ gegebenen Hyperebene von $\mathbb{P}_{\mathbb{C}}^4$.) Zeigen Sie, dass alle Geraden auf X reell sind (d. h. in $\mathbb{P}_{\mathbb{R}}^4$ enthalten sind).

In den folgenden drei Aufgaben geht es darum, dass man kubische Flächen in $\mathbb{P}_k^3$ dadurch erhalten kann, dass man das *Linearsystem* von ebenen Kubiken durch 6 Punkte in allgemeiner Lage in $\mathbb{P}_k^2$ betrachtet. Der Einfachheit halber nehmen wir $k = \mathbb{C}$ an. Um zu zeigen, dass die hier konstruierte Fläche eine glatte Kubik ist, benötigen wir Resultate des nächsten Kapitels. In diesem Buch werden wir die allgemeine Theorie der Linearsysteme auf Flächen nicht diskutieren; in Abschnitt 6.4.1 werden wir aber Linearsysteme auf Kurven definieren und zeigen, wie sie Abbildungen in einen projektiven Raum bestimmen.

5.4 Es seien $P_1, \dots, P_6 \in \mathbb{P}_{\mathbb{C}}^2$ Punkte, von denen keine 3 auf einer Geraden und keine 6 auf einem Kegelschnitt liegen. Zeigen Sie, dass dann die Menge aller Kubiken $C \subset \mathbb{P}_{\mathbb{C}}^2$, die durch $P_1, \dots, P_6$ gehen, durch einen projektiven Unterraum $\mathbb{P}(U) \subset \mathbb{P}(\mathbb{C}^3[x_0, x_1, x_2])$ der (projektiven) Dimension 3 parametrisiert werden.

5.5 Es seien $P_1, \dots, P_6 \in \mathbb{P}_{\mathbb{C}}^2$ wie in Aufgabe (5.4) und $F_0, \dots, F_3$ sei eine Basis des Vektorraums U. Dann definieren $F_0, \dots, F_3$ eine rationale Abbildung

(5.2)
$$\begin{aligned} \varphi : \mathbb{P}_{\mathbb{C}}^2 &\dashrightarrow \mathbb{P}_{\mathbb{C}}^3, \\ P &\longmapsto (F_0(P) : \dots : F_3(P)). \end{aligned}$$

In Abschnitt 2.3.6 haben wir die Aufblasung von $\mathbb{A}_k^2$ im Ursprung beschrieben. Dieselbe Konstruktion kann benutzt werden, um die Aufblasung einer beliebigen offenen Teilmenge von $\mathbb{A}_k^2$, die den Ursprung enthält, zu definieren. Für jeden Punkt $P \in \mathbb{P}_k^2$ gibt es eine offene Umgebung U von P und einen Isomorphismus zwischen U und einer offenen Teilmenge von $\mathbb{A}_k^2$, der P auf den Ursprung abbildet. Durch Identifizieren von U mit seinem Bild in $\mathbb{A}_k^2$ kann man dann die Aufblasung von $\mathbb{P}_k^2$ in P definieren. Um mehrere Punkte $P_1, \dots, P_m$ in $\mathbb{P}_k^2$ aufzublasen, kann man Umgebungen U_i von P_i wählen, die $\mathbb{P}_k^2$ überdecken, so dass $P_j \notin U_i$ für $i \neq j$, und jeden Punkt einzeln aufblasen. Dann kann man die aufgeblasenen Mengen $\tilde{U}_i$ verkleben um eine Varietät zu erhalten, die man die Aufblasung von $\mathbb{P}_k^2$ in $P_1, \dots, P_m$ nennt. Wir überlassen es dem Leser zu zeigen, dass dies eine wohldefinierte projektive Varietät ist, und sie explizit als Untervarietät von $\mathbb{P}_k^2 \times (\mathbb{P}_k^1)^m$ zu beschreiben.

Es sei $\tilde{\mathbb{P}}^2_{\mathbb{C}}$ die Aufblasung von $\mathbb{P}^2_{\mathbb{C}}$ in den Punkten $P_1, \dots, P_6$. Zeigen Sie:

(a) Die rationale Abbildung φ kann zu einem Morphismus $\tilde{\varphi} : \tilde{\mathbb{P}}^2_{\mathbb{C}} \to \mathbb{P}^3_{\mathbb{C}}$ fortgesetzt werden.

(b) Der Morphismus $\tilde{\varphi}$ ist eine Einbettung im Sinn von Abschnitt 6.6, d. h. $\tilde{\varphi}$ ist injektiv, und in jedem Punkt $P \in \tilde{\mathbb{P}}^2_{\mathbb{C}}$ ist auch das Differential $d\tilde{\varphi}(P)$ injektiv. Nach Satz (6.31) ist dann das Bild $S := \tilde{\varphi}(\tilde{\mathbb{P}}^2_{\mathbb{C}}) \subset \mathbb{P}^3_{\mathbb{C}}$ eine glatte Fläche in $\mathbb{P}^3_{\mathbb{C}}$ und $\tilde{\varphi} : \tilde{\mathbb{P}}^2_{\mathbb{C}} \to S$ ist ein Isomorphismus.

(c) Die Fläche S hat Grad 3, d. h. das Urbild einer allgemeinen Geraden $l \subset \mathbb{P}^3_{\mathbb{C}}$ unter $\tilde{\varphi}$ besteht aus 3 Punkten.

5.6   Die Bezeichnungen seien wie in Aufgabe (5.5). Finden Sie die 27 Kurven auf $\tilde{\mathbb{P}}^2_{\mathbb{C}}$, die auf die 27 Geraden in S abgebildet werden.

5.7   In $\mathbb{P}^2_{\mathbb{C}}$ seien die Geraden $L_i = \{x_i = 0\}$, $i = 0, 1, 2$, und $L_3 = \{x_0 + x_1 + x_2 = 0\}$ gegeben. Es seien $P_1, \dots, P_6$ die Schnittpunkte $L_i \cap L_j$, $0 \le i < j \le 3$.

(a) Zeigen Sie, dass die Abbildung $\varphi : \mathbb{P}^2_{\mathbb{C}} \dashrightarrow \mathbb{P}^3_{\mathbb{C}}$ von Aufgabe (5.5) auch in diesem Fall einen Morphismus $\tilde{\varphi} : \tilde{\mathbb{P}}^2_{\mathbb{C}} \to \mathbb{P}^3_{\mathbb{C}}$ bestimmt.

(b) Bestimmen Sie den Ort, wo $\tilde{\varphi}$ keine Einbettung ist.

(c) Zeigen Sie, dass die Fläche $S = \tilde{\varphi}(\tilde{\mathbb{P}}^2_{\mathbb{C}})$ projektiv äquivalent zur Fläche

$$\{x_0 x_1 x_2 + x_0 x_2 x_3 + x_0 x_1 x_3 + x_1 x_2 x_3 = 0\} \subset \mathbb{P}^3_{\mathbb{C}}$$

ist. (Man nennt diese Fläche die *Cayley-Kubik*.)

(d) Zeigen Sie, dass die Fläche S genau 4 singuläre Punkte besitzt.

Kapitel 6

Einführung in die
Theorie der Kurven

In diesem Kapitel wollen wir eine Einführung in die Theorie der algebraischen Kurven geben. Nachdem Divisoren auf Kurven definiert werden, wird gezeigt, dass jeder Hauptdivisor den Grad 0 hat. Als Anwendung erhalten wir eine Form des Satzes von Bézout. Anschließend diskutieren wir Linearsysteme auf Kurven und Einbettungen in den projektiven Raum.

6.1 Divisoren auf Kurven

Im Folgenden sei, falls nicht ausdrücklich anders festgestellt, C stets eine glatte projektive Kurve über einem algebraisch abgeschlossenen Körper k, d. h. eine glatte, irreduzible projektive Varietät der Dimension 1.

Definition. Ein *Divisor* D auf C ist eine formale endliche Summe

$$D = n_1 P_1 + \ldots + n_k P_k, \quad n_i \in \mathbb{Z}, P_i \in C.$$

Der *Grad* des Divisors ist definiert durch

$$\deg D := n_1 + \ldots + n_k.$$

Die Menge aller Divisoren

$$\operatorname{Div} C = \{D; \ D \text{ ist ein Divisor auf } C\}$$

ist nichts anderes als die freie abelsche Gruppe, die von den Punkten von C erzeugt wird. Sie heißt die *Divisorengruppe* von C.

Der lokale Ring $\mathcal{O}_{C,P}$ besitzt das maximale Ideal

$$m_P = \{g \in \mathcal{O}_{C,P}; \ g(P) = 0\}.$$

Da C glatt ist, gilt nach Theorem (3.6)

$$\dim_k m_P/m_P^2 = \dim C = 1.$$

Ist $t \in m_P$ ein Element, dessen Restklasse $\bar{t}$ den Vektorraum m_P/m_P^2 erzeugt, dann ist t nach dem Nakayama-Lemma (4.3) ein erzeugendes Element von m_P. Die Kette

$$m_P \supsetneq m_P^2 \supsetneq \cdots \supsetneq m_P^k \supsetneq m_P^{k+1} \supsetneq \cdots$$

ist eine echt absteigende Idealkette. (Wäre nämlich $m_P^k = m_P^{k+1}$, so würde $t^k(1 - gt) = 0$ für ein $g \in \mathcal{O}_{C,P}$ folgen, also $t^k = 0$. Dies ist ein Widerspruch dazu, dass $\mathcal{O}_{C,P}$ in dem Funktionenkörper $k(C)$ enthalten ist.)

Definition. Man nennt t einen *lokalen Parameter* im Punkt P.

Sind t und t' zwei lokale Parameter, so ist $t = ut'$ für eine Einheit $u \in \mathcal{O}_{C,P}^*$. Wir werden diese Aussage im Folgenden häufig verwenden.

Lemma 6.1.

$$\bigcap_{k=1}^{\infty} m_P^k = \{0\}.$$

Beweis. Es sei U eine affine Umgebung von P in C. Dann ist der Koordinatenring $k[U]$ noethersch. Da der lokale Ring aus $k[U]$ durch Lokalisieren nach einem maximalen Ideal hervorgeht, ist auch der lokale Ring $\mathcal{O}_{C,P}$ noethersch. Aus dem Hilbertschen Basissatz folgt dann auch, dass der Ring $\mathcal{O}_{C,P}[T]$ noethersch ist.

Es sei nun

$$\alpha \in \bigcap_{k=1}^{\infty} m_P^k.$$

Also ist $\alpha \in m_P^k$ für alle k, und es gibt eine Darstellung $\alpha = f_k(t)$, wobei t ein lokaler Parameter und $f_k \in \mathcal{O}_{C,P}[T]$ ein Polynom der Form $f_k = g_k T^k$, $g_k \in \mathcal{O}_{C,P}$ ist. Wir betrachten das von den Polynomen f_k erzeugte Ideal I in $\mathcal{O}_{C,P}[T]$. Da $\mathcal{O}_{C,P}[T]$ noethersch ist, gibt es Elemente $f_1, \ldots, f_l$, die I erzeugen. Damit gibt es eine Darstellung

$$(6.1) \qquad f_{l+1}(T) = \sum_{i=1}^{l} h_i(T) f_i(T), \qquad h_i(T) \in \mathcal{O}_{C,P}[T],$$

wobei $h_i(T) = p_i T^{l+1-i}, p_i \in \mathcal{O}_{C,P}$. Substituiert man t für T, so ergibt sich $h_i(t) \in m_P^{l+1-i} \subset m_P$ und setzt man $\mu_i = h_i(t)$, so ergibt Formel (6.1) die Beziehung

$$\alpha = \sum_{i=1}^{l} \mu_i \alpha = \mu \alpha, \qquad \mu = \sum_{i=1}^{l} \mu_i \in m_P.$$

Also gilt

$$\alpha(1 - \mu) = 0.$$

Da $(1 - \mu)(P) = 1 \neq 0$, ist $1 - \mu$ eine Einheit in $\mathcal{O}_{C,P}$, also folgt $\alpha = 0$. $\square$

Wegen Lemma (6.1) können wir die folgende Definition vornehmen:

Definition. Für jede in P reguläre Funktion $0 \neq g \in \mathcal{O}_{C,P}$ definieren wir die *Vielfachheit* von g in P durch

$$v_P(g) := \max\{k; \ g \in m_P^k\}.$$

Die Funktion g verschwindet also genau dann in P, wenn $v_P(g) \geq 1$. Ist die Vielfachheit von g gleich k, so gibt es eine Darstellung

$$g = ht^k, \qquad h(P) \neq 0,$$

wobei t ein lokaler Parameter und $h \in \mathcal{O}_{C,P}^*$ eine Einheit ist. Aus dieser Darstellung sieht man auch sofort, dass $v_P(fg) = v_P(f) + v_P(g)$ gilt.

Definition. Für jede rationale Funktion $0 \neq f \in k(C)$ ist die *Vielfachheit* von f in P definiert durch

$$v_P(f) := v_P(g) - v_P(h)$$

mit $f = g/h$ und $g, h \in \mathcal{O}_{C,P}$. Ist $v_P(f) > 0$, so sagt man f habe eine *Nullstelle* der Ordnung $v_P(f)$ in P, ist $v_P(f) < 0$, so sagt man f habe eine *Polstelle* der Ordnung $-v_P(f)$ in P.

Die obige Definition ist unabhängig von der Darstellung $f = g/h$. Ist nämlich $f = g/h = g'/h'$, so ist $gh' = g'h$ und es gilt:

$$v_P(g) + v_P(h') = v_P(gh') = v_P(g'h) = v_P(g') + v_P(h).$$

Für jeden Punkt $P \in C$ haben wir also eine Abbildung

$$\begin{aligned} v_P: \quad k(C)^* &\longrightarrow \ \mathbb{Z} \\ f &\longmapsto \ v_P(f) \end{aligned}$$

definiert. Diese Abbildung hat die folgenden Eigenschaften:

(i) $v_P(fg) = v_P(f) + v_P(g)$

(ii) $v_P(f + g) \geq \min\{v_P(f), v_P(g)\}$.

Eine Abbildung mit diesen Eigenschaften nennt man eine *diskrete Bewertung* für den Körper $k(C)$. Es gilt ferner, dass

$$\begin{aligned} \mathcal{O}_{C,P} &:= \{f \in k^*(C), v_P(f) \geq 0\} \cup \{0\} \\ m_P &:= \{f \in k^*(C), v_P(f) > 0\} \cup \{0\}. \end{aligned}$$

Man sagt dann, dass $\mathcal{O}_{C,P}$ ein *diskreter Bewertungsring* von $k(C)$ ist.

Allgemeiner hat man den folgenden Begriff.

Definition. Ein Integritätsring R heißt ein *diskreter Bewertungsring*, falls es auf dem Quotientenkörper K von R eine Bewertung v gibt, d. h. eine Abbildung $v : K^* \to \mathbb{Z}$ mit

(i) $v(xy) = v(x) + v(y)$

(ii) $v(x + y) \geq \min\{v(x), v(y)\}$,

so dass R der *Bewertungsring* von v ist, d. h.

$$R = \{x \in K^*; \ v(x) \geq 0\} \cup \{0\}.$$

Es gilt

Satz 6.2. *Es sei (A, m) ein noetherscher lokaler Integritätsring der Dimension 1. Dann sind folgende Aussagen äquivalent:*

(i) *A ist ein diskreter Bewertungsring,*

(ii) *A ist ganz abgeschlossen,*

(iii) *A ist ein regulärer lokaler Ring,*

(iv) *m ist ein Hauptideal.*

Beweis. [AM, Proposition 9.2]. □

Lemma 6.3. *Ist $0 \neq f \in k(C)$, dann gibt es nur endlich viele Punkte $P \in C$ mit $v_P(f) \neq 0$.*

Beweis. Wir haben eine Darstellung $f = g/h$ mit g, h homogenen Polynomen vom selben Grad (hierzu haben wir eine Einbettung $C \subset \mathbb{P}_k^n$ gewählt). Nach Voraussetzung sind die Mengen $\{g = 0\}$ und $\{h = 0\}$ auf C echte abgeschlossene Teilmengen. Da C eine Kurve ist, bestehen beide Mengen nur aus endlich vielen Punkten. □

Definition. Es sei $0 \neq f \in k(C)$ eine rationale Funktion. Der *durch f definierte Divisor* ist

$$(f) := \sum_{P \in C} v_P(f) P \in \operatorname{Div} C.$$

Definition. Ein Divisor $D \in \operatorname{Div} C$ heißt ein *Hauptdivisor*, falls es eine rationale Funktion $0 \neq f \in k(C)$ gibt mit $D = (f)$.

Offensichtlich gilt

$$(fg) = (f) + (g), \quad \left(\frac{1}{f}\right) = -(f),$$

d.h. wir haben einen Gruppenhomomorphismus

$$k(C)^* \longrightarrow \mathrm{Div}\, C$$
$$f \longmapsto (f)$$

von der multiplikativen Gruppe $k(C)^*$ in die additive Gruppe $\mathrm{Div}\, C$ definiert. Insbesondere bilden die Hauptdivisoren eine Untergruppe von $\mathrm{Div}\, C$.

Definition. Zwei Divisoren D und D' heißen *linear äquivalent*, falls ihre Differenz ein Hauptdivisor ist, d.h. falls

$$D - D' = (f) \qquad \text{für ein } f \in k(C)^*$$

gilt. Man schreibt $D \sim D'$.

Also ist $D \sim 0$ genau dann, wenn D ein Hauptdivisor ist. Offensichtlich ist lineare Äquivalenz eine Äquivalenzrelation.

Definition. Die *Divisorenklassengruppe* von C ist definiert durch

$$\mathrm{Cl}(C) := \mathrm{Div}\, C / \sim .$$

Da die Hauptdivisoren eine Untergruppe bilden, ist die Divisorenklassengruppe $\mathrm{Cl}(C)$ in natürlicher Weise eine abelsche Gruppe.

Beispiel 6.4. Es sei $C = \mathbb{P}^1_k$. Dann gilt

$$D \sim 0 \Leftrightarrow \deg D = 0.$$

Diese Behauptung sieht man wie folgt: Da jede rationale Funktion von der Form $f = g/h$ mit homogenen Polynomen $g, h \in k[x_0, x_1]$, $\deg g = \deg h$ ist, folgt sofort, dass $\deg(f) = 0$ ist. Ist umgekehrt $\deg D = 0$, so gilt $D = D' - D''$ mit $D' = \sum n_P P$, $n_P > 0$ und $D'' = \sum m_P P$, $m_P > 0$, sowie $\sum n_P = \sum m_P$. Dann gibt es homogene Polynome g und h vom Grad $N = \sum n_P = \sum m_P$, die genau auf D', bzw. D'' verschwinden. Also gilt für $f = g/h$, dass $(f) = D' - D'' = D$. Als Folgerung erhält man, dass die Gradfunktion einen Isomorphismus

$$\deg: \quad \mathrm{Cl}(\mathbb{P}^1_k) \cong \mathbb{Z}$$

induziert. Ist C nicht isomorph zu $\mathbb{P}^1_k$, so ist die Struktur von $\mathrm{Cl}(C)$ sehr viel komplizierter.

6.2 Der Grad von Hauptdivisoren

In diesem Abschnitt beweisen wir, dass jeder Hauptdivisor den Grad 0 hat.

Theorem 6.5. *Ist C eine glatte, projektive Kurve, so hat jeder Hauptdivisor auf der Kurve C Grad 0.*

Zunächst benötigen wir noch einige Vorbereitungen. Man kann zeigen (Satz (6.34)), dass jeder nicht-konstante Morphismus $f : C \to C'$ zwischen glatten projektiven Kurven surjektiv ist. Wir werden dies allerdings im Folgenden nicht benutzen, außer für den Fall, dass $C' = \mathbb{P}_k^1$ ist, wofür wir unten einen elementaren Beweis angeben werden. Wir setzen also zunächst voraus, dass $f : C \to C'$ eine surjektive Abbildung zwischen glatten, projektiven Kurven ist. Ist $Q \in C'$, so wählen wir einen lokalen Parameter t in Q, d. h. einen Erzeuger des maximalen Ideals m_Q. Das Urbild $f^{-1}(Q)$ ist eine echte abgeschlossene Teilmenge von C, besteht also aus endlich vielen Punkten.

Wir setzen

$$f^*(Q) := \sum_{P_i \in f^{-1}(Q)} v_{P_i}(f^*(t)) P_i.$$

Dieser Divisor ist unabhängig von der Auswahl von t. Ist nämlich t' ein weiterer lokaler Parameter, so ist $t' = ut$ für eine Einheit $u \in \mathcal{O}_{C,Q}$. Insbesondere ist $u(Q) \neq 0$, also

$$v_{P_i}(f^*(t')) = v_{P_i}(f^*(ut)) = v_{P_i}(f^*(u)) + v_{P_i}(f^*(t)) = v_{P_i}(f^*(t)).$$

Durch lineare Fortsetzung erhalten wir einen Gruppenhomomorphismus

$$f^* : \quad \mathrm{Div}\, C' \longrightarrow \mathrm{Div}\, C.$$

Eine surjektive Abbildung $f : C \to C'$ induziert durch Zurückholen von Funktionen eine Inklusion $k(C') \subset k(C)$. Da $k(C)$ und $k(C')$ beide Transzendenzgrad 1 haben, ist $k(C)/k(C')$ eine endliche Körpererweiterung.

Definition. Ist $f : C \to C'$ eine surjektive Abbildung zwischen projektiven Kurven, dann ist der *Grad* von f definiert durch

$$\deg f := \deg[k(C) : k(C')].$$

Der wesentliche Schritt im Beweis von Theorem (6.5) ist der

Satz 6.6. *Ist $f : C \to C'$ eine surjektive Abbildung glatter projektiver Kurven, so gilt für alle Punkte $Q \in C'$, dass*

$$\deg f^*(Q) = \deg f.$$

Dieser Satz liefert uns zugleich eine geometrische Deutung des Grades einer Abbildung $f : C \to C'$. Er besagt, dass der Grad von f gerade die (richtig gezählte) Anzahl der Urbilder eines (jeden) Punktes $Q \in C'$ ist. Wir stellen den Beweis dieses Satzes zurück und diskutieren zunächst Anwendungen dieses Ergebnisses. Hierzu benötigen wir zunächst das folgende

Lemma 6.7. *Ist C eine projektive Kurve, dann ist jede nicht-konstante Abbildung $f : C \to \mathbb{P}^1_k$ surjektiv.*

Beweis. Ist f nicht surjektiv, so können wir annehmen, dass f eine Abbildung $f : C \to \mathbb{A}^1_k$ ist. Dann ist $f^*(x) = x \circ f$ eine nicht-konstante reguläre Funktion auf C, was nach Theorem (2.19) nicht möglich ist. $\square$

Lemma 6.8. *Es seien C und C' glatte Kurven. Ist C' projektiv, so ist jede rationale Abbildung $f : C \dashrightarrow C'$ ein Morphismus.*

Beweis. Es genügt, rationale Abbildungen $f : C \dashrightarrow \mathbb{P}^n_k$ zu betrachten. Die Aussage ist lokaler Natur. Es sei $P \in C$ und t ein lokaler Parameter in P. Dann ist

$$f = (f_0 : \ldots : f_n), \qquad f_i \in k(C).$$

Für die rationalen Funktionen f_i haben wir Darstellungen

$$f_i = t^{l_i} \tilde{f}_i, \quad l_i \in \mathbb{Z}, \tilde{f}_i \in \mathcal{O}_{C,P} \text{ mit } \tilde{f}_i(P) \neq 0.$$

Wir können annehmen, dass $l_0 \leq \ldots \leq l_n$ gilt. Dann ist

$$f = (t^{l_0} \tilde{f}_0 : t^{l_1} \tilde{f}_1 : \ldots : t^{l_n} \tilde{f}_n) = (\tilde{f}_0 : t^{l_1 - l_0} \tilde{f}_1 : \ldots : t^{l_n - l_0} \tilde{f}_n).$$

Nun sind alle Komponenten von f reguläre Funktionen in P und $\tilde{f}_0(P) \neq 0$. Daher ist f regulär in P. $\square$

Korollar 6.9. *Zwei glatte projektive Kurven C und C' sind genau dann isomorph, wenn sie birational äquivalent sind.*

Beweis. Es seien $\varphi : C \dashrightarrow C'$ und $\varphi^{-1} : C' \dashrightarrow C$ zueinander inverse rationale Abbildungen. Nach Lemma (6.8) sind φ und φ^{-1} Morphismen, und es gilt $\varphi^{-1} \circ \varphi = \mathrm{id}_C$, sowie $\varphi \circ \varphi^{-1} = \mathrm{id}_{C'}$. $\square$

Beweis von Theorem 6.5. Es sei const. $\neq f \in k(C)$. Dann definiert f eine rationale Abbildung $f : C \dashrightarrow \mathbb{P}^1_k$. Nach Lemma (6.8) ist f ein Morphismus. Dieser ist nach Lemma (6.7) surjektiv. Nun gilt

$$(f) = f^*(0) - f^*(\infty).$$

Nach Satz (6.6) gilt

$$\deg f^*(0) = \deg f^*(\infty) = d = \deg f.$$

Also folgt

$$\deg(f) = \deg f^*(0) - \deg f^*(\infty) = 0.$$

$\square$

Bevor wir nun Satz (6.6) beweisen können, benötigen wir zwei weitere Aussagen. Wir betrachten eine surjektive Abbildung $f : C \to C'$ und das Urbild eines Punktes $Q \in C'$, also

$$f^{-1}(Q) = \{P_1, \ldots, P_m\}.$$

Wir betrachten ferner den Ring

$$\tilde{\mathcal{O}} := \bigcap_{i=1}^{m} \mathcal{O}_{C,P_i} \subset k(C).$$

Dies sind gerade die rationalen Funktionen auf C, die in den Punkten $P_1, \ldots, P_m$ regulär sind. Mittels der Inklusionen

$$\mathcal{O}_{C',Q} \subset k(C') \hookrightarrow k(C)$$

ist $\mathcal{O}_{C',Q}$ in $\tilde{\mathcal{O}}$ enthalten. Insbesondere können wir $\tilde{\mathcal{O}}$ als einen $\mathcal{O}_{C',Q}$-Modul auffassen.

Lemma 6.10. (i) *Es gibt Elemente* $t_1, \ldots, t_m \in \tilde{\mathcal{O}}$ *mit* $v_{P_i}(t_j) = \delta_{ij}$. *Insbesondere sind die* t_i *lokale Parameter in* P_i.

(ii) *Ist* $u \in \tilde{\mathcal{O}}$, *so gibt es eine Darstellung*

$$u = t_1^{l_1} \cdot \ldots \cdot t_m^{l_m} v$$

mit $l_i = v_{P_i}(u)$ *und* v *invertierbar in* $\tilde{\mathcal{O}}$.

Lemma 6.11. *Der Modul* $\tilde{\mathcal{O}}$ *ist ein freier* $\mathcal{O}_{C',Q}$-*Modul vom Rang* $d = \deg f$, *d. h.* $\tilde{\mathcal{O}} \cong \mathcal{O}_{C',Q}^d$.

Wir stellen die Beweise dieser Aussagen zunächst zurück.

Beweis von Satz 6.6. Wir betrachten einen lokalen Parameter

$$t \in \mathcal{O}_{C',Q} \subset \tilde{\mathcal{O}}.$$

Nach Lemma (6.10) gibt es eine Darstellung

$$t = t_1^{l_1} \cdot \ldots \cdot t_m^{l_m} v, \qquad l_i = v_{P_i}(t), \ v \in \tilde{\mathcal{O}}^*.$$

Also gilt

(6.1) $$f^*(Q) = \sum_{i=1}^{m} l_i P_i$$

(6.2) $$\deg f^*(Q) = \sum_{i=1}^{m} l_i.$$

Da $v_{P_i}(t_j) = \delta_{ij}$ gilt, sind die t_i paarweise teilerfremd. Also folgt aus dem chinesischen Restsatz, dass

$$\tilde{\mathcal{O}}/(t) = \bigoplus_{i=1}^{m} \tilde{\mathcal{O}}/(t_i^{l_i}).$$

Behauptung. $\dim_k \tilde{\mathcal{O}}/(t_i^{l_i}) = l_i$. Mit Hilfe dieser Aussage folgt die Behauptung von Satz (6.6) nun schnell aus Lemma (6.11). Zunächst gibt die obige Behauptung die Aussage

$$(6.3) \qquad \dim \tilde{\mathcal{O}}/(t) = \sum_{i=1}^{m} \dim \tilde{\mathcal{O}}/(t_i^{l_i}) = \sum_{i=1}^{m} l_i = \deg f^*(Q).$$

Andererseits besagt Lemma (6.11), dass

$$\tilde{\mathcal{O}} \cong \mathcal{O}_{C',Q}^d, \qquad d = \deg f.$$

Also gilt

$$(6.4) \qquad \tilde{\mathcal{O}}/(t) \cong (\mathcal{O}_{C',Q}/(t))^d \cong k^d.$$

Aus (3) und (4) folgt nun sofort, dass

$$d = \deg f^*(Q).$$

Es bleibt nun, die Behauptung zu beweisen. Die Funktionen $1, t_i, \ldots, t_i^{l_i-1}$ sind linear unabhängig über k, d. h.

$$\dim_k \tilde{\mathcal{O}}/(t_i^{l_i}) \geq l_i.$$

Es genügt nun zu zeigen, dass jedes Element $w \in \tilde{\mathcal{O}}$ eine Darstellung

$$w \equiv \alpha_0 + \alpha_1 t_i + \ldots + \alpha_{l_i-1} t_i^{l_i-1} \mod t_i^{l_i}, \quad \alpha_i \in k$$

besitzt. Wir zeigen dies durch Induktion nach $l_i = s$.

Ist $s = 0$, so ist nichts zu zeigen. Wir nehmen nun an, dass die Aussage für s stimmt. Damit haben wir eine Darstellung

$$w \equiv \alpha_0 + \alpha_1 t_i + \ldots + \alpha_{s-1} t_i^{s-1} \mod t_i^s.$$

Nach Eigenschaft (i) von Lemma (6.10) ist

$$\tilde{w} := t_i^{-s}(w - \alpha_0 - \alpha_1 t_1 - \ldots - \alpha_{s-1} t_i^{s-1}) \in \tilde{\mathcal{O}} \subset \mathcal{O}_{C,P_i}.$$

Setzen wir

$$\alpha_s := \tilde{w}(P_i),$$

so hat $\tilde{w} - \alpha_s$ eine Nullstelle in P_i, d. h. $\tilde{w} - \alpha_s \in (t_i)$. In anderen Worten

$$\alpha_s \equiv t_i^{-s}(w - \alpha_0 - \ldots - \alpha_{s-1} t_i^{s-1}) \mod t_i,$$

bzw. nach Multiplizieren mit t_i^s folgt

$$w \equiv \alpha_0 + \ldots + \alpha_{s-1} t_i^{s-1} + \alpha_s t_i^s \mod t_i^{s+1}.$$

$\square$

Beweis von Lemma 6.10.

(i) Wir betrachten eine projektive Einbettung $C \subset \mathbb{P}_k^n$. Dann können wir zunächst eine Hyperebene H wählen, die keinen der Punkte P_i enthält. Also ist $\{P_1, \ldots, P_m\} \subset U = C \setminus H$, wobei $U \subset \mathbb{A}_k^n$. Nun können wir affine Hyperebenen H_i wählen, die C in P_i transversal schneiden (d. h. $T_{P_i} C \not\subset H_i$) und durch keinen der Punkte $P_j, j \neq i$ gehen. (Bei diesem Argument verwenden wir, dass der Körper $k = \bar{k}$ unendlich viele Elemente besitzt.) Die Gleichungen der Hyperebenen H_i eingeschränkt auf die Kurve C ergeben schließlich die gesuchten Funktionen t_i.

(ii) Es sei nun $u \in \tilde{\mathcal{O}}$. Wir setzen

$$l_i = v_{P_i}(u) \geq 0.$$

Für

$$v := t_1^{-l_1} \cdot \ldots \cdot t_m^{-l_m} u$$

gilt $v_{P_i}(v) = 0; i = 1, \ldots, m$. Also ist $v \in \tilde{\mathcal{O}}^*$ eine Einheit. Aus der Gleichung $u = t_1^{l_1} \cdot \ldots \cdot t_m^{l_m} v$ folgt die Behauptung.

$\square$

Der nun folgende Beweis von Lemma (6.11) ist der subtilste Schritt im Beweis von Theorem (6.5).

Beweis von Lemma 6.11. Wir gehen in mehreren Schritten vor.

(1) Wir betrachten eine affine Umgebung $V \subset C'$ von Q. Mit $B = k[V]$ bezeichnen wir den Koordinatenring von V. Wir können B als Unterring von $k(C)$ auffassen. Es sei

$$A := \text{ganzer Abschluss von } B \text{ in } k(C).$$

Nach [ZS, Theorem V.4.9] ist A selbst wieder eine endlich erzeugte k-Algebra mit Quotientenkörper $k(C)$. Also gibt es eine affine Kurve U mit $k[U] = A$. Wir behaupten zunächst, dass U glatt ist. Nach Korollar (3.16) ist dies dazu äquivalent, dass alle lokalen Ringe $\mathcal{O}_{U,P}$ reguläre lokale Ringe sind. Zu jedem Punkt $P \in U$ gibt es ein maximales Ideal m in A mit $\mathcal{O}_{U,P} \cong A_m$. Da A ganz abgeschlossen in $k(C)$ ist, gilt dies auch für A_m, wie man elementar zeigt (siehe auch [ZS, p. 261]). Damit folgt die Aussage aus Satz (6.2).

(2) Da der Quotientenkörper von $A = k[U]$ der Körper $k(C)$ ist, gibt es eine birationale Abbildung $\varphi : U \dashrightarrow C$. Nach Lemma (6.8) ist $\varphi : U \to C$ ein Morphismus. Unser Ziel ist es, zu zeigen, dass φ die affine Kurve U isomorph auf $\varphi(U) \subset C$ abbildet, und dass $\varphi(U) = f^{-1}(V)$ ist. Zunächst kann man feststellen, dass $\varphi(U)$ offen ist. Denn da $\varphi : U \to C$ birational ist, gibt es offene Mengen $U' \subset U$ und $U'' \subset C$, so dass $\varphi|_{U'} : U' \to U''$ ein Isomorphismus ist. Also ist U'' gleich C minus endlich vieler Punkte. Damit gilt dasselbe für $\varphi(U)$.

Als nächstes wollen wir zeigen, dass die Abbildung $\varphi : U \to \varphi(U)$ ein Isomorphismus ist. Hierfür genügt es, nachzuweisen, dass die rationale Umkehrabbildung $\varphi^{-1} : \varphi(U) \dashrightarrow U$ ein Morphismus ist. Da U affin ist, können wir dies nicht aus Lemma (6.8) schließen. Wir nehmen an, dass $U \subset \mathbb{A}_k^n$ liegt, und dass

$$\varphi^{-1} = (g_1, \ldots, g_n), \qquad g_i \in k(C).$$

Es sei $S = \varphi(R)$ ein Punkt, in dem φ^{-1} nicht regulär ist. D. h. es gibt (nach eventuellem Umnummerieren) eine lokale Darstellung

$$g_1 = \frac{h_1}{h_2}, \qquad h_1(S) \neq 0, h_2(S) = 0.$$

Sind $z_1, \ldots, z_n$ die Koordinaten von $\mathbb{A}_k^n$, so gilt

$$g_1 = (\varphi^{-1})^*(z_1),$$

d. h. also

$$\varphi^*(g_1) = z_1$$

und damit

$$\varphi^*(h_1) = z_1 \varphi^*(h_2).$$

Da $h_2(S) = 0$, gilt $\varphi^*(h_2)(R) = h_2(\varphi(R)) = h_2(S) = 0$. Damit folgt aber auch $\varphi^*(h_1)(R) = 0$, also $h_1(S) = 0$, im Widerspruch zur Annahme.

Im Folgenden wollen wir U mittels φ mit dem Bild $\varphi(U)$ identifizieren, d. h. wir fassen U als offene Teilmenge von C auf.

(3) Wir wollen nun zeigen, dass $U = f^{-1}(V)$ gilt. Die Inklusion

$$B = k[V] \overset{f^*}{\subset} A = k[U]$$

induziert ein kommutatives Diagramm

$$\begin{array}{ccc} U & \hookrightarrow & C \\ f \downarrow & & \downarrow f. \\ V & \hookrightarrow & C' \end{array}$$

Insbesondere gilt $U \subset f^{-1}(V)$. Wir nehmen nun an, dass keine Gleichheit gilt. Dann gibt es einen Punkt $\tilde{R} \in C$, $\tilde{R} \notin U$ mit $\tilde{S} = f(\tilde{R}) \in V$. Es sei

$$f^{-1}(\tilde{S}) \cap U = \{\tilde{R}_1, \ldots, \tilde{R}_l\}.$$

Ähnlich wie beim Beweis von Lemma (6.10) (i) findet man leicht eine rationale Funktion $g \in k(C)$, die regulär ist in den Punkten $\tilde{R}_1, \ldots, \tilde{R}_l$, aber nicht in $\tilde{R}$, d. h.

$$g \notin \mathcal{O}_{C,\tilde{R}}; \quad g \in \mathcal{O}_{C,\tilde{R}_i}, \ i = 1, \ldots, l.$$

Ist $X \subset C$ die Menge der Punkte, in denen g nicht regulär ist (d.h. die Menge der Pole), so gilt

$$\tilde{S} \notin f(X \cap U).$$

Wiederum mit derselben Technik kann man nun eine Funktion $h \in k[V] = B$ konstruieren mit

$$hg \in k[U] = A, \qquad hg \notin \mathcal{O}_{C,\tilde{R}}.$$

(Man wähle h so, dass h Nullstellen genügend hoher Ordnung in $f(X \cap U)$ hat, aber in $\tilde{S}$ nicht verschwindet.) Nach Konstruktion ist $g' = hg$ in A und damit nach Definition von A ganz über B. D.h. g' erfüllt eine Gleichung

$$(g')^n + b_{n-1}(g')^{n-1} + \ldots + b_0 = 0, \qquad b_i \in B = k[V].$$

Damit gilt in dem Körper $k(C)$

$$g' = -b_{n-1} - b_{n-2}(g')^{-1} - \ldots - b_0(g')^{-n+1}.$$

Da g' einen Pol in $\tilde{R}$ hat, ist $g' \notin \mathcal{O}_{C,\tilde{R}}$, aber $b_i(g')^{-1} \in \mathcal{O}_{C,\tilde{R}}$. Damit liefert obige Gleichung einen Widerspruch und wir haben die Gleichheit $U = \varphi^{-1}(V)$ gezeigt.

(4) Als nächstes wollen wir beweisen, dass die Gleichheit $\tilde{\mathcal{O}} = A\mathcal{O}_{C',Q}$ gilt. Die Inklusion $A\mathcal{O}_{C',Q} \subset \tilde{\mathcal{O}}$ ist offensichtlich. Es sei nun $g \in \tilde{\mathcal{O}}$ und X die Menge der Polstellen von g. Wegen (3) können wir nun wiederum eine Funktion $h \in k[V]$ finden mit $h(Q) \neq 0$ und $hg \in A$. Da $h(Q) \neq 0$ ist, gilt $h^{-1} \in \mathcal{O}_{C',Q}$, also $g \in A\mathcal{O}_{C',Q}$.

Wiederum nach dem bereits zitierten Ergebnis [ZS, Theorem V.4.9] ist A endlich erzeugt als B-Modul. Wegen der Gleichheit $\tilde{\mathcal{O}} = A\mathcal{O}_{C',Q}$ folgt, dass $\tilde{\mathcal{O}}$ ein endlich erzeugter $\mathcal{O}_{C',Q}$-Modul ist. Der lokale Ring $\mathcal{O}_{C',Q}$ ist ein Hauptidealring. (Jedes Ideal ist von der Form (t^k).) Nach dem Hauptsatz über endlich erzeugte Moduln über Hauptidealringen folgt dann, dass

$$\tilde{\mathcal{O}} = \tilde{\mathcal{O}}^m_{C',Q} \oplus T, \qquad T = \text{Torsionsanteil}.$$

Da $\mathcal{O}_{C',Q} \subset \tilde{\mathcal{O}} \subset k(C)$, d.h. da $\tilde{\mathcal{O}}$ in dem Körper $k(C)$ enthalten ist, kann es keinen Torsionsanteil geben, also ist $T = 0$.

Es bleibt nun, die Zahl m, also die Anzahl der unabhängigen Elemente von $\tilde{\mathcal{O}}$ über $\mathcal{O}_{C',Q}$ zu bestimmen. Durch Wegmultiplizieren von Nennern sieht man, dass dies gleich der Anzahl der unabhängigen Elemente von $\tilde{\mathcal{O}}$ über $k(C')$ ist. Da $d = \deg[k(C) : k(C')]$ der Grad der Körpererweiterung ist, gilt $m \leq d$. Andererseits seien $f_1, \ldots, f_d$ eine Basis von $k(C)$ über $k(C')$. Möglicherweise haben $f_1, \ldots, f_d$ Pole in der Menge $f^{-1}(Q)$. Multipliziert man jedoch mit einer geeigneteten Potenz t^l, wobei t ein lokaler Parameter in Q ist, so sind $f_1 t^l, \ldots, f_d t^l \in \tilde{\mathcal{O}}$ unabhängige Elemente über $k(C')$, d.h. $m \geq d$. $\square$

Bemerkung 6.12. Im Fall $k = \mathbb{C}$ kann man Theorem (6.5) auch analytisch beweisen. Dazu betrachtet man das Integral $\int_\gamma df/f$ über einen geeigneten geschlossenen Weg γ. Nach dem Cauchyschen Integralsatz zählt dieses Integral die Differenz zwischen der Anzahl der Nullstellen und der Polstellen von f im „Inneren" von γ. Wendet man dieselbe Argumentation auf das „Äußere" von γ an, so erhält man insgesamt den Wert 0.

Da jeder Hauptdivisor den Grad 0 hat, induziert die Gradfunktion einen Homomorphismus

$$\deg: \quad \mathrm{Cl}(C) \longrightarrow \mathbb{Z}.$$

Definition. Wir definieren die *Jacobische Varietät* von C (*vom Grad* 0) durch

$$\mathrm{Jac}^0 C := \mathrm{Cl}^0(C) := \{D \in \mathrm{Cl}(C); \deg D = 0\}.$$

Dann haben wir eine exakte Sequenz

$$0 \to \mathrm{Cl}^0(C) \to \mathrm{Cl}(C) \overset{\deg}{\to} \mathbb{Z} \to 0.$$

Satz 6.13. *Es sei C eine glatte projektive Kurve. Dann ist $\mathrm{Cl}^0(C)$ genau dann trivial, wenn C rational (d. h. isomorph zu $\mathbb{P}^1_k$) ist.*

Beweis. Wir hatten bereits gesehen, dass $\mathrm{Cl}^0(\mathbb{P}^1_k) = \{0\}$ ist. Ist umgekehrt $\mathrm{Cl}^0(C) = \{0\}$ vorausgesetzt, so gilt für je zwei Divisoren D und D' vom selben Grad, dass sie linear äquivalent sind. Es seien insbesondere $P \neq Q$ zwei verschiedene Punkte von C. Da $P \sim Q$, gibt es eine rationale Funktion $0 \neq f \in k(C)$ mit $(f) = P - Q$. Die rationale Abbildung $f: C \dashrightarrow \mathbb{P}^1_k$ ist nach Lemma (6.8) eine reguläre Abbildung. Es gilt $f^*(0) = P$, $f^*(\infty) = Q$. Insbesondere hat f Grad 1, induziert also einen Isomorphismus der Funktionenkörper und ist damit nach Korollar (6.9) ein Isomorphismus von C mit $\mathbb{P}^1_k$. $\qquad\square$

Da die Jacobische Varietät $\mathrm{Cl}^0(C)$ der Kern des Homomorphismus $\deg: \mathrm{Cl}(C) \to \mathbb{Z}$ ist, besitzt sie eine Gruppenstruktur. Konkret ist diese durch Addition von Divisoren gegeben, welche kompatibel mit linearer Äquivalenz ist. Es ist eine tiefliegende Aussage, und diese rechtfertigt erst die Bezeichnung Jacobische *Varietät*, dass $\mathrm{Cl}^0(C)$ eine g-dimensionale abelsche Varietät ist, d. h. eine projektive Varietät mit der Struktur einer abelschen Gruppe, so dass die Addition $(a, b) \mapsto a+b$ und die Inversion $a \mapsto -a$ Morphismen sind. Über $\mathbb{C}$ ist eine abelsche Varietät ein g-dimensionaler Torus, der zugleich eine projektive Varietät ist. Nach dem Satz von Torelli bestimmt ferner die (polarisierte) abelsche Varietät $\mathrm{Cl}^0(C)$ die Kurve C.

Die Dimension g von $\mathrm{Cl}^0(C)$ ist das *Geschlecht* der Kurve C. Über dem Grundkörper $\mathbb{C}$ ist dies gerade das topologische Geschlecht, also die Anzahl der Löcher der C zugrunde liegenden Riemannschen Fläche. Im Abschnitt 6.5 werden wir das Geschlecht von C als Anzahl der unabhängigen regulären Differentialformen auf C definieren und es zum Grad des *kanonischen Divisors* in Beziehung setzen. Das Geschlecht wird auch in der Formulierung des Satzes von Riemann–Roch benutzt werden.

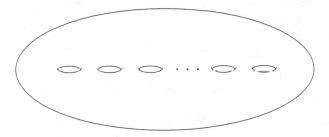

Bild 1: Kurve vom Geschlecht g mit g Löchern

Wir betrachten nun den Fall einer glatten ebenen Kubik $C \subset \mathbb{P}^2_{\mathbb{C}}$. In der Einleitung haben wir eine topologische Beschreibung von Kubiken in Legendre-Normalform gegeben und gesehen, dass eine solche Kurve homöomorph zu einem Torus ist. Somit hat C das Geschlecht 1. In Aufgabe (6.11) ist zu zeigen, dass für einen festen Punkt $O \in C$ die Abbildung

$$C \longrightarrow \mathrm{Cl}^0(C)$$
$$P \longmapsto P - O$$

einen Isomorphismus von C mit $\mathrm{Cl}^0(C)$ definiert.

Für weiterführende Literatur zu Jacobischen Varietäten seien die Leser auf die Bücher [Mu1], [Mu2] und [ACGH] verwiesen.

6.3 Der Satz von Bézout

Wir hatten den Satz von Bézout bereits als Theorem (4.7) formuliert. Mit Hilfe von Theorem (6.5) können wir nun den Satz von Bézout in dem Fall beweisen, dass eine der Kurven glatt ist. Wir betrachten also eine *glatte* Kurve

$$C = \{ f(x_0, x_1, x_2) = 0 \} \subset \mathbb{P}^2_k$$

vom Grad d. Auf Grund von Lemma (4.12) wissen wir, dass C notwendig irreduzibel ist. Es sei $C' = \{ g(x_0, x_1, x_2) = 0 \}$ eine weitere Kurve, von der wir nun voraussetzen, dass C' die Kurve C nicht enthält. Für jeden Punkt $P \in C$ können wir die Gleichung g von C' in einer affinen Umgebung von P als reguläre Funktion auffassen, d. h. wir können g als ein Element von $\mathcal{O}_{C,P}$ auffassen (dies ist allerdings nur bis auf einen von Null verschiedenen Skalar bestimmt). Ist $v_P(g)$ die Vielfachheit von g in P, so erhalten wir auf diese Weise einen Divisor

$$D = \sum_{P \in C} v_P(g) P \in \operatorname{Div} C.$$

Es sei f eine lokale Gleichung von C in einer Umgebung von P. Da C glatt ist, können wir eine Linearform l wählen, so dass f und l das maximale Ideal $m_{\mathbb{P}^2_k, P}$ erzeugen. Insbesondere ist die Einschränkung von l auf C ein lokaler Parameter t. Es gibt daher eine Darstellung $g = u\, t^{v_P(g)}$ mit einer Einheit u. Daraus folgt, dass

$$I_P(C, C') = v_P(g).$$

Also ist

(6.5) $$C.C' = \sum_P I_P(C, C') = \deg D.$$

Theorem 6.14. *Es seien C und C' zwei ebene Kurven vom Grad d bzw. d'. Die Kurve C sei glatt und C' enthalte C nicht als eine Komponente. Dann schneiden sich C und C' in dd' Punkten, genauer*

$$C.C' = \sum_P I_P(C, C') = dd'.$$

Beweis. Wir betrachten die rationale Funktion $h = g/x_0^{d'}$. Dabei können wir annehmen, dass $C \neq \{x_0 = 0\}$ ist. Die rationale Funktion h definiert auf C einen Hauptdivisor

$$(h) = D - d' D_0,$$

wobei D wie oben und D_0 der durch x_0 definierte Divisor auf C ist. Ist L die Gerade $\{x_0 = 0\}$, so gilt

$$\deg D_0 = L.C = d,$$

wobei das letzte Gleichheitszeichen aus dem Fundamentalsatz der Algebra folgt. Nach Theorem (6.5) gilt

(6.6) $$0 = \deg(h) = \deg D - d' \deg D_0,$$

also

$$\deg D = d' \deg D_0 = dd'.$$

Damit folgt die Behauptung aus (6.5). $\qquad\square$

Mit Hilfe dieser Methode lässt sich auch die allgemeine Fassung des Satzes von Bézout zeigen. Man muss hierzu C in seine irreduziblen Komponenten $C_1, \ldots, C_n$ zerlegen und, falls diese nicht glatt sind, die Normalisierung $\nu_i : \tilde{C}_i \to C_i$ betrachten. (Zu jeder irreduziblen Kurve C gibt es genau eine glatte Kurve $\tilde{C}$ zusammen mit einem birationalen surjektiven Morphismus $\nu : \tilde{C} \to C$, die sogenannte *Normalisierung* von C.) Verwendet man dann, dass

$$I_P(C, C') = \sum_{i=1}^{n} I_P(C_i, C')$$

ist, kann man die Behauptung wieder auf Theorem (6.5) zurückführen.

6.4   Linearsysteme auf Kurven

Sind $D_1 = \sum n_P P$ und $D_2 = \sum m_P P$ zwei Divisoren, so schreibt man $D_1 \geq D_2$, falls $n_P \geq m_P$ für alle $P \in C$ gilt. Dies definiert eine partielle Ordnung der Divisoren auf C.

Definition. Ist D ein Divisor, so definiert man

$$L(D) := \{0 \neq f \in k(C);\ (f) \geq -D\} \cup \{0\}.$$

Offensichtlich ist der Raum $L(D)$ ein k-Vektorraum. Die Dimension dieses Vektorraums bezeichnet man mit

$$l(D) := \dim_k L(D).$$

Definition. Der *Träger* eines Divisors $D = \sum n_P P$ ist definiert durch

$$\operatorname{supp} D := \{P;\ n_P \neq 0\}.$$

Definition. Ein Divisor D heißt *effektiv*, falls $D \geq 0$ gilt.

Lemma 6.15.   (i) *Ist* $\deg D < 0$, *so ist* $L(D) = \{0\}$.

(ii) *Für jeden effektiven Divisor D gilt $l(D) \leq \deg D + 1$. Gleichheit tritt nur ein, wenn C rational oder $D = 0$ ist. Insbesondere ist $L(D)$ ein endlich-dimensionaler Vektorraum.*

Beweis.
  (i) Wäre $\deg D < 0$ und $0 \neq f \in L(D)$, so hätte die rationale Funktion f mehr Nullstellen als Polstellen im Widerspruch zu Theorem (6.5).

(ii) Ist $\deg D = 0$, dann ist, da D effektiv ist, $D = 0$ und $L(D)$ der Raum der Konstanten, also $l(D) = 1$. Es sei nun $d := \deg D \geq 1$ und $P_1, \ldots, P_{d+1}$ seien verschiedene Punkte, die nicht im Träger von D liegen. Dann ist $L(D - P_1 - \ldots - P_{d+1})$ gleich dem Kern der Abbildung

(6.7)
$$
\begin{aligned}
L(D) &\longrightarrow k^{d+1} \\
f &\longmapsto (f(P_1), \ldots, f(P_{d+1})),
\end{aligned}
$$

und somit ist die Kodimension von $L(D - P_1 - \ldots - P_{d+1})$ in $L(D)$ höchstens $d+1$. Da nach (i) aber $L(D - P_1 - \ldots - P_{d+1}) = \{0\}$ ist, gilt $\dim_k L(D) \leq d+1$.

Wir nehmen nun an, dass die Gleichheit $l(D) = d + 1$ gilt. Dies ist äquivalent dazu, dass die Abbildung (6.7) surjektiv ist. Dann ist auch die Abbildung

$$
\begin{aligned}
L(D) &\longrightarrow k^{d-1} \\
f &\longmapsto (f(P_1), \ldots, f(P_{d-1}))
\end{aligned}
$$

surjektiv mit Kern $L(D - P_1 - \ldots - P_{d-1})$. Also gilt $\dim L(D - P_1 - \ldots - P_{d-1}) = 2$, und es seien $f, g \in L(D - P_1 - \ldots - P_{d-1})$ linear unabhängig. Aus $\deg(D - P_1 - \ldots - P_{d-1}) = 1$ folgt, dass $(f) = P_1 + \cdots + P_{d-1} - D + P$ und $(g) = P_1 + \cdots + P_{d-1} - D + Q$ für Punkte $P \neq Q$ auf C mit $P \sim Q$. Der Beweis von Satz (6.13) zeigt dann, dass es einen Isomorphismus $C \cong \mathbb{P}^1_k$ gibt.

$\square$

Satz 6.16. *Ist $D_1 \sim D_2$, so gilt $L(D_1) \cong L(D_2)$.*

Beweis. Es sei $D_1 - D_2 = (f)$. Ist $g \in L(D_1)$, so gilt

$$(gf) = (g) + (f) \geq -D_2.$$

Wir erhalten somit einen Isomorphismus

$$
\begin{aligned}
L(D_1) &\longrightarrow L(D_2) \\
g &\longmapsto gf.
\end{aligned}
$$

$\square$

Definition. Es sei D ein Divisor. Das durch D definierte *vollständige Linearsystem* ist

$$|D| := \{D' \geq 0; \ D' \sim D\}.$$

Ist $\deg D < 0$, dann gilt $|D| = \emptyset$, da linear äquivalente Divisoren denselben Grad und effektive Divisoren nicht-negativen Grad haben.

Satz 6.17. *Es gibt eine natürliche Bijektion zwischen dem vollständigen Linearsystem $|D|$ und dem projektiven Raum $\mathbb{P}(L(D))$.*

Beweis. Ist $0 \neq f \in L(D)$, so ist $D_f = (f) + D \geq 0$ und $D_f \sim D$. Für $\lambda \in k^*$ gilt $(f) = (\lambda f)$ und wir erhalten damit eine Abbildung

$$\mathbb{P}(L(D)) \longrightarrow |D|$$
$$f \longmapsto D_f.$$

Diese Abbildung ist surjektiv. Ist nämlich $D' \geq 0$ und $D' \sim D$, so gibt es eine rationale Funktion f mit $(f) = -D + D'$. Da $D' \geq 0$ ist, ist $f \in L(D)$. Es bleibt zu zeigen, dass die Abbildung injektiv ist. Sind f, g zwei rationale Funktionen mit $(f) = (g)$, so ist f/g eine überall reguläre Funktion, und nach Theorem (2.19) ist f/g konstant, d.h. es gibt $\lambda \in k^*$ mit $f = \lambda g$. □

Wir werden im Folgenden $|D|$ und $\mathbb{P}(L(D))$ miteinander identifizieren. Insbesondere trägt $|D|$ dadurch die Struktur eines projektiven Raums.

Definition. Ein *Linearsystem* ϑ auf C ist ein projektiver Unterraum eines vollständigen Linearsystems $|D|$.

Definition.

(i) Ein Punkt $P \in C$ heißt *Basispunkt* des Linearsystems ϑ, falls $\vartheta = \vartheta \cap |D - P|$. Hierbei fassen wir $|D - P|$ als projektiven Unterraum von $|D|$ auf.

(ii) Ein Linearsystem ϑ heißt *basispunktfrei*, falls es keine Basispunkte besitzt.

Ist P ein Basispunkt von $|D|$, so ist $L(D) = L(D - P)$. Durch Subtrahieren aller Basispunkte von D erhält man ein basispunktfreies Linearsystem $|D'|$ mit $L(D) = L(D')$. Wir werden uns daher bei den folgenden Überlegungen auf basispunktfreie Linearsysteme beschränken.

Beispiel 6.18. Es sei $C \subset \mathbb{P}^r_k$ eine glatte Kurve, die nicht in einer Hyperebene enthalten ist. Dann definieren die Hyperebenen H von $\mathbb{P}^r_k$ eine Menge von Divisoren $C \cap H$, die sogenannten *Hyperebenenschnitte*. Genauer gesagt ist $C \cap H$ dadurch definiert, dass man eine Gleichung $\{s = 0\}$ von H auf die Kurve C einschränkt. Auf jeder offenen Menge $C \setminus \{x_i = 0\}$ kann man s als reguläre Funktion auffassen und die Nullstellen von s mit den entsprechenden Vielfachheiten betrachten. Dies definiert den effektiven Divisor $D = C \cap H$. Sind $H_1 = \{s_1 = 0\}$ und $H_2 = \{s_2 = 0\}$ zwei Hyperebenen, so ist s_1/s_2 eine rationale Funktion und die Divisoren D_1 und D_2 sind daher linear äquivalent. Die Hyperebenenschnitte $H \cap C$ bilden ein basispunktfreies, nicht notwendig vollständiges Linearsystem ϑ. Die Divisoren des Linearsystems ϑ haben alle denselben Grad d. Wir nennen d den *Grad* der eingebetteten Kurve $C \subset \mathbb{P}^r_k$.

6.4.1 Die durch ein Linearsystem definierte Abbildung. Es sei nun D ein Divisor auf einer Kurve C, dessen zugehöriges Linearsystem $|D|$ basispunktfrei ist. Es sei $l = l(D) > 0$. Wir wählen eine Basis $f_0, \ldots, f_{l-1}$ von $L(D)$. Nach dem

Beweis von Lemma (6.8) ist die Abbildung

$$\varphi_D : C \longrightarrow \mathbb{P}_k^{l-1}$$
$$P \longmapsto (f_0(P) : \ldots : f_{l-1}(P))$$

ein Morphismus. Wir nennen φ_D die durch das vollständige Linearsystem $|D|$ definierte Abbildung. Natürlich hängt φ_D von der Wahl der Basis ab, zwei verschiedene Basen führen aber zu Abbildungen, die sich nur um einen projektiven Automorphismus von $\mathbb{P}_k^{l-1}$ unterscheiden. Ist $l \geq 2$, so ist $\varphi_D : C \to \varphi_D(C)$ eine Abbildung mit endlichen Fasern.

Analog kann man jedem basispunktfreien Linearsystem $\vartheta \subset |D|$ der projektiven Dimension r einen Morphismus $\varphi_\vartheta : C \to \mathbb{P}_k^r$ zuordnen (nach Wahl einer Basis).

Beispiel 6.19. Es sei $C = \mathbb{P}_k^1$ mit homogenen Koordinaten x_0, x_1. Auf C betrachten wir den Divisor 3∞, wobei $\infty = (1 : 0)$, Dann ist $l(D) = 4$ und wir erhalten eine Basis von $L(D)$ durch

$$\frac{x_0^3}{x_1^3}, \frac{x_0^2 x_1}{x_1^3} = \frac{x_0^2}{x_1^2}, \frac{x_0 x_1^2}{x_1^3} = \frac{x_0}{x_1}, \frac{x_1^3}{x_1^3} = 1 \in L(D).$$

Die Abbildung φ_D ist gegeben durch

$$\varphi_D : \mathbb{P}_k^1 \longrightarrow \mathbb{P}_k^3,$$
$$(x_0 : x_1) \longmapsto (\frac{x_0^3}{x_1^3} : \frac{x_0^2}{x_1^2} : \frac{x_0}{x_1} : 1) = (x_0^3 : x_0^2 x_1 : x_0 x_1^2 : x_1^3).$$

Dies definiert gerade die Einbettung von $\mathbb{P}_k^1$ als kubische Normkurve im $\mathbb{P}_k^3$.

In Beispiel (6.18) haben wir gesehen, dass die Hyperebenenschnitte einer eingebetteten Kurve C ein basispunktfreies Linearsystem auf C bilden. Wir werden nun zeigen, dass man die Elemente eines beliebigen basispunktfreien Linearsystems ϑ durch Zurückziehen der Hyperebenenschnitte von $\varphi_\vartheta(C)$ erhält.

Es sei $\vartheta \subset |D|$ ein basispunktfreies Linearsystem der projektiven Dimension r und $f_0, \ldots, f_r \in L(D)$ eine Basis von ϑ. Dies definiert die Abbildung

$$\varphi_\vartheta : C \longrightarrow \mathbb{P}_k^r,$$
$$P \longmapsto (f_0(P) : \ldots : f_r(P)).$$

Es seien $x_0, \ldots, x_r$ die projektiven Koordinaten von $\mathbb{P}_k^r$ und $H = \{\sum \lambda_i x_i = 0\}$ eine Hyperebene von $\mathbb{P}_k^r$. Dann kann der Hyperebenenschnitt $\varphi_\vartheta(C) \cap H$ zu einem Divisor $\varphi_\vartheta^*(H)$ auf C zurückgezogen werden, der durch die Punkte in $\varphi_\vartheta^{-1}(H)$, mit Vielfachheiten gezählt, gegeben ist. Die Vielfachheiten sind dabei wie folgt definiert. Man kann $\varphi_\vartheta^*(\sum \lambda_i x_i)$ in jedem Punkt $P \in C$ als lokale Funktion auffassen (die bis auf Multiplikation mit einer von 0 verschiedenen Konstanten definiert

ist), und die Vielfachheit des Punktes P in $\varphi_\vartheta^*(H)$ ist gleich der Verschwindungsordnung dieser Funktion in P. Der so erhaltene Divisor ist gerade der durch
$f_H := \sum \lambda_i f_i$ definierte effektive Divisor $D_{f_H} = (f_H) + D \in \vartheta$. Definiert φ_ϑ
eine Einbettung, so entsprechen die Elemente von ϑ gerade den Hyperebenen-
schnitten der eingebetteten Kurve. Dies ist historisch der Ausgangspunkt für die
Untersuchung von Linearsystemen.

Beispiel 6.20. Es sei C eine komplexe elliptische Kurve mit Nullpunkt O. Wir
betrachten den Divisor $D = 3O$. Da C nicht rational ist (vgl. Beispiel (0.5)), gilt
nach Lemma (6.15)(ii), dass $l(D) \leq 3$. Da andererseits $1, \wp(z), \wp'(z) \in L(D)$ (hier
verwenden wir stillschweigend, dass die meromorphen Funktionen $\wp(z)$ und $\wp'(z)$
rationale Funktionen auf der algebraischen Kurve C sind) und linear unabhängig
sind, folgt $l(D) = 3$. Damit sind $1, \wp(z), \wp'(z) \in L(D)$ eine Basis von $L(D)$ und
die Abbildung

$$\varphi_D : \quad C \quad \longrightarrow \quad \mathbb{P}_k^2,$$
$$z \quad \longmapsto \quad (1 : \wp(z) : \wp'(z))$$

bildet C bijektiv auf eine Weierstraßkubik ab. Identifiziert man C mit dem Bild
unter dieser Abbildung, so bedeutet dies für das vollständige Linearsystem gerade
das Folgende:

$$P_1 + P_2 + P_3 \sim 3O \Leftrightarrow P_1, P_2, P_3 \text{ liegen auf einer Geraden.}$$

6.5   Differentialformen auf Kurven

Ist D ein Divisor auf einer Kurve C, so ist es ein ebenso naheliegendes, wie
wichtiges Problem, die Dimension $l(D)$ zu bestimmen. Das wesentliche Hilfsmittel
ist der Satz von Riemann–Roch, den wir in diesem Buch nicht beweisen, sondern
nur formulieren wollen. Für historische Bemerkungen zum Satz von Riemann–
Roch sei auf [W] verwiesen. Um den Satz formulieren zu können, müssen wir
zunächst das Konzept von Differentialformen einführen.

Wir werden nun *reguläre* und *rationale Differentialformen* auf einer glatten Kurve C definieren. Zunächst betrachten wir für jede offene Menge $U \subset C$ den
Vektorraum

$$\phi(U) := \left\{ \varphi : U \longrightarrow \bigcup_{x \in U} m_x/m_x^2; \ \varphi(x) \in m_x/m_x^2 \right\}.$$

Ist $f \in \mathcal{O}_C(U)$ eine reguläre Funktion, so definiert diese ein Element $df \in \phi(U)$
durch

$$df(x) := f - f(x) \mod m_x^2.$$

Wie in der elementaren Analysis gelten die folgenden Identitäten:

$$(1) \quad d(f + g) = df + dg,$$

$$(2) \quad d(fg) = f\,dg + g\,df,$$

$$(3) \quad d\left(\frac{f}{g}\right) = \frac{g\,df - f\,dg}{g^2} \quad \text{wenn } g \neq 0.$$

Die erste Gleichung ist offensichtlich und (2) und (3) erhält man nach einer einfachen Rechnung durch Vergleichen beider Seiten der Gleichung modulo m_x^2. Ist zudem $F \in k[x_1, \ldots, x_n]$, so gilt für reguläre Funktionen $f_1, \ldots, f_n$ auf U

$$(4) \quad dF(f_1, \ldots, f_n) = \sum_{i=1}^{n} \frac{\partial F}{\partial x_i}(f_1, \ldots, f_n)df_i.$$

Wegen (1) kann man annehmen, das F ein Monom ist. Dann kann man die Aussage mittels (2) durch Induktion nach dem Grad des Monoms zeigen. Mit Hilfe von (3) sieht man sofort, dass Formel (4) auch für rationale Funktionen F auf ihrem Definitionsbereich gilt.

Definition. Ein Element $\omega \in \phi(U)$ heißt eine *reguläre Differentialform* auf U, falls es zu jedem Punkt $P \in U$ eine Umgebung V, sowie reguläre Funktionen $f_1, \ldots, f_l, g_1, \ldots, g_l \in \mathcal{O}_C(V)$ gibt, so dass

$$(6.8) \qquad\qquad \omega|_V = \sum_{i=1}^{l} f_i \, dg_i.$$

Die Menge aller regulären Differentialformen auf U ist ein $\mathcal{O}_C(U)$-Modul, den wir mit $\Omega_C^1[U]$ bezeichnen.

Bemerkung 6.21. Nach Theorem (3.6) kann m_x/m_x^2 mit dem Dualraum des Tangentialraums von C an x identifiziert werden. Die disjunkte Vereinigung dieser Räume heißt das *Kotangentialbündel* über U. Die Elemente von $\phi(U)$ heißen *Schnitte* des Kotangentialbündels, und die obige Definition legt fest, welche Schnitte regulär genannt werden sollen.

Beispiel 6.22. Es sei t die Koordinate von $\mathbb{A}_k^1$. Dann ist dt eine Basis von m_x/m_x^2 für jedes $x \in \mathbb{A}_k^1$, und somit ist jedes Element $\omega \in \phi(U)$ von der Form $\omega = f\,dt$ für eine Funktion f auf $\mathbb{A}_k^1$. Ist $\omega \in \Omega_{\mathbb{A}_k^1}^1[\mathbb{A}_k^1]$, dann folgt aus (6.8) und Formel (4), dass $\omega|_V = g\,dt$ für eine auf V reguläre Funktion g ist. Dann ist $f|_V = g$, d. h. f ist regulär und somit

$$\Omega_{\mathbb{A}_k^1}^1[\mathbb{A}_k^1] = k[\mathbb{A}_k^1]\,dt.$$

Satz 6.23. *Es sei C eine glatte Kurve und $P \in C$. Dann gibt es eine affine Umgebung U von P, so dass $\Omega_C^1[U] \cong \mathcal{O}_C(U)$ als $\mathcal{O}_C(U)$-Moduln.*

Beweis. Wir können $C \subset \mathbb{A}_k^n$ annehmen und wählen affine Koordinaten $x_1, \ldots, x_n$, so dass $t_1 := x_1|_C$ ein lokaler Parameter in P ist. Es seien $F_1, \ldots, F_l$ Erzeugende des Ideals $I(C)$ von C in $\mathbb{A}_k^n$. Dann gilt $F_i(t_1, \ldots, t_n) = 0$ für $1 \leq i \leq l$, wobei $t_j = x_j|_C$. Nach Formel (4) gilt

$$(6.9) \qquad\qquad \sum_{j=1}^n \frac{\partial F_i}{\partial x_j}\Big|_C dt_j = 0.$$

Da die Dimension von C gleich 1 ist, hat die Matrix

$$\left(\frac{\partial F_i}{\partial x_j}(P) \right)_{i,j}$$

den Rang $n - 1$. Wir können also (6.9) benutzen, um lokale Darstellungen $dt_i = g_i \, dt_1$ für $i = 2, \ldots, n$ zu erhalten, wobei die g_i reguläre Funktionen in einer Umgebung von P sind. Es sei U eine affine Umgebung von P, auf der alle g_i definiert sind. Da $dx_1, \ldots, dx_n$ den Kotangentialraum von $\mathbb{A}_k^n$ an jedem Punkt aufspannen, folgt, dass $dt_1(x) \neq 0 \in m_x/m_x^2$ für alle $x \in U$ ist. Somit besitzt jedes Element $\omega \in \Omega_C^1[U]$ eine Darstellung

$$\omega = f \, dt_1$$

für eine Funktion f auf U. Andererseits folgt aus (6.8) mit Formel (4) und $dt_i = g_i \, dt_1$, dass jeder Punkt $Q \in U$ eine Umgebung V besitzt, so dass $\omega|_V = g \, dt_1$, wobei g regulär auf V ist. Dann ist aber $f|_V = g$, d.h. $f \in \mathcal{O}_C(U)$ und somit gilt $\Omega_C^1[U] \cong \mathcal{O}_C(U)$ als $\mathcal{O}_C(U)$-Moduln. $\qquad\square$

Korollar 6.24. *Es sei t ein lokaler Parameter in einem Punkt $P \in C$. Dann gibt es eine affine Umgebung V von P, so dass*

$$\Omega_C^1[V] = \mathcal{O}_C(V) \, dt.$$

Beweis. Es seien U und t_1 wie im Beweis von Satz (6.23). Dann ist $dt = g \, dt_1$ für ein $g \in \mathcal{O}_C(U)$. Da t ein lokaler Parameter in P ist, gilt $g(P) \neq 0$. Dann kann man eine beliebige affine Umgebung von P nehmen, auf der g nicht verschwindet. $\qquad\square$

Wir definieren nun *rationale Differentialformen*. Dazu betrachten wir Paare (U, ω), wobei $U \subset C$ offen und nicht-leer ist, und ω eine reguläre Differentialform auf U. Wir definieren eine Äquivalenzrelation durch

$$(U, \omega) \sim (U', \omega') \iff \omega|_V = \omega'|_V \text{ für ein nicht-leeres offenes } V \subset U \cap U'.$$

Definition. Eine *rationale Differentialform* auf C ist eine Äquivalenzklasse von Paaren (U, ω), wobei U eine nicht-leere offene Menge in C und ω eine reguläre

Differentialform auf U ist. Wir bezeichnen die Menge der rationalen Differentialformen auf C mit $\Omega^1(C)$.

Offensichtlich ist $\Omega^1(C)$ ein $k(C)$-Vektorraum. Ist $f \in k(C)$ eine rationale Funktion, dann definiert df eine rationale Differentialform auf C. Für $\omega \in \Omega^1(C)$ sei U_ω
die Vereinigung aller offenen Mengen U, so dass ω einen Repräsentanten (U, ω')
besitzt, wobei ω' regulär ist. Dann ist $\omega \in \Omega^1_C[U_\omega]$ und U_ω heißt der *Definitionsbereich* von ω.

Satz 6.25. $\Omega^1(C)$ *ist ein 1-dimensionaler Vektorraum über* $k(C)$.

Beweis. Es sei $U \subset C$ eine offene Menge, so dass $\Omega^1_C[U] = \mathcal{O}_C(U)\, dt$ für einen
lokalen Parameter t ist. Es sei $\omega \in \Omega^1(C)$. Dann gibt es eine offene Teilmenge
$V \subset U$, so dass $\omega|_V$ regulär ist. Es gilt immer noch $\Omega^1_C[V] = \mathcal{O}_C(V)\, dt$, also
$\omega|_V = g\, dt$ für ein $g \in k[V] \subset k(C)$. Die Abbildung $\omega \mapsto g$ liefert den gewünschten
Isomorphismus. $\qquad\square$

Wir können nun den *kanonischen Divisor* auf einer Kurve C definieren. Es sei
$0 \neq \omega \in \Omega^1(C)$ eine rationale Differentialform auf C und $P \in C$. Dann gibt
es eine Umgebung U von P, so dass $\omega|_U = g\, dt$ für einen lokalen Parameter t
in P und eine rationale Funktion g. Wir definieren die Ordnung von ω in P als
Ordnung von g in P. Dies ist wohldefiniert: ist nämlich t' ein anderer lokaler
Parameter, dann gilt lokal $dt = u\, dt'$ für eine Einheit u in einer Umgebung von
P. Auf diese Weise erhält man einen Divisor $(\omega) \in \operatorname{Div} C$. Ist $\omega' \neq 0$ eine andere
rationale Differentialform auf C, dann folgt aus Satz (6.25), dass $\omega' = f\omega$ für ein
$f \in k(C)^*$, und hieraus folgt $(\omega) \sim (\omega')$. Damit erhalten wir eine wohldefinierte
Divisorenklasse

$$K := (\omega) \in \operatorname{Cl}(C).$$

Definition. K heißt *kanonischer Divisor* auf C.

Satz 6.26. *Es gibt einen Isomorphismus* $\Omega^1_C[C] \cong L(K)$.

Beweis. Es sei ω_1 eine von 0 verschiedene rationale Differentialform auf C,
welche einen kanonischen Divisor $K = (\omega_1)$ definiert. Nach Satz (6.25) ist jede
rationale Differentialform auf C von der Form $\omega = f\omega_1$ für eine rationale Funktion
$f \in k(C)$. Es gilt $(\omega) = (f) + (\omega_1)$. Die Form ω ist genau dann regulär, wenn
$(\omega) \geq 0$. Dies wiederum ist äquivalent zu $(f) \geq -K$, also zu $f \in L(K)$. Dies
zeigt den behaupteten Isomorphismus. $\qquad\square$

Definition. Das *Geschlecht* von C ist definiert als

$$g := l(K).$$

Das Geschlecht einer glatten Kurve C ist also gleich der Anzahl der linear unabhängigen regulären Differentialformen auf C.

Über dem Grundkörper $\mathbb{C}$ ist g gleich dem topologischen Geschlecht der Riemannschen Fläche C (siehe Bild 1). Dies ist eine tiefliegende Aussage; für Details sei
der Leser auf [Mu1] verwiesen. Eine glatte Kurve C hat genau dann Geschlecht 0,
wenn sie isomorph zu $\mathbb{P}^1_k$ ist. Man kann entweder direkt überprüfen, dass $\mathbb{P}^1_k$ keine
regulären Differentialformen besitzt, oder den Satz von Riemann (siehe unten)
benutzen. Die umgekehrte Richtung wird aus Satz (6.33) folgen. Aus Aufgabe
(6.8) folgt, dass eine glatte ebene Kubik Geschlecht 1 hat.

Theorem 6.27. (Riemann Roch): *Ist C eine projektive Kurve vom Geschlecht
g und D ein Divisor vom Grad d auf C, dann gilt*

$$l(D) - l(K - D) = 1 + d - g.$$

Streng genommen handelt es sich hier um eine Kombination des Satzes von
Riemann–Roch mit der Serre-Dualität. Der Satz ist ein tiefliegendes Ergebnis,
das, über $\mathbb{C}$, eine Verbindung zwischen den algebraischen und topologischen Eigenschaften der Kurve herstellt. Aus dem Satz von Riemann–Roch ergeben sich
leicht die beiden folgenden Korollare.

Korollar 6.28. *Der Grad des kanonischen Divisors ist gegeben durch*

(6.10) $$\deg K = 2g - 2.$$

Beweis. Man setze $D = K$. Da $L(K - D) = L(0) = \mathcal{O}_C(C) = k$ ist, folgt $l(K - D) = 1$. Nach Definition gilt $l(K) = g$ und man erhält sofort die Behauptung. $\square$

Korollar 6.29. (Satz von Riemann): *Ist D ein Divisor vom Grad $d > 2g - 2$,
so gilt*
$$l(D) = d + 1 - g.$$

Beweis. Da $d > 2g - 2$ ist, folgt $\deg(K - D) < 0$. Nach Lemma (6.15)(i) gilt
$l(K - D) = 0$. $\square$

Bemerkung 6.30. Wir hätten auch Gleichung (6.10) zur Definition des Ge-
schlechts nehmen können.

6.6 Projektive Einbettungen von Kurven

Es sei $f : X \to Y$ ein Morphismus zwischen Varietäten mit $f(P) = Q$. Durch
Zurückholen von Funktionen erhalten wir eine Abbildung:

$$f^* : m_{Y,Q}/m_{Y,Q}^2 \longrightarrow m_{X,P}/m_{X,P}^2$$

und durch Dualisieren einen Vektorraumhomomorphismus

$$df(P) : T_{X,P} \longrightarrow T_{Y,Q}.$$

Die Abbildung $df(P)$ hatten wir in Kapitel 3 als das Differential von f in P definiert.

Definition. Ein Morphismus $f : X \to \mathbb{P}_k^n$ von einer projektiven Varietät X in den projektiven Raum $\mathbb{P}_k^n$ heißt eine *projektive Einbettung* von X, falls f injektiv ist und das Differential $df(P)$ in jedem Punkt P von X injektiv ist.

Die Rechtfertigung für diese Terminologie liegt im folgenden Satz begründet, den wir hier aber nicht beweisen wollen.

Satz 6.31. *Ist X eine projektive Varietät und $f : X \to \mathbb{P}_k^n$ eine projektive Einbettung, dann ist $f(X)$ eine Untervarietät des $\mathbb{P}_k^n$ und f induziert einen Isomorphismus $f : X \to f(X)$.*

Beweis. Siehe [Ha, Proposition II.7.3]. $\qquad\qquad\qquad\qquad\qquad\qquad\qquad\square$

Wir wollen im Folgenden untersuchen, welche Divisoren eine Einbettung definieren.

Definition. Ein Divisor D auf einer Kurve C heißt *sehr ampel*, falls $|D|$ basispunktfrei und die Abbildung $\varphi_D : C \to \mathbb{P}_k^{l-1}$, $l = l(D)$, eine Einbettung ist.

Satz 6.32. *Für einen Divisor D auf einer Kurve C sind äquivalent:*

(i) *D ist sehr ampel,*

(ii) *Für je zwei Punkte $P, Q \in C$ (einschließlich des Falles $P = Q$) gilt*

$$\dim |D - P - Q| = \dim |D| - 2.$$

Beweis. (ii)$\Rightarrow$(i) Zunächst gilt für jeden Divisor D und je zwei Punkte P und Q auf C, dass $\dim |D - P - Q| \le \dim |D| - 2$ gilt. Dies folgt aus dem Argument, welches im Beweis von Lemma (6.15)(ii) benutzt wurde. Aus demselben Argument folgt auch, dass, wenn $\dim |D - P - Q| = \dim |D| - 2$ für alle P und Q gilt, auch $\dim |D - P| = \dim |D| - 1$ gelten muss, d. h. $|D|$ kann keine Basispunkte besitzen.

Wir zeigen nun, dass φ_D unter der angegebenen Bedingung eine Einbettung ist. Es seien $P \ne Q$ zwei beliebige Punkte auf C. Da $|D - P - Q| \ne |D - P|$ ist, gibt es eine Funktion $f \in L(D)$, so dass P im Träger des effektiven Divisors $D_f = D + (f)$ liegt, während Q dies nicht tut. Wir können f zu einer Basis $f = f_0, \ldots, f_{l-1}$ von $L(D)$ ergänzen. Mit dieser Wahl einer Basis gilt, dass die erste Koordinate von $\varphi_D(P)$ gleich 0 ist, während die erste Koordinate von $\varphi_D(Q)$ ungleich 0 ist. Insbesondere ist $\varphi_D(P) \ne \varphi_D(Q)$ und die Abbildung φ_D ist injektiv. Um zu sehen, dass das Differential $df(P)$ in einem Punkt P injektiv ist, muss man zeigen, dass es eine Funktion $f \in L(D)$ gibt mit der folgenden Eigenschaft: es gilt $(f) + D - P \geq 0$, aber $(f) + D - 2P$ ist nicht effektiv. Ergänzt man nämlich ein solches f zu einer Basis $f = f_0, \ldots, f_{l-1}$ von $L(D)$, so bedeutet dies gerade, dass lokal $\varphi_D^*(x_0) \in m_P$, aber $\varphi_D^*(x_0) \notin m_P^2$ gilt, d. h. die Abbildung zwischen den zu den Tangentialräumen dualen Räumen ist surjektiv, und damit ist das Differential injektiv. Die Existenz der gesuchten Funktion f ist äquivalent zu der Aussage, dass $|D - P| \neq |D - 2P|$. Dies folgt aber, wenn man die Voraussetzung auf den Fall $P = Q$ anwendet.

(i)$\Rightarrow$(ii)   Das Linearsystem $|D|$ sei basispunktfrei und die Abbildung $\varphi_D : D \to \mathbb{P}_k^{l-1}$ sei eine Einbettung. Es seien P, Q zwei verschiedene Punkte von C. Nach Voraussetzung ist $\varphi_D(P) \neq \varphi_D(Q)$ und nach einer Koordinatentransformation können wir annehmen, dass $\varphi_D(P) = (1 : 0 : \ldots : 0)$ und $\varphi_D(Q) = (0 : 1 : \ldots : 0)$ ist. Dann definiert $\varphi_D^*(x_0)$ einen effektiven Divisor, der in $|D|$, nicht aber in $|D-P|$ liegt, d. h. $\dim |D - P| = \dim |D| - 1$. Ferner ist $\varphi_D^*(x_1) \in |D - P| \setminus |D - P - Q|$ und daher folgt, dass $\dim |D - P - Q| = \dim |D| - 2$ ist für $P \neq Q$. Wir behandeln nun den Fall $P = Q$. Wir können annehmen, dass $\varphi_D(P) = (1 : 0 : \ldots : 0)$ ist, und das die Tangente an $\varphi_D(C)$ im Punkt $\varphi_D(P)$ diejenige Gerade ist, die durch $(1 : 0 : \ldots : 0)$ und $(0 : 1 : \ldots : 0)$ aufgespannt wird. Die Hyperebene $\{x_1 = 0\}$ enthält den Punkt $\varphi_D(P) = (1 : 0 : \ldots : 0)$ und ist transversal zur Tangente an $\varphi_D(C)$ in diesem Punkt. Also ist $\varphi_D^*(x_1) \in |D - P| \setminus |D - 2P|$ und damit gilt, dass $\dim |D - 2P| = \dim |D| - 2$ ist. $\square$

Die klassische Sprechweise für die Tatsache, dass φ_D injektiv ist, bzw. injektives Differential hat, ist, dass das Linearsystem $|D|$ „Punkte trennt" bzw. „Tangenten trennt". Der oben bewiesene Satz ermöglicht es, eine einfache hinreichende Bedingung dafür anzugeben, dass ein Divisor D sehr ampel ist.

Satz 6.33. *Es sei C eine glatte projektive Kurve vom Geschlecht g und D ein Divisor vom Grad d auf C.*

(i) *Ist $d \geq 2g$, so ist $|D|$ basispunktfrei.*

(ii) *Ist $d \geq 2g + 1$, so ist $|D|$ sehr ampel.*

Beweis.

(i) Wegen $d \geq 2g$ erfüllen die Divisoren D und $D - P$ die Voraussetzung des Satzes von Riemann. Also gilt

$$l(D) = 1 + d - g, \quad l(D - P) = d - g = l(D) - 1$$

und somit ist $|D|$ basispunktfrei.

(ii) Wiederum nach dem Satz von Riemann gilt für je zwei Punkte $P, Q \in C$

$$l(D - P - Q) = 1 + d - g - 2 = l(D) - 2.$$

Damit folgt die Behauptung aus Satz (6.32)(ii).

$\square$

Mit den hier behandelten Methoden können wir nun den folgenden Satz zeigen, welchen wir bereits zu Beginn von Abschnitt 6.2 erwähnt haben.

Satz 6.34. *Ist $f : C \to C'$ ein nicht-konstanter Morphismus zwischen glatten projektiven Kurven, dann ist f surjektiv.*

Beweis. Es sei f nicht konstant mit $f(C) \neq C'$. Wir wählen einen Punkt $P \in C'$, der nicht im Bild von C liegt. Falls wir zeigen können, dass $C' \setminus \{P\}$ affin ist, so erhalten wir wie im Beweis von Lemma (6.7) einen Widerspruch zu der Tatsache, dass jede reguläre Funktion auf C konstant ist. Es sei g das Geschlecht von C'. Der Divisor $D = (2g + 1)P$ erfüllt die Voraussetzung von Satz (6.33)(ii) und definiert daher eine Einbettung $\varphi_D : C' \to \mathbb{P}_k^{g+1}$. Nach Konstruktion von φ_D gibt es eine Hyperebene H mit $C' \cap H = \{P\}$ (genauer gesagt trifft H die Kurve $\varphi_D(C')$ nur im Punkt $\varphi_D(P)$ und berührt sie dort von der Ordnung $2g + 1$). Dies zeigt, dass $C' \setminus \{P\}$ affin ist. $\square$

Bemerkung 6.35. Verwendet man die Normalisierung von C und C', so kann man zeigen, dass dieser Satz für beliebige irreduzible projektive Kurven gilt.

Satz (6.33) kann auch dazu benutzt werden, das kanonische Linearsystem $|K|$ auf einer Kurve C zu studieren.

Lemma 6.36. *Es sei C eine glatte projektive Kurve vom Geschlecht $g \geq 2$. Dann ist $|K|$ basispunktfrei.*

Beweis. Nach Definition gilt $l(K) = g$. Wir müssen zeigen, dass für jeden Punkt $P \in C$ gilt, dass $l(K - P) = g - 1$ ist. Der Satz von Riemann–Roch besagt, dass

$$l(K - P) - l(P) = g - 2.$$

Da P effektiv ist, gilt $l(P) \geq 1$, andererseits folgt aus Lemma (6.15)(ii) und der Voraussetzung $g \geq 2$ die Gleichheit $l(P) = 1$ und damit $l(K - P) = g - 1$. $\square$

Definition. Eine glatte projektive Kurve C heißt *hyperelliptisch*, falls $g(C) \geq 2$ und falls es einen surjektiven Morphismus $C \to \mathbb{P}_k^1$ vom Grad 2 gibt.

Satz 6.37. *Ist C eine glatte projektive Kurve vom Geschlecht $g \geq 2$, so ist entweder $|K|$ sehr ampel oder C ist hyperelliptisch.*

Beweis. Um zu beweisen, dass $|K|$ sehr ampel ist, müssen wir nach Satz (6.33)(ii) zeigen, dass für je zwei Punkte $P, Q \in C$ gilt, dass $l(K - P - Q) = g - 2$ ist. Der Satz von Riemann–Roch liefert uns

$$l(K - P - Q) - l(P + Q) = g - 3.$$

Ist $l(P+Q) = 1$, so folgt $l(K-P-Q) = g-2$. Ansonsten ist $l(P+Q) = 2$. Da C nicht rational ist, folgt aus Lemma (6.15)(ii), dass für jeden Divisor D auf C vom Grad 1 gilt, dass $l(D) \leq 1$. Daher ist $|P+Q|$ basispunktfrei und definiert somit einen Morphismus $\varphi_{P+Q} : C \to \mathbb{P}^1_k$ vom Grad 2. $\qquad\square$

Definition. Ist $|K|$ sehr ampel, so heißt $\varphi_K : C \to \mathbb{P}^{g-1}_k$ die *kanonische Einbettung* von C und $\varphi_K(C)$ heißt *kanonisches Modell* von C.

Zum Abschluss dieses Abschnitts wollen wir noch beweisen, dass jede projektive glatte Kurve C in $\mathbb{P}^3_k$ eingebettet werden kann. Wir werden hierbei allerdings einige Aussagen über Sekanten- und Tangentenvarietäten verwenden, für deren Beweis wir auf die Literatur verweisen müssen. Wir verweisen die Leser insbesondere auf die Diskussion in [Ha, IV.3], welche unserer Darstellung zu Grunde liegt.

In Kapitel 2 hatten wir bereits die Projektion von einem Punkt $P \in \mathbb{P}^n_k$ betrachtet. Wir wählen hierzu eine Hyperebene $\mathbb{P}^{n-1}_k$, die P nicht enthält. Dann ist die Projektion von P auf $\mathbb{P}^{n-1}_k$ die Abbildung

$$\pi_P : \mathbb{P}^n_k \setminus \{P\} \longrightarrow \mathbb{P}^{n-1}_k,$$

die jedem Punkt $Q \neq P$ den Durchschnitt der Geraden $\overline{PQ}$ mit der Hyperebene $\mathbb{P}^{n-1}_k$ zuordnet. Zwei verschiedene Hyperebenen führen auf Abbildungen, die sich nur durch eine projektive Transformation unterscheiden. Wählt man die Koordinaten in $\mathbb{P}^n_k$ so, dass $P = (1 : 0 : \ldots : 0)$ und $\mathbb{P}^{n-1}_k = \{x_0 = 0\}$ ist, so ist π_P gerade gegeben durch

$$\pi_P(x_0 : x_1 : \ldots : x_n) = (x_1 : \ldots : x_n).$$

Ist nun $C \subset \mathbb{P}^n_k$ eine Kurve mit $P \notin C$, so definiert die Projektion π_P durch Einschränkung auf C eine Abbildung $\pi_P : C \to \mathbb{P}^{n-1}_k$. In der Sprache der Linearsysteme ist diese Abbildung durch das Linearsystem

$$\vartheta = \{H \cap C;\ P \in H\} \cong \mathbb{P}^{n-1}_k$$

gegeben. Wir wollen nun untersuchen, wann die Projektion $\pi_P : C \to \mathbb{P}^{n-1}_k$ eine Einbettung ist. Unser Ziel ist es, eine Folge von Einbettungen zu finden, so dass wir zu einer Einbettung in $\mathbb{P}^3_k$ gelangen.

Definition. Sind Q, R zwei verschiedene Punkte von C, so heißt die Gerade $\overline{QR}$ eine *Sekante* von C.

Liegt der Punkt P auf der Sekante $\overline{QR}$, so gilt offensichtlich $\pi_P(Q) = \pi_P(R)$ und die Projektion $\pi_P : C \to \mathbb{P}^{n-1}_k$ ist nicht injektiv, d. h. wir wollen das Projektionszentrum so wählen, dass P auf keiner Sekante von C liegt. Dies führt auf den Begriff der *Sekantenvarietät*, welche als Menge die Vereinigung aller Sekanten und Tangenten von C ist. Um eine Definition zu geben, aus der ersichtlich ist, dass die Sekantenvarietät eine Varietät ist, müssen wir Grassmann-Varietäten einführen.

Definition. Die *Grassmann-Varietät* der Geraden in $\mathbb{P}_k^n$ ist gegeben durch

$$\mathrm{Gr}(1,n) := \{L; \ L \text{ ist eine Gerade in } \mathbb{P}_k^n\}.$$

Man kann $\mathrm{Gr}(1,n)$ mit der Teilmenge der zerfallenden Tensoren $v \wedge w$ in $\mathbb{P}(\bigwedge^2 k^{n+1})$ identifizieren. Dann ist $\mathrm{Gr}(1,n)$ eine (glatte) projektive Varietät, die durch quadratische Gleichungen gegeben ist. Letzteres lässt sich mittels der *Plückerrelationen* zeigen. (Für eine Diskussion über Grassmann-Varietäten sei der Leser auf [GH, Chapter 1.5] verwiesen).

Die Menge

$$F(1,n) := \{(P,L) \in \mathbb{P}_k^n \times \mathrm{Gr}(1,n); \ P \in L\}$$

heißt *Fahnenvarietät*. Dies ist ebenfalls eine glatte projektive Varietät. Da $F(1,n) \subset \mathbb{P}_k^n \times \mathrm{Gr}(1,n)$ ist, haben wir Projektionen

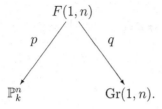

Die Fasern der Projektion q sind isomorph zu $\mathbb{P}_k^1$. Man kann nun zeigen, dass die Abbildungen

$$
\begin{aligned}
t : C &\to \mathrm{Gr}(1,n), \\
Q &\mapsto T_Q C,
\end{aligned}
$$

die jedem Punkt $Q \in C$ die Tangente an C im Punkt Q zuordnet, und

$$
\begin{aligned}
s : C \times C &\to \mathrm{Gr}(1,n), \\
(Q,R) &\mapsto
\begin{cases}
\overline{QR}, & \text{falls } Q \neq R, \\
T_Q C, & \text{falls } Q = R
\end{cases}
\end{aligned}
$$

Morphismen projektiver Varietäten sind.

Definition. Die *Tangentialfläche* der Kurve C ist definiert durch

$$\mathrm{Tan}\, C := p(q^{-1}(t(C))).$$

Die *Sekantenvarietät* von C ist definiert durch

$$\mathrm{Sec}\, C := p(q^{-1}(s(C \times C))).$$

Als Menge ist $\mathrm{Tan}\, C$ gerade die Vereinigung der Tangenten an die Kurve C, und $\mathrm{Sec}\, C$ die Vereinigung der Sekanten und Tangenten von C. Es gilt $C \subset \mathrm{Tan}\, C \subset \mathrm{Sec}\, C$.

Da $\operatorname{Tan} C$ das Bild der projektiven Varietät $q^{-1}(t(C))$ unter dem Morphismus p ist, folgt, dass $\operatorname{Tan} C$ eine projektive Varietät in $\mathbb{P}_k^n$ ist ([S1, Chapter I.5, Theorem 2]). Da C eine Kurve ist, und q ein dominanter Morphismus mit eindimensionalen Fasern, hat $q^{-1}(t(C))$ Dimension ≤ 2, und damit gilt auch $\dim \operatorname{Tan} C \leq 2$. Hier benutzen wir, dass für einen dominanten Morphismus projektiver Varietäten die Dimension des Bildes plus die Dimension der allgemeinen Faser gleich der Dimension des Definitionsbereiches ist ([S1, Chapter I, §6, Theorem 7]).

Es gilt in der Tat stets, dass $\dim \operatorname{Tan} C = 2$ ist, außer wenn C eine Gerade ist. Ähnlich zeigt man, dass $\operatorname{Sec} C$ eine projektive Varietät der Dimension ≤ 3 ist. In der Tat hat $\operatorname{Sec} C$ stets Dimension 3, außer für den Fall, dass C eine ebene Kurve ist.

Wir kehren nun zurück zur Projektion $\pi_P : C \to \mathbb{P}_k^{n-1}$ einer Kurve C von einem Punkt $P \notin C$.

Satz 6.38. *Die Projektion $\pi_P : C \to \mathbb{P}_k^{n-1}$ ist genau dann eine Einbettung, wenn gilt:*

(i) *P liegt auf keiner Sekante von C,*

(ii) *P liegt auf keiner Tangente von C.*

Beweis. Die Abbildung π_P ist durch das Linearsystem der Hyperebenenschnitte mit allen Hyperebenen durch P gegeben. Da $P \notin C$, ist dies ein basispunktfreies Linearsystem. Dieses Linearsystem trennt genau dann Punkte, wenn es für je zwei Punkte $Q \neq R$ von C eine Hyperebene durch P gibt, die durch Q, nicht aber durch R geht. Dies ist äquivalent dazu, dass P nicht auf der Sekante $\overline{QR}$ liegt. Es sei $R \in C$. Dann trennt das Linearsystem genau dann Tangenten in R, wenn es eine Hyperebene H durch P und R gibt, die die Tangente $T_R C$ transversal schneidet, d. h. $T_R C \not\subset H$. Dies ist genau dann der Fall, wenn P nicht auf der Tangente $T_R C$ liegt. $\qquad\square$

Korollar 6.39. *Jede glatte projektive Kurve C kann in $\mathbb{P}_k^3$ eingebettet werden.*

Beweis. Es sei D ein Divisor vom Grad $d = 2g + 1$, wobei $g = g(C)$ das Geschlecht der Kurve C ist. Nach Satz (6.33) ist $\varphi_D : C \to \mathbb{P}_k^{g+1}$ eine Einbettung. Ist $g \leq 2$, so sind wir fertig. Ist $g \geq 3$, so gibt es, da $\dim \operatorname{Sec} C \leq 3$ ist, einen Punkt $P \notin \operatorname{Sec} C$. Die Projektion von P liefert nach Satz (6.38) eine Einbettung $C \to \mathbb{P}_k^g$. Dieses Verfahren, d. h. Projektion von einem Punkt $P \notin \operatorname{Sec} C$ kann man aus Dimensionsgründen so lange fortsetzen, bis man eine Einbettung in $\mathbb{P}_k^3$ erhalten hat. $\qquad\square$

Ist C eine Kurve in $\mathbb{P}_k^3$, so wird man im Allgemeinen erwarten, dass $\operatorname{Sec} C = \mathbb{P}_k^3$ ist, so dass eine weitere Projektion auf eine singuläre ebene Kurve führt. In der Tat kann man im Allgemeinen eine Kurve C nicht in die Ebene $\mathbb{P}_k^2$ einbetten.

Man kann zum Beispiel zeigen, dass eine glatte Kurve $C \subset \mathbb{P}_k^2$ vom Grad d das Geschlecht

$$g(C) = \frac{1}{2}(d-1)(d-2)$$

hat. So kann etwa eine glatte Kurve vom Geschlecht 2 nicht als ebene Kurve realisiert werden. Es ist jedoch möglich, jede glatte projektive Kurve in einer solchen Weise in die Ebene abzubilden, dass die Singularitäten vom einfachsten Typ sind, d. h. gewöhnliche Doppelpunkte (wir werden weiter unten eine präzise Definition geben). Wir diskutieren nun, wie man das erreicht.

Definition. Eine Gerade L heißt *Multisekante* einer Kurve $C \subset \mathbb{P}_k^n$, falls es einen Divisor D auf C vom Grad mindestens 3 gibt, der in jedem Divisor $C \cap H$ enthalten ist, wobei H eine Hyperebene durch L ist.

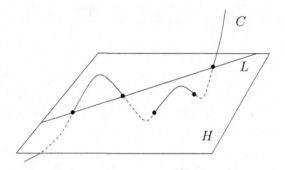

Bild 2: Eine Multisekante L einer Kurve C vom Grad 5 in $\mathbb{P}_\mathbb{R}^3$

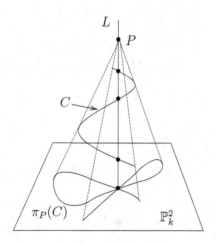

Bild 3: Projektion vom Punkt P, der auf einer Multisekante L liegt

Bemerkung 6.40. Ist C in keiner Hyperebene enthalten, so ist, wie in Beispiel (6.18) erwähnt, die Anzahl der Punkte in $C \cap H$ (mit Vielfachheiten gezählt), der

Grad von C. Ist L eine Multisekante von C, so trifft L die Kurve C in mindes-
tens 3 Punkten, mit Vielfachheiten gezählt. Ein Beispiel ist in Bild 2 dargestellt.
Bild 3 zeigt die Art der Singularität, die $\pi_P(C)$ haben kann, wenn P auf einer
Multisekante von C liegt.

Definition. Eine Sekante L von C, die die Kurve C in zwei Punkten $R \neq Q$
schneidet, heißt eine *Sekante mit koplanaren Tangenten*, wenn die Tangenten $T_R C$
und $T_Q C$ in einer Ebene liegen (was äquivalent dazu ist, dass sie sich schneiden).

Wir untersuchen nun, welche Singularitäten man bei einer generischen Projektion
einer Kurve in die Ebene erhält. Für einen Punkt $Q \in \mathbb{P}_k^2$ sei m_Q das maximale
Ideal im lokalen Ring von $\mathbb{P}_k^2$ in Q. Für eine irreduzible Kurve $C = \{f = 0\}$ gilt
$Q \in C$ genau dann, wenn $f \in m_Q$ ist, und Q ist genau dann ein singulärer Punkt
von C, wenn $f \in m_Q^2$ ist. Ist $f \in m_Q^2 \setminus m_Q^3$, so nennen wir Q einen *Doppelpunkt*
von C. In geeigneten affinen Koordinaten gilt

$$m_Q^2 / m_Q^3 = \langle \bar{x}^2, \bar{x}\bar{y}, \bar{y}^2 \rangle.$$

Das Element $\bar{f} \in m_Q^2 / m_Q^3$ lässt sich also durch ein homogenes Polynom vom Grad
2 in zwei Variablen darstellen und zerfällt demnach in zwei Linearformen $\bar{f} = \bar{l}_1 \bar{l}_2$.
Die beiden Geraden $L_1 = \{\bar{l}_1 = 0\}$ und $L_2 = \{\bar{l}_2 = 0\}$ heißen die *Tangenten* an
C im Doppelpunkt Q.

Definition. Man sagt, dass die Kurve $C = \{f = 0\}$ einen *gewöhnlichen Doppelpunkt (Knoten)* im Punkt Q besitzt, falls $f \in m_Q^2 \setminus m_Q^3$, und falls die Tangenten
L_1 und L_2 an C in Q verschieden sind.

Satz 6.41. *Es sei $C \subset \mathbb{P}_k^3$ eine glatte Kurve und $P \notin C$. Die Projektion $\pi_P : C \to$*
$\pi_P(C) \subset \mathbb{P}_k^2$ ist genau dann eine birationale Immersion (d. h. eine birationale
Abbildung, deren Differential an jedem Punkt injektiv ist), so dass die Bildkurve
$\pi_P(C)$ nur gewöhnliche Doppelpunkte besitzt, wenn folgende Bedingungen erfüllt
sind:

 (i) *P liegt nur auf endlich vielen Sekanten von C,*

 (ii) *P liegt auf keiner Tangente von C,*

 (iii) *P liegt auf keiner Multisekante von C,*

 (iv) *P liegt auf keiner Sekante von C mit koplanaren Tangenten.*

Beweis. Wie im Beweis von Satz (6.38) folgt aus Bedingung (ii), dass die Projektion $\pi_P : C \to \mathbb{P}_k^2$ eine Immersion ist. Es sei M die Menge aller Punkte auf C,
die auf einer Sekante von C durch P liegen. Wie im Beweis von Satz (6.38) folgt,
dass π_P einen Isomorphismus zwischen $C \setminus M$ und $\pi_P(C) \setminus \pi_P(M)$ definiert. Aus
Bedingung (i) folgt, dass C und $\pi_P(C)$ birational sind, und $\pi_P(C)$ ist glatt an
Punkten $\pi_P(R)$ für Punkte $R \in C$, die nicht auf einer Sekante von C durch P
liegen.

Es bleibt zu zeigen, dass die Bildkurve höchstens gewöhnliche Doppelpunkte besitzt. Es sei L eine Sekante von C durch P. Wegen (ii) und (iii) ist der Schnitt gegeben durch $C \cap L = R_1 + R_2$, wobei R_1 und R_2 zwei verschiedene Punkte auf C sind. Aus Bedingung (iv) folgt, dass die Geraden $L_1 := \pi_P(T_{R_1}C)$ und $L_2 := \pi_P(T_{R_2}C)$ verschieden sind. Diese Geraden sind Tangenten an $\pi_P(C)$ in $Q := \pi_P(R_1) = \pi_P(R_2)$.

Wir möchten zeigen, dass die Verschwindungsordnung der Gleichung f von $\pi_P(C)$ im Punkt Q gleich 2 ist, d.h. $f \in m_Q^2 \setminus m_Q^3$. Die Verschwindungsordnung von f in Q ist gleich der Schnittzahl in Q von $\pi_P(C)$ mit einer allgemeinen Geraden L_3 in $\mathbb{P}_k^2$ durch Q. Zieht man die Gerade L_3 mittels der Projektion π_P zurück, erhält man die Ebene E, die von L_3 und P aufgespannt wird. Um die Schnittzahl von L_3 und $\pi_P(C)$ in Q zu berechnen, müssen wir den Schnitt von E und C entlang der Sekante L bestimmen. Da L nach (ii) und (iii) weder eine Tangente noch eine Multisekante von C ist, und da L_3 verschieden von L_1 und L_2 ist, schneidet die Ebene E die Kurve C entlang L transversal in den zwei Punkten R_1 und R_2 und nirgends sonst, d.h. in einem Divisor vom Grad 2. Daher ist die Schnittzahl von L_3 und $\pi_P(C)$ in Q gleich 2. Diese Schnittzahl erhöht sich um 1, wenn L_3 gleich L_1 oder L_2 ist. Daraus können wir schließen, dass $f = l_1 l_2$ + Terme höherer Ordnung, wobei l_1 und l_2 die linearen Gleichungen von L_1 und L_2 sind. Da L_1 und L_2 verschieden sind, zeigt dies, dass Q ein gewöhnlicher Doppelpunkt der Kurve $\pi_P(C)$ ist. $\qquad\square$

Korollar 6.42. *Jede glatte projektive Kurve C ist birational zu einer ebenen Kurve C', die nur gewöhnliche Doppelpunkte besitzt.*

Beweisskizze. Nach Korollar (6.39) können wir annehmen, dass $C \subset \mathbb{P}_k^3$ ist. Ist C eine ebene Kurve, so sind wir fertig. Ansonsten müssen wir zeigen, dass wir einen Punkt P finden können, der die Bedingungen (i) - (iv) von Satz (6.41) erfüllt. Dies erreicht man durch „Abzählen von Bedingungen". Da $\dim \operatorname{Tan} C \leq 2$ ist, kann man sicher (ii) erfüllen. Die größte Schwierigkeit besteht darin, zu zeigen, dass man einen Punkt P finden kann, der nicht auf einer Multisekante oder einer Sekante mit koplanaren Tangenten liegt. Hierzu sei auf [Ha, Proposition IV.3.8] verwiesen. Wir begnügen uns damit zu zeigen, dass man einen Punkt P finden kann, der nur auf endlich vielen Sekanten liegt. Hierzu sei $\Delta \subset C \times C$ die Diagonale. Wir betrachten die Einschränkung der Projektion

$$\overline{p} : q^{-1}(s(C \times C \setminus \Delta)) \to \operatorname{Sec} C.$$

Wie bereits bemerkt, besitzen die Fasern von q die Dimension 1. Das Bild $s(C \times C \setminus \Delta)$ hat Dimension ≤ 2 und somit gilt $\dim q^{-1}(s(C \times C \setminus \Delta)) \leq 3$ (wieder nach [S1, Chapter I, §6, Theorem 7]). Ist $\dim \operatorname{Sec} C \leq 2$, so kann man einen Punkt $P \notin \operatorname{Sec} C$ wählen. Damit ist die Projektion $\pi_P : C \to \mathbb{P}_k^2$ eine Einbettung. Ansonsten gilt für einen allgemeinen Punkt $P \in \operatorname{Sec} C$, dass die Faser

$\overline{p}^{-1}(P)$ 0-dimensional und damit endlich ist. Ein solcher Punkt P liegt nur auf endlich vielen Sekanten von C.   □

Ist C eine glatte Kurve vom Geschlecht g, die birational auf eine ebene Kurve C' vom Grad d abgebildet wird, so dass C' nur gewöhnliche Doppelpunkte besitzt, so sagt die *Doppelpunktformel*, dass die Anzahl der Doppelpunkte gleich

$$\delta = \frac{1}{2}(d-1)(d-2) - g$$

ist. Für $0 \leq \delta \leq (d-1)(d-2)/2$ definieren wir die quasi-projektive Varietät $V_{d,\delta}$ als den Raum, der die ebenen Kurven vom Grad d mit δ gewöhnlichen Doppelpunkten parametrisiert. Es liegt nahe, die Geometrie von $V_{d,\delta}$ zu untersuchen. Severi hat bereits 1921 behauptet, dass diese Varietät irreduzibel ist und die Dimension $\frac{1}{2}d(d+3) - \delta$ besitzt. Im Jahr 1985 wurde von J. Harris ein vollständiger Beweis dieser Aussage gegeben.

Übungsaufgaben zu Kapitel 6

6.1   Es sei C eine Kurve vom Geschlecht g. Zeigen Sie, dass es einen Morphismus $\varphi : C \to \mathbb{P}^1_k$ von Grad $d \leq g+1$ gibt.

6.2   Es sei C eine glatte projektive Kurve und $P_1, \dots, P_r$ seien Punkte auf C. Zeigen Sie, dass es eine rationale Funktion f auf C gibt, die in $P_1, \dots, P_r$ Pole besitzt und sonst überall regulär ist.

6.3   Es sei $C \subset \mathbb{P}^n_k$ eine glatte, irreduzible Kurve vom Grad n, die nicht in einer Hyperebene enthalten ist (d. h. jede Hyperebene schneidet C in einem Divisor vom Grad n). Beweisen Sie, dass C rational ist.

6.4   Gegeben sei die projektive Varietät

$$C = \{x_0^2 - x_0x_2 - x_1x_3 = x_1x_2 - x_0x_3 - x_2x_3 = 0\} \subset \mathbb{P}^3_k.$$

Zeigen Sie mit Hilfe der Projektion vom Punkt $(0:0:0:1)$ auf die Ebene $\{x_3 = 0\}$, dass C isomorph zu einer glatten ebenen Kubik ist. (Die Kurve C ist ein Beispiel für eine *elliptische Normkurve* vom Grad 4 in $\mathbb{P}^3_k$.)

6.5   Beweisen Sie, dass eine irreduzible Quartik $C \subset \mathbb{P}^2_k$ höchstens 3 singuläre Punkte haben kann. Wie viele singuläre Punkte können höchstens auf einer irreduziblen Kurve $C \subset \mathbb{P}^2_k$ vom Grad n liegen?

6.6   Es sei k ein Körper der Charakteristik 2. Zeigen Sie, dass der Kegelschnitt $C = \{x_0^2 - x_1x_2 = 0\} \subset \mathbb{P}^2_k$ eine glatte Kurve ist, und dass es einen Punkt P gibt, durch den alle Tangenten von C gehen. Was passiert, wenn man die Kurve C von P aus auf $\mathbb{P}^1_k$ projiziert?

6.7 Zeigen Sie, dass auf der affinen Kurve $x^2 + y^2 = 1$ durch $\omega = 1/y\, dx$ eine reguläre Differentialform definiert wird. Wie verhält sich diese Differentialform im Unendlichen?

6.8 Gegeben sei eine glatte Weierstraßkubik

$$C = \{z_0 z_2^2 = 4z_1^3 - g_2 z_1 z_0^2 - g_3 z_0^3\} \qquad (g_2^3 - 27 g_3^2 \neq 0).$$

Für $i = 0, 1, 2$ sei $U_i = \{(z_0 : z_1 : z_2);\ z_i \neq 0\} \subset \mathbb{P}^2_{\mathbb{C}}$ und $C_i = C \cap U_i$. Die affinen Koordinaten auf U_i seien mit x_i, y_i bezeichnet. Zeigen Sie:

(a) Auf C_0 wird durch

$$\omega_0 = \frac{dx_0}{\partial f(x_0, y_0)/\partial y_0} = -\frac{dy_0}{\partial f(x_0, y_0)/\partial x_0}.$$

eine reguläre Differentialform ohne Nullstellen definiert.

(b) Auf C_2 wird durch

$$\omega_2 = \frac{dx_2}{\partial f(x_2, y_2)/\partial y_2} = -\frac{dy_2}{\partial f(x_2, y_2)/\partial x_2}.$$

eine reguläre Differentialform ohne Nullstellen definiert.

(c) $\omega_0|_{C_0 \cap C_2} = \omega_2|_{C_0 \cap C_2}$.

(Damit definieren ω_0 und ω_2 eine reguläre, nirgends verschwindende Differentialform ω auf C und es folgt, dass der kanonische Divisor $K = 0$ ist.)

6.9 Divisoren und lineare Äquivalenz von Divisoren kann man ebenso auf quasi-projektiven glatten Kurven definieren.

(a) Zeigen Sie, dass es für jede glatte quasi-projektive Kurve C und jeden Punkt $P \in C$ eine exakte Sequenz

$$\mathbb{Z} \to \mathrm{Cl}(C) \to \mathrm{Cl}(C \setminus P) \to 0.$$

gibt.

(b) Geben Sie je ein Beispiel dafür an, dass die erweiterte Sequenz

$$0 \to \mathbb{Z} \to \mathrm{Cl}(C) \to \mathrm{Cl}(C \setminus P) \to 0,$$

exakt, bzw. nicht exakt ist.

6.10 Geben Sie Beispiele an für:

(a) eine glatte affine Kurve C mit $\mathrm{Cl}(C) = 0$.

(b) eine glatte affine Kurve C with $\mathrm{Cl}(C) \neq 0$.

6.11   Wir betrachten die Abbildung

$$\varphi : C \longrightarrow \operatorname{Jac}^0(C),$$
$$P \longmapsto P - O$$

von einer komplexen elliptischen Kurve C in ihre Jacobische $\operatorname{Jac}^0(C)$, wobei O ein Wendepunkt von C ist. Zeigen Sie, dass diese Abbildung einen Gruppenisomorphismus induziert, wobei C die in Abschnitt (4.4) geometrisch beschriebene Gruppenstruktur trägt.

Lösungshinweise

0 Einleitung

0.1 (a) $M_1 = V(x^2 + y^2 - 1)$

(b) Es sei $f \in k[x, y]$ mit $M_2 \subset V(f)$. Dann besitzt $g(x) = f(x, 0) \in k[x]$ unendlich viele Nullstellen $k\pi$, $k \in \mathbb{Z}$, d. h. $g \equiv 0$. Damit ist $(x, 0) \in V(f)$ für alle $x \in \mathbb{R}$.

0.2 (a) Für $A = (x_{ij})_{1 \le i,j \le n}$ ist $\det A \in k[x_{ij}]$ und $\mathrm{Sl}(n, \mathbb{C}) = V(\det A - 1)$.

(b) Für $A = (x_{ij})_{1 \le i,j \le n}$ ist $({}^tAA)_{kl} = \sum_{i=1}^n x_{ik}x_{il} \in k[x_{ij}]$.

0.3

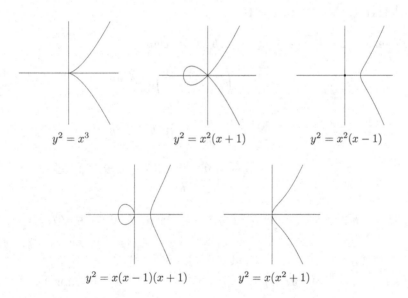

$$y^2 = x^3 \qquad y^2 = x^2(x+1) \qquad y^2 = x^2(x-1)$$

$$y^2 = x(x-1)(x+1) \qquad y^2 = x(x^2+1)$$

0.4

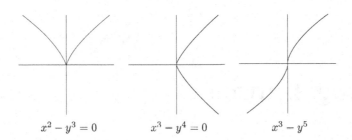

$$x^2 - y^3 = 0 \qquad\qquad x^3 - y^4 = 0 \qquad\qquad x^3 - y^5$$

0.5   Man nehme an, dass $x^4 + y^4 = z^2$ eine ganzzahlige Lösung besäße. Ohne Einschränkung sei $(x, y, z) = 1$, d. h. x^2, y^2, z bilden ein primitives pythagoräisches Tripel. Dann ist (evtl. nach Vertauschen von x und y)

$$x^2 = 2pq, \ y^2 = p^2 - q^2, \ z = p^2 + q^2$$

mit p, q teilerfremd. Die zweite Gleichung definiert wieder ein primitives pythagoräisches Tripel und man kann dies zu einem unendlichen Abstieg führen.

1   Affine Varietäten

1.1   Es seien $a, b \in \sqrt{J}$, also etwa $a^n, b^m \in J$. Dann ist

$$(a + b)^{n+m-1} = \sum_{k=0}^{n+m-1} \binom{n + m - 1}{k} a^k b^{n+m-1-k}$$

$$= \sum_{k=0}^{n-1} \binom{n + m - 1}{k} a^k b^{n-1-k} b^m$$

$$+ \sum_{k=n}^{n+m-1} \binom{n + m - 1}{k} a^{k-n} a^n b^{n+m-1-k} \in J,$$

also $a + b \in \sqrt{J}$. Für $r \in R$ ist $(ra)^n = r^n a^n \in J$, also $r \in \sqrt{J}$.

1.2 $I = (x^2 - yz, xz - x) = (x^2 - yz, x) \cap (x^2 - yz, z - 1) = (yz, x) \cap (x^2 - y, z - 1) = (y, x) \cap (z, x) \cap (x^2 - y, z - 1)$, also $V(I) = V(y, x) \cup V(z, x) \cup V(x^2 - y, z - 1)$.

1.3   Es gilt $xz + yz + xyz + y^2 z = (y + 1)(xz + yz) \in I_1$ und umgekehrt

$$xz + yz = xz + yz + xyz + y^2 z - z(xy + y^2) \in I_2,$$

also $I_1 = I_2$. Außerdem ist $xy^2 + y^3 = y(xy + y^2) \in I_1$, aber $xy + y^2 \notin I_3$, d. h. $I_3 \subsetneq I_1$. Jedoch ist $(xy + y^2)^2 = (x + y)(xy^2 + y^3) \in I_3$ und somit $V(I_3) = V(I_1) = V(x + y) \cup V(y, z)$.

1.4   Es ist $J(X,Y) = \{(\lambda t, \lambda t^2 + (1-\lambda)u, \lambda t^3, 1-\lambda);\ \lambda, t, u \in \mathbb{C}\}$ und es gilt $J(X,Y) \subset V(x_1^3 - x_3(1-x_4)^2) =: Z$. Diese Inklusion ist echt, da $(0,1,0,0) \notin J(X,Y)$. Da Z irreduzibel ist, ist $J(X,Y)$ keine affine Varietät. Genauer gilt

$$J(X,Y) = (Z \setminus V((1-x_4)x_4)) \cup X \cup Y.$$

$J(X,Y)$ ist also auch keine quasi-affine Varietät.

1.5   Da φ bijektiv und stetig ist und endliche Teilmengen von C abgeschlossen sind, ist φ ein Homöomorphismus bezüglich der Zariski-Topologie.

Die Umkehrabbildung

$$\varphi^{-1}(x,y) = \begin{cases} y/x, & (x,y) \neq (0,0) \\ 0, & (x,y) = (0,0) \end{cases}$$

ist auch in der komplexen Topologie stetig: sind x_n, y_n Nullfolgen mit $y_n^2 = x_n^3$, so gilt $|y_n/x_n|^3 = |y_n| \to 0$, also auch $|y_n/x_n| \to 0$.

1.6   Da $\overline{x} \in k[C] = k[x,y]/(xy-1)$ eine Einheit mit $\overline{x} \notin k$ ist, ist $k[C]$ nicht isomorph zu $k[\mathbb{A}_{\mathbb{C}}^1] = k[t]$.

1.7   Es gilt $A = k[\overline{x}_1] + k[\overline{x}_1]\overline{x}_2$, man kann also $m = 1$ und $y_1 = \overline{x}_1$ wählen.

1.8   (a) In $\mathcal{O}_{X,(0,u)}$ ist $x = 0$, da $xy = 0$ und y eine Einheit ist. Somit ist $\mathcal{O}_{X,(0,u)} \cong \mathbb{C}[y]_{(y-u)} \cong \mathbb{C}[t]_{(t)}$.

(b) Die Restklassen von x und y sind in $\mathcal{O}_{X,(0,0)}$ von 0 verschieden und es gilt $xy = 0$. Angenommen es gäbe Nullteiler in $\mathcal{O}_{Y,(0,0)}$, d. h. Brüche $\frac{g_1}{h_1}, \frac{g_2}{h_2}$ mit $g_i \neq 0, h_i(0,0) \neq 0$ und $fg_1g_2 = 0$ für ein f mit $f(0,0) \neq 0$. Dann wäre bereits der Koordinatenring von Y kein Integritätsring.

1.9   Das Bild von $f : \mathbb{C}^2 \to \mathbb{C}^2$, $(x,y) \mapsto (x,xy)$ ist $(\mathbb{C}^2 \setminus V(x)) \cup (0,0)$, also keine algebraische Menge.

1.10   Es sei $L = V(x,y) \subset X$ und $M = V(x) \subset \mathbb{A}_k^2$. Die Projektion $(x,y,z) \mapsto (x,y)$ liefert einen Isomorphismus $X \setminus L \to \mathbb{A}_k^2 \setminus M$ mit Umkehrabbildung $(x,y) \mapsto (x,y,y/x)$.

1.11   Es sei $j : R \to R_{\mathfrak{p}}$ der natürliche Homomorphismus. Ist $\mathfrak{p}' \subset \mathfrak{p}$ ein Primideal in R, dann ist $\mathfrak{q} = j(\mathfrak{p}') \cdot R_{\mathfrak{p}} = \{\frac{r}{s};\ r \in \mathfrak{p}', s \notin \mathfrak{p}\}$ ein Primideal in $R_{\mathfrak{p}}$. Ist umgekehrt $\mathfrak{q}$ ein Primideal in $R_{\mathfrak{p}}$, so ist $\mathfrak{p}' = j^{-1}(\mathfrak{q})$ ein Primideal in R mit $\mathfrak{p}' \subset \mathfrak{p}$.

1.12   Die echten abgeschlossenen Mengen in der Produkttopologie sind Vereinigungen endlich vieler Punkte und achsenparalleler Geraden. Die Diagonale $V(x-y)$ ist abgeschlossen in der Zariski-Topologie, aber nicht in der Produkttopologie.

1.13   Es ist $I(X \cup Y) = (x_1x_3, x_1x_4, x_2x_3, x_2x_4)$. Jedes Element aus $I(X \cup Y)$ besteht aus Monomen vom Grad ≥ 2 und die quadratischen Anteile zweier Polynome erzeugen einen maximal 2-dimensionalen $\mathbb{C}$-Vektorraum.

1.14   (a) Da F durch Polynome definiert ist, ist es ein Morphismus. Da $\overline{\mathbb{F}}_p$ algebraisch abgeschlossen ist, ist F surjektiv. Es gelte $x^p = y^p$ für $x, y \in \overline{\mathbb{F}}_p$. Dann ist $0 = x^p - y^p = (x - y)^p$, also $x = y$. Dies zeigt, dass F injektiv ist.

(b) Der Homomorphismus $F^* : k[x_1, \ldots, x_n] \to k[x_1, \ldots, x_n]$, $x_i \mapsto x_i^p$ ist nicht surjektiv, da x_i nicht im Bild liegt.

2   Projektive Varietäten

2.1   Angenommen es gäbe Quadriken Q_1 und Q_2 mit $Q_1 \cap Q_2 = C$. Da die Q_i irreduzibel sein müssen, sind es entweder glatte Quadriken oder quadratische Kegel. Es sei H eine Ebene durch eine Regelgerade von Q_1, bzw. eine Gerade durch die Spitze. Dann enthält H noch eine zweite Gerade auf Q_1. Die beiden Geraden schneiden Q_2 in insgesamt 4 Punkten (mit Vielfachheit), die zu $H \cap C$ gehören, aber C schneidet jede Ebene in genau 3 Punkten (mit Vielfachheit).

2.2   (a)

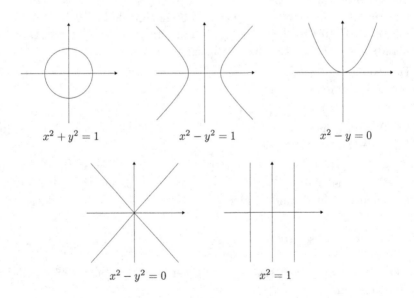

(b) Es sei $L = \{z = 0\}$ die Gerade im Unendlichen.

$$\overline{Q}_1 \cap L = \emptyset$$
$$\overline{Q}_2 \cap L = \{(1 : 1 : 0), (1 : -1 : 0)\}$$
$$\overline{Q}_3 \cap L = \{(0 : 1 : 0)\}$$
$$\overline{Q}_4 \cap L = \{(1 : 1 : 0), (1 : -1 : 0)\}$$
$$\overline{Q}_5 \cap L = \{(0 : 1 : 0)\}$$

(c) Aus $\overline{Q}_1$ erhält man $\overline{Q}_2$ durch Vertauschen von y und z. Aus $\overline{Q}_3$ erhält man $\overline{Q}_1$ durch $y \mapsto y + z$ und $z \mapsto y - z$.

(d) Aus $\overline{Q}_4$ erhält man $\overline{Q}_5$ durch Vertauschen von y und z.

2.3 Man benutze die Zerlegung von S in direkte Summanden S_d.

2.4 Es sei $Y \subset \mathbb{A}_k^n$. Da $y_i := x_i \circ f$ reguläre Funktionen auf X sind, gilt $y_i \in k$ und $f(X) = \{(y_1, \dots, y_n)\}$.

2.5 Auf X gilt $\frac{x_0}{x_1} = \frac{x_1}{x_2}$, d.h. f ist in $X \setminus \{(1 : 0 : 0)\}$ regulär. Da es auf einer projektiven Varietät keine nicht-konstanten regulären Funktionen gibt, kann f in $(1 : 0 : 0)$ nicht regulär sein.

2.6 Betrachte die Morphismen

$$\psi_1 : U_1 = Y \setminus \{(0 : 0 : 1)\} \to \mathbb{P}_k^1, \quad (y_0 : y_1 : y_2) \mapsto (y_0 : y_1)$$
$$\psi_2 : U_2 = Y \setminus \{(1 : 0 : 0)\} \to \mathbb{P}_k^1, \quad (y_0 : y_1 : y_2) \mapsto (y_1 : y_2).$$

Auf $U_1 \cap U_2$ gilt $\psi_1 = \psi_2$ und man erhält einen zu φ inversen Morphismus $Y \to \mathbb{P}_k^1$. Da $\dim_k S_1(\mathbb{P}_k^1) = 2$ und $\dim_k S_1(Y) = 3$ sind die homogenen Koordinatenringe nicht isomorph.

2.7 Die offenen Teilmengen $\mathbb{A}_k^n \times \mathbb{A}_k^m$ bzw. $\mathbb{A}_k^{m+n}$ sind isomorph zueinander.

2.8 (a) Betrachte die Morphismen

$$\varphi_1 : U_1 = X \setminus \{x_0 = x_1 = x_2 = 0\} \to \mathbb{P}_k^2,$$
$$(x_0 : x_1 : x_2 : x_3 : x_4) \mapsto (x_0 : x_1 : x_2)$$
$$\varphi_2 : U_2 = X \setminus \{x_2 = x_3 = x_4 = 0\} \to \mathbb{P}_k^2,$$
$$(x_0 : x_1 : x_2 : x_3 : x_4) \mapsto (x_3 : x_2 : x_4).$$

Es ist $U_1 \cup U_2 = X$ und auf $U_1 \cap U_2$ gilt $\varphi_1 = \varphi_2$.

(b) Für $P = (u : v : w)$ gilt

$$\varphi^{-1}(P) = \begin{cases} \{(x_0 : 0 : 0 : x_3 : 0 : 0)\} \cong \mathbb{P}_k^1 & \text{falls } P = (1 : 0 : 0), \\ \{(uv : v^2 : vw : uw : w^2)\} & \text{sonst.} \end{cases}$$

2.9   Die Projektion

$$X \dashrightarrow \mathbb{P}_k^{n-1}, \; (x_0 : x_1 : \ldots : x_n) \mapsto (x_1 : \ldots : x_n)$$

ist eine birationale Abbildung mit Umkehrabbildung

$$(x_1 : \ldots : x_n) \mapsto \left(-\frac{f_k(x_1 : \ldots : x_n)}{f_{k-1}(x_1 : \ldots : x_n)} : x_1 : \ldots : x_n \right).$$

2.10   (a) Eine reguläre Funktion auf $\mathbb{A}_k^2 \setminus \{(0,0)\}$ ist von der Form f/g, mit $f, g \in k[x,y]$ und $g(x,y) \neq 0$ für alle $(x,y) \neq (0,0)$. Dann muss g schon konstant sein, d. h. $\mathcal{O}(\mathbb{A}_k^2 \setminus \{(0,0)\}) = k[x,y]$. Wäre $\mathbb{A}_k^2 \setminus \{(0,0)\}$ affin, so würde die Inklusion $\mathbb{A}_k^2 \setminus \{(0,0)\} \hookrightarrow \mathbb{A}_k^2$ einen Isomorphismus der Koordinatenringe induzieren, wäre also selbst ein Isomorphismus. $\mathbb{A}_k^2 \setminus \{(0,0)\}$ ist auch nicht projektiv, da es nicht-konstante reguläre Funktionen gibt.

(b) Nach (a) sind alle regulären Funktionen auf $\mathbb{P}_k^2 \setminus \{(1:0:0)\}$ konstant und somit ist es nicht affin. Wäre $\mathbb{P}_k^2 \setminus \{(1:0:0)\}$ projektiv, so wäre dies auch die abgeschlossene Teilmenge $\mathbb{P}_k^2 \setminus \{(1:0:0)\} \cap \{x_2 = 0\} \cong \mathbb{A}_k^1$, aber auf $\mathbb{A}_k^1$ gibt es nicht-konstante reguläre Funktionen.

2.11   Nach einer projektiven Transformation kann man $f(\infty) = \infty$ annehmen und die Einschränkung $f_0 : \mathbb{A}_{\mathbb{C}}^1 \to \mathbb{A}_{\mathbb{C}}^1$ betrachten. Dann gilt $f_0 \in k[x]$. Da f_0 injektiv ist, muss $\deg f_0 = 1$ gelten, also etwa $f_0 = ax + b$. Dann ist $f(x : y) = (ax + by : y)$.

2.12   Nach Voraussetzung gibt es eine stetige Umkehrabbildung $g = f^{-1} : Y \to X$, von der zu zeigen ist, dass sie ein Morphismus ist. Es sei $Q = f(P) \in Y$ und $U \subset \mathbb{A}_k^n, V \subset \mathbb{A}_k^m$ affine Umgebungen von Q bzw. P mit $g(U) \subset V$ und $g|_U = (g_1, \ldots, g_m)$. Betrachte die i-te Koordinatenfunktion $x_i \in \mathcal{O}_{V,P} \cong \mathcal{O}_{X,P}$. Dann gibt es ein $h \in \mathcal{O}_{Y,Q}$ mit $x_i = h \circ f$, d. h. $h = g_i$ in einer Umgebung von Q. Dies zeigt, dass g_i eine reguläre Funktion.

3   Glatte Punkte und Dimension

3.1   Die Kurve $E_{(1:0)}$ ist singulär in $(0:0:1)$. Die Kurve $E_{(1:-1)}$ zerfällt in eine Doppelgerade und eine weitere Gerade. Die übrigen Kurven sind glatt.

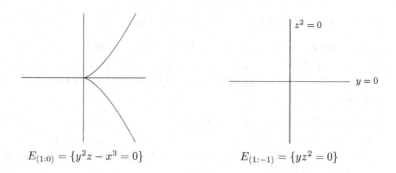

$$E_{(1:0)} = \{y^2 z - x^3 = 0\} \qquad\qquad E_{(1:-1)} = \{yz^2 = 0\}$$

3.2 Die Menge der singulären Punkte besteht aus den 3 Geraden

$$\{x_0 = x_1 = 0\} \cup \{x_0 = x_2 = 0\} \cup \{x_1 = x_2 = 0\}.$$

3.3 Die Singularitäten von C sind $P_1 = (1 : 0 : 0)$, $P_2 = (0 : 1 : 0)$ und $P_3 = (0 : 0 : 1)$. Wir wenden die Cremona-Transformation $\varphi : \mathbb{P}^2_{\mathbb{C}} \dashrightarrow \mathbb{P}^2_{\mathbb{C}}$, $(x : y : z) \mapsto (\frac{1}{x} : \frac{1}{y} : \frac{1}{z}) = (yz : xz : xy)$ an. Es gilt $\varphi^*(x^2 y^2 + y^2 z^2 + z^2 x^2) = z^2 + x^2 + y^2$. Die Cremona-Transformation induziert also einen Isomorphismus zwischen $C \cap \{xyz \neq 0\} = C \setminus \{P_1, P_2, P_3\}$ und $Q \cap \{xyz \neq 0\}$, wobei $Q = \{x^2 + y^2 + z^2 = 0\}$ ein glatter Kegelschnitt, also isomorph zu $\mathbb{P}^1_{\mathbb{C}}$ ist (siehe Aufgabe 2.6).

3.4 Man kann annehmen, dass $X = \{f = 0\}$ den Unterraum $L = \{x_{r+1} = \ldots = x_n = 0\}$ enthält. Für $i = 0, \ldots, r$ verschwindet dann $\frac{\partial f}{\partial x_i}$ auf L. Die übrigen $n - r$ Ableitungen sind wegen $d > 1$ entweder 0 oder nicht-konstant und definieren somit (höchstens) $n - r$ Hyperflächen in L, die wegen $r \geq n/2$ einen nicht-leeren Schnitt haben.

3.5 Es sei $f \in I(X)$, d.h. $f(t^4, t^5, t^6, t^7) = 0 \in k[t]$. Wir schreiben $f = f^{(1)} + g$, wobei $f^{(1)}$ der lineare Anteil von f in 0 ist. Da $g(t^4, t^5, t^6, t^7)$ nur Monome in t vom Grad ≥ 8 enthalten kann, gilt $f^{(1)}(t^4, t^5, t^6, t^7) = 0$ und damit auch $f^{(1)} = 0$. Somit gilt $T_0 X = \mathbb{A}^4_k$. Für eine Kurve Y in $\mathbb{A}^3_k$ gilt dagegen $\dim_k T_P Y \leq 3$.

3.6 Es gilt $T_0 X = \mathbb{A}^3_k$ und $T_0 Y = \{z = 0\}$.

3.7 Ist $\dim X = 0$, so ist X ein Punkt und X^a eine Gerade, also $\dim X^a = 1$. Nun sei $\dim X = n$ und $Y = V(f) \subset X$ eine Hyperfläche, also $\dim Y = n - 1$. Nach Induktionsvoraussetzung gilt $\dim Y^a = \dim Y + 1 = n$. Andererseits ist $Y^a = V(f) \subset X^a$ ebenfalls eine Hyperfläche, also $\dim X^a = \dim Y^a + 1 = n + 1$.

3.8 (a) Das strikte Urbild ist in der Karte $t_1 = 1$ enthalten und durch $t_0^2 + y^{n-2} = 0$ definiert. Für $n = 2$ besteht es aus zwei disjunkten Geraden, für $n = 3$ ist es eine glatte irreduzible Kurve, und für $n \geq 4$ eine singuläre Kurve.

(b) Das strikte Urbild $t_0^3 + y = 0$ ist glatt.

(c) Das strikte Urbild $t_0^3 + y^2 = 0$ ist singulär.

(d) Das strikte Urbild ist in der Karte $t_1 = 1$ durch $t_0 + t_0^2 - y(t_0^4 + 1) = 0$ gegeben und ist glatt. Es schneidet den exzeptionellen Divisor in den Punkten $(0 : 1)$, $(-1 : 1)$ und $(1 : 0)$. (Den Punkt $(1 : 0)$ sieht man in der Karte $t_0 = 1$.)

(e) Das strikte Urbild ist in der Karte $t_1 = 1$ durch $t_0 - y^4(t_0^6 + 1) = 0$ gegeben und ist glatt. Es schneidet den exzeptionellen Divisor in den Punkten $(0 : 1)$ und $(1 : 0)$. (Den Punkt $(1 : 0)$ sieht man in der Karte $t_0 = 1$.)

3.9 (a) In der Karte $t_j = 1$ ist V gegeben durch $x_i = x_j t_i, i = 1, \ldots, n$, d.h. $V \cap \{t_j \neq 0\} \cong \mathbb{A}_k^n$. Dies zeigt, dass V glatt ist und $\dim V = n$. Die Projektion π besitzt die Umkehrabbildung

$$\pi^{-1} : \mathbb{A}_k^n \dashrightarrow V, \ (x_1, \ldots, x_n) \mapsto ((x_1, \ldots, x_n), (x_1 : \ldots : x_n)).$$

(b) $\pi^{-1}((0, \ldots, 0)) = (0, \ldots, 0) \times \mathbb{P}_k^{n-1}$ und sonst $\pi^{-1}((x_1, \ldots, x_n)) = \{((x_1, \ldots, x_n), (x_1 : \ldots : x_n))\}$.

3.10 (a) Die einzige Singularität von Q ist $(0, 0, 0)$.

(b) $\tilde{Q} = \{t_0^2 - t_1 t_2 = 0\} \subset V$ und $\tilde{Q} \cap E = \{t_0^2 - t_1 t_2 = 0\} \subset E$. (Man beachte, dass E eine projektive Ebene ist.)

4   Ebene kubische Kurven

4.1 Die Kubiken, die einen Punkt P_i enthalten, bilden eine Hyperebene in $\mathbb{P}(k^3[x, y, z]) \cong \mathbb{P}_k^9$ und 9 Hyperebenen schneiden sich stets. C ist im Allgemeinen nicht eindeutig bestimmt: wählt man z.B. alle P_i auf einer Geraden L, so erfüllen alle Kubiken, die in L und einen Kegelschnitt zerfallen, die Bedingung.

4.2 Wie in 4.1 sieht man, dass der Raum der Kubiken durch $P_1, \ldots, P_8$ mindestens 1-dimensional ist. Angenommen er wäre mindestens 2-dimensional. Dann gäbe es zu zwei beliebigen Punkten R, S stets eine Kubik C durch $P_1, \ldots, P_8, R, S$. Wählt man R, S auf der Geraden $L = \overline{P_1 P_2}$, so muss C nach Bézout in L und einen Kegelschnitt Q zerfallen. Es sei T ein Schnittpunkt von L und Q. Dieser ist verschieden von P_1 und P_2, da sonst Q durch 7 Punkte der P_i geht. Es gibt es eine von C verschiedene Kubik C' durch $P_1, \ldots, P_8, T$. Diese muss auch in L und einen Kegelschnitt Q' zerfallen. Dann gibt es zwei verschiedene Kegelschnitte Q, Q' durch $P_3, \ldots, P_8$ und somit gibt es auch einen Kegelschnitt durch $P_2, \ldots, P_8$, ein Widerspruch.

4.3 Nach dem Satz von Bézout können nicht 4 der Punkte auf einer Geraden oder 7 auf einem Kegelschnitt liegen. Somit ist der Raum der Kubiken durch

$P_1, \ldots, P_8$ nach 4.2 eine Gerade L in $\mathbb{P}(k^3[x, y, z])$. Da L die Hyperebene H der Kubiken durch P_9 in zwei Punkten C_1, C_2 schneidet, muss L schon in H enthalten sein.

4.4 (a) Da sich die Parabeln nur in $(0 : 1 : 0)$ schneiden, ist die Schnittmultiplizität nach Bézout dort 4.

(b) Im Fall $\mathrm{char}(k) = 2$ handelt es sich um dieselben Kurven wie in (a). Ansonsten schneiden sich die Parabeln in $\mathbb{A}_k^2$ in einem Punkt transversal und im Unendlichen nur in $(0 : 1 : 0)$, also ist die Schnittmultiplizität dort 3.

4.5 (a) Auf der affinen Karte $x_2 = 1$ lauten die Gleichungen $x_0^3 + x_0^2 - x_1^2 = x_0^3 - x_1^2 = 0$ und hieraus erhält man lokal $x_0^2 = x_1^2 = 0$, d. h. die Schnittmultiplizität ist 4.

(b) Man erhält $x_0^3 = x_1^2 = 0$, d. h. die Schnittmultiplizität ist 6.

4.6 Es sei $\mathrm{char}(k) = 2$ und $f = x^2 y + y^2 z + z^2 x$. Dann ist $H_f = 0$, aber $(0 : 0 : 1)$ ist kein Wendepunkt.

4.7 Es sei $C = \{x^p y + y^p x + z^{p+1} = 0\}$ in Charakteristik $p \geq 3$. Man kann $x = 1$ annehmen und erhält die Gleichung $f = y + y^p + z^{p+1}$. Es gilt $\frac{\partial f}{\partial y} = 1$ und $\frac{\partial f}{\partial z} = z^p$. Die Tangente L an C in $P = (y_0, z_0)$ wird also durch $(y_0 - \lambda z_0^p, z_0 + \lambda)$ parametrisiert. Damit ist $f|_L = y_0 - \lambda z_0^p + y_0^p - \lambda^p z_0^{p^2} + (z_0 + \lambda)(z_0^p + \lambda^p) = \lambda^p(\lambda + z_0 - z_0^{p^2})$, also $I_P(C, L) \geq p$.

4.8 (a) Man betrachtet den projektiven Abschluss $x^3 + y^3 = z^3$ und mit $x' = z, y' = x, z' = x + y$ erhält man $z'^3 - 3z'^2 y' + 3z' y'^2 - x'^3 = 0$. Auf der affinen Karte $z' = 1$ ist $3y'^2 - 3y' = x'^3 - 1$ und hieraus erhält man $y''^2 = 4x''^3 - \frac{1}{12}$, also $J = 0$.

(b) Mit $y' = y + \frac{1}{2}$ und $x' = \frac{x}{\sqrt[3]{4}}$ erhält man $y'^2 = 4x'^3 - \sqrt[3]{4}x' + \frac{1}{4}$, also $J = \frac{64}{37}$.

(c) $y'^2 = 4x'^3 + \sqrt[3]{4}x' + \frac{1}{4}$ und $J = \frac{64}{91}$.

(d) Mit $x' = x - \frac{1}{3}$ ist $y^2 = x'^3 + \frac{2}{3}x' + \frac{7}{27}$ und mit $x'' = \frac{x'}{\sqrt[3]{4}}$ erhält man $y^2 = 4x''^3 + \frac{2}{3}\sqrt[3]{4}x'' + \frac{7}{27}$ und $J = \frac{32}{81}$.

4.9 Mit $x' = x - \frac{1+\lambda}{3}$ und $x'' = \frac{x'}{\sqrt[3]{4}}$ erhält man $y^2 = 4x''^2 - \frac{\sqrt[3]{4}}{3}(\lambda^2 - \lambda + 1)x - \frac{1}{27}(\lambda + 1)(\lambda - 2)(2\lambda - 1)$ und $J = \frac{4(\lambda^2 - \lambda + 1)^3}{27\lambda^2(\lambda - 1)^2}$.

4.10 Siehe [Hu, Chapter 3, §6].

4.11 Siehe [Hu, Chapter 3, §5].

4.12 Man betrachte die 6 Geraden, die in der Definition von $(P + Q) + R$ und $P + (Q + R)$ benutzt werden, und teile sie so in zwei zerfallende Kubiken C_1, C_2 auf, dass 8 der Schnittpunkte $C_1 \cap C_2$ auf C liegen, und schließe, dass der letzte Schnittpunkt ebenfalls auf C liegt. (Siehe [R2, S. 35] und [Hu, S. 63].)

4.13 Wir berechnen $l : C \times C \to C$ für eine Kubik $C = \{y^2 = x^3 + ax + b\}$. Wir nehmen hier an, dass $P = (x_0, y_0)$ und $Q = (x_1, y_1)$ zwei Punkte auf C mit $x_0 \neq x_1$ sind. Dann ist $\overline{PQ} = \{y = \frac{y_1 - y_0}{x_1 - x_0}(x - x_0) + y_0\}$. Durch Einsetzen in die Gleichung von C erhält man ein kubisches Polynom g in x, dessen Nullstellen x_0, x_1, x_2 sind, wobei $(x_2, y_2) = l(P, Q)$. Da der Koeffizient von x^2 in q durch $\frac{(y_1 - y_0)^2}{(x_1 - x_0)^2}$ gegeben ist, gilt $x_2 = \frac{(y_1 - y_0)^2}{(x_1 - x_0)^2} - x_0 - x_1$. Ähnlich zeigt man, dass die y-Koordinate ein Morphismus ist. Für den Fall $x_0 = x_1$ siehe [R2, S. 76].

4.14 Für einen Punkt P auf C gilt genau dann $P + P = O$, wenn es einen Punkt R gibt mit $l(P, P) = R$ und $l(R, O) = O$. Aus der letzten Gleichung folgt $R = O$, d. h. gesucht sind die Punkte P, so dass die Tangente an C in P durch O geht. Die Geraden durch O sind die Parallelen der y-Achse sowie die Gerade im Unendlichen. Die 2-Torsionspunkte sind also O sowie die drei Schnittpunkte von C mit der x-Achse.

4.15 $h_1 h_3 h_5 + \lambda h_2 h_4 h_6 = 0$ definiert einen Pencil von Kubiken durch $P_1, \ldots, P_6$ und durch die Schnittpunkte $L_1 \cap L_4, L_2 \cap L_5, L_3 \cap L_6$. Ist $Q \in C$ ein weiterer Punkt, dann gibt es also eine solche Kubik durch $P_1, \ldots, P_6, Q$. Nach Bézout muss diese Kubik in den Kegelschnitt C und eine Gerade L zerfallen, welche durch die drei Schnittpunkte läuft.

5 Kubische Flächen

5.1 Siehe [R2, S. 107].

5.2 $x_0^3 + x_1^3 = x_2^3 + x_3^3 = 0$ besteht aus 9 Geraden $x_0 + \rho^i x_1 = x_2 + \rho^j x_3 = 0$, wobei $\rho = e^{2\pi i / 3}$ und $i, j = 0, 1, 2$. Durch Permutation der Indizes erhält man die Gleichungen der übrigen 18 Geraden.

5.3 $x_0 = x_1 + x_2 = 0$ definiert eine Gerade auf X und durch Permutation der Indizes erhält man insgesamt 15 Geraden. Es sei $\tau = \frac{1 + \sqrt{5}}{2}$. Dann definiert $x_0 + \tau x_1 + x_2 = x_1 + \tau x_0 + x_3 = 0$ eine Gerade auf X und durch Permutation der Indizes erhält man insgesamt 12 Geraden (vgl. [PT]).

5.4 Der Raum der Kubiken durch $P_1, \ldots, P_6$ ist mindestens 3-dimensional. Wäre er 4-dimensional, so gäbe es für beliebige Punkte $R_1, \ldots, R_4$ stets eine Kubik durch alle P_i und R_j. Wählt man R_1 und R_2 auf dem Kegelschnitt Q durch $P_1, \ldots, P_5$, so müsste diese Kubik in Q und eine Gerade L durch P_6 zerfallen. Dies ist aber unmöglich, wenn man R_3 und R_4 so wählt, dass P_6, R_3, R_4 nicht kollinear sind.

5.5 (a) Ähnlich wie in 5.4 sieht man, dass jeder Punkt P mit $F_0(P) = \ldots = F_3(P) = 0$ bereits einer der P_i ist. Angenommen, alle Kubiken aus $\mathbb{P}(U)$

besäßen eine gemeinsame Tangentialrichtung in P_1, d. h. es gäbe eine Gerade L, die in P_1 alle diese Kubiken berührt. Dann gäbe es stets eine solche Kubik durch drei weitere Punkte Q_1, Q_2, Q_3. Dies ist aber unmöglich, wenn man $Q_1, Q_2 \in L$ wählt, und Q_3 nicht auf dem Kegelschnitt durch $P_2, \ldots, P_6$.

(b) Es seien $Q, R \in \mathbb{P}^2_{\mathbb{C}}$ zwei von den P_i verschiedene Punkte. Der Raum der Kubiken durch $P_1, \ldots, P_6, Q$ ist 2-dimensional. Ähnlich wie vorher folgt hieraus, dass es eine solche Kubik gibt, die R nicht enthält, d. h. $\varphi(Q) \neq \varphi(R)$. Nun sei L eine Gerade durch Q. Angenommen, alle Kubiken durch $P_1, \ldots, P_6, Q$ wären in Q tangential zu L. Dann gäbe es eine solche Kubik, die in L und einen Kegelschnitt zerfällt, welcher $P_1, \ldots, P_6$ enthalten müsste, ein Widerspruch. Dies zeigt, dass das Differential von φ in Q injektiv ist. Die übrigen Fälle zeigt man ähnlich.

(c) Das Urbild einer Hyperebene $H = \{a_0 x_0 + \ldots + a_3 x_3 = 0\} \subset \mathbb{P}^3_{\mathbb{C}}$ unter φ ist eine Kubik $\{a_0 F_0 + \ldots + a_3 F_3 = 0\}$ aus $\mathbb{P}(U)$. Das Urbild einer Geraden besteht aus dem Schnitt zweier solcher Kubiken, also aus $P_1, \ldots, P_6$ sowie drei weiteren, im allgemeinen Fall von den P_i verschiedenen, Punkten Q_1, Q_2, Q_3. Das Urbild unter $\tilde{\varphi}$ besteht dann aus $\pi^{-1}(\{Q_1, Q_2, Q_3\})$.

5.6 Die strikten Transformierten der 15 Geraden $L_{ij} = \overline{P_i P_j}$ werden auf Geraden abgebildet: ist $H \subset \mathbb{P}^3_k$ eine Ebene, so ist $\varphi^{-1}(H)$ eine Kubik, die L_{ij} in P_i, P_j und einem weiteren, im allgemeinen Fall von den P_k verschiedenen, Punkt Q schneidet. Da der Schnitt in P_i und P_j transversal ist, besteht $\tilde{\varphi}^{-1}(H) \cap \tilde{L}_{ij}$ nur aus einem Punkt $\pi^{-1}(Q)$. Die allgemeine Ebene schneidet $\tilde{\varphi}(\tilde{L}_{ij})$ also in einem Punkt, d. h. es ist eine Gerade. Ähnlich sieht man, dass die strikten Transformierten der 6 Kegelschnitte Q_i durch $\{P_1, \ldots, P_6\} \backslash \{P_i\}$ auf Geraden abgebildet werden. Die 6 exzeptionellen Divisoren E_i werden ebenfalls auf Geraden abgebildet: die allgemeine Kubik C aus $\mathbb{P}(U)$ ist glatt in P_i, d. h. $\tilde{C}$ schneidet E_i in einem Punkt transversal.

5.7   (a) Dies kann man ähnlich wie in 5.5 zeigen.

(b) Es sei Q ein von $P_1, \ldots, P_6$ verschiedener Punkt auf L_i und C eine Kubik durch $P_1, \ldots, P_6, Q$. Dann schneidet C die Gerade L_i in 4 Punkten und muss sie somit enthalten. Dies bedeutet, dass $\tilde{\varphi}$ die strikte Transformierte von L_i zu einem Punkt kontrahiert. Außerhalb der L_i kann man wie in 5.5 argumentieren.

(c) $F_0 = -xyz,\ F_1 = xy(x+y+z),\ F_2 = yz(x+y+z),\ F_3 = zx(x+y+z)$ bilden eine Basis von U mit

$$F_0 F_1 F_2 + F_0 F_1 F_3 + F_0 F_2 F_3 + F_1 F_2 F_3 = 0.$$

(d) $(1:0:0:0), (0:1:0:0), (0:0:1:0)$ und $(0:0:0:1)$.

6 Theorie der Kurven

6.1 Durch sukzessives Hinzunehmen von Punkten zeigt man, dass es auf C einen Divisor D mit $l(D) = 2$ gibt. Nach Riemann–Roch gilt $\deg D \leq g + 1$ und nach Abziehen eventueller Basispunkte definiert $|D|$ den geforderten Morphismus.

6.2 Es sei $D = n_1 P_1 + \ldots + n_r P_r$ mit $n_i > 0$ und $\deg D \geq 2g$. Dann ist $l(D) > l(D - P_i) \geq l(D - n_i P_i)$.

6.3 Es sei $D = C \cap H$ ein Hyperebenenschnitt und $\vartheta \subset |D|$ das Linearsystem aller Hyperebenenschnitte. Die projektive Dimension von ϑ ist n, d. h. $l(D) \geq n + 1$. Wegen $\deg D = n$ folgt aus Lemma 6.15, dass C rational ist.

6.4 Durch Elimination von x_3 erhält man, dass die Bildkurve C' durch $x_0^3 - x_0 x_2^2 - x_1^2 x_2 = 0$ gegeben ist. Die Projektion definiert eine birationale Abbildung zwischen C und C'. Da C und C' glatt sind, definiert die Projektion also einen Isomorphismus.

6.5 C habe 4 singuläre Punkte $P_1, \ldots, P_4$ und R sei ein weiterer Punkt auf C. Dann gibt es einen Kegelschnitt Q durch $P_1, \ldots, P_4, R$ und es gilt $C.Q \geq 9$. Auf einer irreduziblen Kurve von Grad n können höchstens $\frac{1}{2}(n-1)(n-2)$ singuläre Punkte liegen. Angenommen C wäre eine Kurve mit $m = \frac{1}{2}(n-1)(n-2) + 1$ Singularitäten. Dann gibt es eine Kurve C' von Grad $n - 2$ durch die m Singularitäten und $n - 3$ weitere Punkten von C. Dann ist $C.C' \geq 2m + n - 3 = n(n-2) + 1$, ein Widerspruch.

6.6 Es gilt $\frac{\partial f}{\partial x_0}(P) = \frac{\partial f}{\partial x_1}(P) = \frac{\partial f}{\partial x_2}(P) = 0$ genau für $P = (1 : 0 : 0)$ und dieser Punkt liegt nicht auf C, d. h. C ist glatt. In der affinen Karte $x_0 = 1$ ist C durch $1 - x_1 x_2 = 0$ gegeben, und die Tangente an C in (y_1, y_2) besitzt die Gleichung $y_2 x_1 + y_1 x_2 = 0$. Die Tangenten in $(0 : 1 : 0)$ und $(0 : 0 : 1)$ sind durch $x_2 = 0$ bzw. $x_1 = 0$ gegeben. Jede Tangente an C geht also durch $(1 : 0 : 0)$. Da $(1 : 0 : 0)$ auf keiner Sekanten von C liegt, ist die Projektion injektiv. Das Differential der Projektion verschwindet allerdings an jedem Punkt. (Man nennt dies eine *inseparable Abbildung*.) Die Kurve C ist ein Beispiel für eine "strange curve" (d. h. alle Tangenten gehen durch einen festen Punkt). Außer Geraden hat nur der Kegelschnitt in $\mathbb{P}_k^2$, $\operatorname{char}(k) = 2$ diese Eigenschaft (siehe [Ha, Theorem IV.3.9]).

6.7 Es gilt $0 = d(x^2 + y^2) = 2x\,dx + 2y\,dy$, also $\frac{1}{y}dx = -\frac{1}{x}dy$. Die Form ω besitzt in $(1 : \pm\sqrt{-1} : 0)$ jeweils einen Pol der Ordnung 1 (bzw. einen Pol der Ordnung 2, falls $\operatorname{char}(k) = 2$).

6.8 (a) Aus $0 = df = \frac{\partial f}{\partial x_0}dx_0 + \frac{\partial f}{\partial y_0}dy_0$ folgt

$$\frac{dx_0}{\partial f/\partial y_0} = -\frac{dy_0}{\partial f/\partial x_0}.$$

Da C glatt ist, ist an jedem Punkt eine der beiden Darstellungen regulär. Ist $\partial f/\partial y_0 \neq 0$, so ist x_0 ein lokaler Parameter, d. h. ω_0 besitzt keine Nullstellen.

(b) wie (a)

(c) Auf $U_0 \cap U_2$ gilt

$$x_0 = \frac{y_2}{x_2}, \; y_0 = \frac{1}{x_2},$$

also

$$dx_0 = \frac{dy_2}{x_2} - \frac{y_2\, dx_2}{(x_2)^2}, \; dy_0 = -\frac{dx_2}{(x_2)^2}.$$

Damit rechnet man die Aussage leicht nach.

6.9   (a) Die Abbildung $\mathrm{Cl}(C) \to \mathrm{Cl}(C \setminus P)$, $\sum_Q n_Q Q \mapsto \sum_{Q \neq P} n_Q Q$ ist wohldefiniert und surjektiv und ihr Kern ist das Bild von $\mathbb{Z} \to \mathrm{Cl}(C)$, $n \mapsto nP$.

(b) Für $C = \mathbb{P}^1_k$ ist die Sequenz exakt. Für $C = \mathbb{A}^1_k$ ist sie nicht exakt.

6.10   (a) Es sei $C = \mathbb{A}^1_k$ und $D = n_1 x_1 + \ldots + n_k x_k$ ein Divisor auf C. Dann ist $D = (f)$ für $f = (x - x_1)^{n_1} \cdot \ldots \cdot (x - x_k)^{n_k}$.

(b) Es sei C der affine Teil einer glatten ebenen Kubik, die die Gerade im Unendlichen in einem Punkt Q berührt. Es sei P ein Punkt auf C und es gebe eine rationale Funktion f mit $(f) = P$. Auf $\bar{C}$ wäre dann $(f) = P - Q$, also $P \sim Q$, ein Widerspruch.

6.11   Für $D \in \mathrm{Jac}^0(C)$ betrachten wir den Divisor $D' = D + O$. Dann gilt $\deg D' = 1$, also nach dem Satz von Riemann $l(D') = 1$. Es gibt also genau einen Punkt $P \in |D'|$ mit $\varphi(P) = D$, d. h. die Abbildung ist bijektiv. Nach Beispiel (6.20) gilt $\varphi(P) + \varphi(Q) + \varphi(R) = 0 \in \mathrm{Cl}(C)$ genau dann, wenn $P + Q + R = 0$ in C ist. Hieraus folgt, dass φ ein Gruppenhomomorphismus ist.

Literaturverzeichnis

A   Kommutative Algebra

[AM]   M. F. Atiyah and I. G. Macdonald, *Introduction to commutative algebra*. Addison-Wesley 1969.

[E]   D. Eisenbud, *Commutative algebra with a view toward algebraic geometry*. Graduate Text in Mathematics *150*, Springer, New York, 1994.

[Ku1]   E. Kunz, *Einführung in die kommutative Algebra und algebraische Geometrie*. Vieweg Verlag 1980.

[La]   S. Lang, *Algebra*. Revised third edition. Graduate Texts in Mathematics *211*, Springer, New York, 2002.

[Ma]   H. Matsumura, *Commutative algebra*. W. A. Benjamin 1970.

[R1]   M. Reid, *Undergraduate commutative algebra*. LMS Student Texts *29*, Cambridge University Press 1995.

[ZS]   O. Zariski and P. Samuel, *Commutative algebra I, II*. Springer (Reprint), New York, 1979.

B   Grundlegende algebraische Geometrie

[BCGM]   M.C. Beltrametti, E. Carletti, D. Gallarati, G. Monti Bragadin, *Lectures on curves, surfaces and projective varieties*. EMS Textbooks in Mathematics, EMS Zürich 2003.

[BK]   E. Brieskorn and H. Knörrer, *Plane algebraic curves*. Birkhäuser Verlag 1986.

[C]   H. Clemens, *A scrapbook of complex curve theory*. Plenum 1980.

[CSL]   D. Cox, J. Little, D. O'Shea, *Ideals, varieties, and algorithms. An introduction to computational algebraic geometry and commutative algebra.* Third edition. Undergraduate Texts in Mathematics. Springer, New York, 2007.

[D]   I. Dolgachev, *Classical algebraic geometry: a modern view.* Cambridge University Press 2012.

[Fi]   G. Fischer, *Ebene algebraische Kurven.* Vieweg Verlag 1994.

[Fu]   W. Fulton, *Algebraic curves. An introduction to algebraic geometry.* Addison-Wesley (Reprint) 1989.

[GH]   Ph. Griffiths and J. Harris, *Principles of algebraic geometry.* John Wiley and Sons 1978.

[H]   J. Harris, *Algebraic geometry: A first course.* Springer, New York, 1995.

[Ha]   R. Hartshorne, *Algebraic geometry.* Springer, New York, 1977.

[Ke]   G. Kempf, *Algebraic varieties.* London Mathematical Lecture Notes Series *172*, Cambridge University Press 1993.

[Ki]   F. Kirwan, *Complex algebraic curves.* LMS Student Texts *23*, Cambridge University Press 1992.

[Ku2]   E. Kunz, *Einführung in die algebraische Geometrie.* Vieweg + Teubner, Wiesbaden, 1997.

[Mu1]   D. Mumford, *Algebraic geometry I.* Springer (Reprint), New York, 1995.

[Mu2]   D. Mumford, *Curves and their Jacobians.* The University of Michigan Press, Ann Arbor, 1975.

[R2]   M. Reid, *Undergraduate algebraic geometry.* LMS Student Texts *12*, Cambridge University Press 1988.

[S1]   I. R. Shafarevich, *Basic algebraic geometry. 1. Varieties in projective space.* Second edition. Translated from the 1988 Russian edition and with notes by Miles Reid. Springer-Verlag, Berlin, 1994.

[S2]   I. R. Shafarevich, *Basic algebraic geometry. 2. Schemes and complex manifolds.* Second edition. Translated from the 1988 Russian edition by Miles Reid. Springer-Verlag, Berlin, 1994.

[SKKT] K. E. Smith, L. Kahanpää, P. Kekäläinen, W. Traves, *An invitation to algebraic geometry*, Universitext, Springer, New York, 2000.

C   Fortgeschrittene algebraische Geometrie

[A]   D. Arapura, *Algebraic geometry over the complex numbers*. Universitext. Springer, New York, 2012.

[ACGH]   E. Arbarello, M. Cornalba, P. Griffiths and J. Harris, *Geometry of algebraic curves*. Vol. I. Springer, New York, 1985.

[EGA]   A. Grothendieck, *Eléments de géométrie algébrique I – IV*. Inst. Hautes Études Sci. Publ. Math. 4 (1960), 8 (1961), 11 (1961), 17 (1963), 20 (1965), 24 (1965), 28 (1966), 32 (1967).

[EH]   D. Eisenbud, J. Harris, *The geometry of schemes*, Graduate Text in Mathematics *197*, Springer, New York, 2000.

[Ga]   A. Gathmann, *Algebraic geometry*. http://www.mathematik.uni-kl.de/~gathmann/class/alggeom-2002/main.pdf

[GD]   A. Grothendieck and J. Dieudonné, *Eléments de géométrie algébrique I*. Springer-Verlag, Berlin, 1971.

[GW]   U. Görtz, T. Wedhorn, *Algebraic geometry I, Schemes with examples and exercises*. Advanced Lectures in Mathematics, Vieweg + Teubner, Wiesbaden, 2010.

D   Weitere Literatur

[B]   T. S. Blyth, *Categories*. Longman, Harlow; John Wiley and Sons, New York, 1986.

[En]   S. Endrass, *Surf*. Ein Programm zum Zeichnen von Flächen. Siehe http://surf.sourceforge.net/

[Fi2]   G. Fischer (Hrsg.), *Mathematische Modelle*. Friedr. Vieweg and Sohn, Braunschweig, 1986.

[FB]   E. Freitag, R. Busam, *Funktionentheorie*. Zweite erweiterte Auflage, Springer-Verlag, Berlin, 1995.

[He]   A. Henderson, *The 27 Lines upon a cubic surface*. Cambridge University Press 1911.

[Hu]   D. Husemöller, *Elliptic curves*. Springer, New York, 1987.

[Im]   *Imaginary*. Eine interaktive Ausstellung des Mathematischen Forschungsinstituts Oberwolfach, http://www.imaginary-exhibition.com/

[L]   G. W. Leibniz, *Mathematische Schriften*. Herausgegeben von C. I. Gerhardt, Letter to l'Hospital 28 April 1693, volume II, p. 239, Vorwort volume VII, p. 5. Georg Olms Verlag 1971.

[PT]   I. Polo-Blanco, J. Top, *A remark on parameterizing nonsingular cubic surfaces.* Comput. Aided Geom. Design 26 (2009), no. 8, 842–849.

[Si]   J. H. Silverman, *The arithmetic of elliptic curves*, Graduate Texts in Mathematics *106*, Springer, New York, 1986.

[W]   H. Weyl, *Die Idee der Riemannschen Fläche*. Herausgegeben von R. Remmert, B. G. Teubner Verlagsgesellschaft 1997.

E   Kommentare und Verweise

Bei der Erarbeitung dieses Buches habe ich mich auf verschiedene Lehrbücher gestützt. An erster Stelle möchte ich hier das Buch [R2] von Miles Reid nennen. Kapitel 5 über die 27 Geraden auf einer Kubik folgt eng [R2, §7]. Das Descent Argument in Korollar 7 und die daran anschließende Diskussion finden sich in [R2, §2]. Der Inhalt der Kapitel 1,2 und 3 ist Standardmaterial jedes einführenden Buches über algebraische Geometrie, die hier gewählte Darstellung hat ihren Ursprung ebenfalls in [R2]. Als weitere Quellen haben mir vor allem [S1] und [Ha] gedient. Der Beweis von Theorem 6.5 folgt [S1, Chapter III], während die Diskussion der Einbettung algebraischer Kurven auf [Ha, Chapter 4.3] beruht. Grundsätzlich ist festzustellen, dass viele Beweise, die sich in diesem Buch finden, zum Kanon der algebraischen Geometrie gehören und daher in ähnlicher Form an verschiedenen Stellen der Literatur zu finden sind.

Studierende können heute aus einer Vielzahl von Lehrbüchern über algebraische Geometrie auswählen. Dies war nicht immer so. Bis in die zweite Hälfte der 1970er Jahre war die Situation völlig anders. Damals war [EGA] die Standardreferenz, jedenfalls für alle Themen, die etwas fortgeschrittener waren. Eine dramatische Zäsur stellte dann das Erscheinen von Hartshornes Buch [Ha] dar, gefolgt von dem mehr analytischen Zugang von Griffiths und Harris [GH]. Auch heute noch ist [Ha] einer der wichtigsten Zugänge zu Themen wie Garben, Schemata und Kohomolgie.

Inzwischen sind jedoch viele Bücher dazu gekommen und die Leser können aus einem weiten Angebot auswählen, welches Lehrbuch jeweils besonders zusagt. Eine Liste möglicher Bücher, ohne jeden Anspruch auf Vollständigkeit, ist oben angegeben. Bei den Einführungstexten möchte ich insbesondere auf das Buch von Cox, Little und O'Sheia [CSL] hinweisen, da dort auch Aspekte der Computeralgebra eine Rolle spielen. Als

Einführung in Schemata möchte ich besonders das Buch von Eisenbud und Harris [EH] erwähnen, in dem nicht nur die Theorie, sondern auch viele Beispiele behandelt werden. Liebhaber klassischer Themen werden in [D] reich belohnt werden.

Eine besonders attraktive visuelle Einführung in die algebraische Geometrie finden die Leserinnen und Leser in der interaktiven Ausstellung Imaginary, welche vom Mathematischen Forschungsinstitut Oberwolfach konzipiert und entwickelt wurde [Im].

Index

Printed in the United States
By Bookmasters